"十四五"普通高等教育本科部委级规划教材

河南省"十四五"普通高等教育规划教材



# 食品科学概论

（第2版）

纵伟　张华　张丽华◎主编

中国纺织出版社有限公司

## 内 容 提 要

本书共分十章，第一章概述了食品科学的研究内容、发展历程、食品工业的发展趋势以及食品科学家的职业精神；第二章介绍食品加工的各种原材料；第三章介绍食品中的主要营养素及其作用；第四章介绍食品加工原理；第五章介绍食品加工单元操作；第六章介绍食品加工工艺；第七章介绍食品安全与质量控制；第八章介绍食品标准与法规；第九章介绍食品工厂设计与环境保护；第十章介绍食品加工新技术。

本书可作为高等学校食品及相关专业本科生教材，也可作为食品行业科研人员、技术人员的参考用书。

**图书在版编目（CIP）数据**

食品科学概论 / 纵伟，张华，张丽华主编. -- 2 版. -- 北京：中国纺织出版社有限公司，2022.3（2023.5重印）

"十四五"普通高等教育本科部委级规划教材 河南省"十四五"普通高等教育规划教材

ISBN 978-7-5180-9151-5

Ⅰ.①食… Ⅱ.①纵… ②张… ③张… Ⅲ.①食品科学—高等学校—教材 Ⅳ.①TS201

中国版本图书馆 CIP 数据核字(2021)第 229942 号

责任编辑：郑丹妮 国 帅　　　责任校对：王蕙莹

责任印制：王艳丽

中国纺织出版社有限公司出版发行

地址：北京市朝阳区百子湾东里 A407 号楼 邮政编码：100124

销售电话：010—67004422 传真：010—87155801

http://www.c-textilep.com

中国纺织出版社天猫旗舰店

官方微博 http://weibo.com/2119887771

三河市宏盛印务有限公司印刷 各地新华书店经销

2022 年 3 月第 2 版 2023 年 5 月第 2 次印刷

开本：787×1092 1/16 印张：17.5

字数：353 千字 定价：58.00 元

# 普通高等教育食品专业系列教材
# 编委会成员

# 《食品科学概论》编委会成员

**主　编**　纵　伟（郑州轻工业大学）

张　华（郑州轻工业大学）

张丽华（郑州轻工业大学）

**编　委**　（按姓氏笔画排序）

马萨日娜（内蒙古农业大学）

王宏伟（郑州轻工业大学）

李翠翠（南阳理工学院）

杨　娜（河南牧业经济学院）

张　华（郑州轻工业大学）

张丽华（郑州轻工业大学）

纵　伟（郑州轻工业大学）

解万翠（青岛科技大学）

# 第2版前言

将食品科学概论作为一门引论课进行讲授是食品科学专业近年来的发展成果之一。随着社会对食品和健康科学认知度的提高,该课程的地位日益提升。食品科学是一门涉及范围面较广的学科体系,其研究内容不仅涵盖食品原料、食品机械、食品加工、食品保藏等传统意义上的食品科学研究,而且也涉及食品营养、食品卫生、食品运输、生产监控和质量标准、食品加工保藏新技术等与现代食品科学息息相关的研究内容,其范围涉及食品科学和技术领域的各个方面。编写本书的目的就是向读者提供了解食品科学与技术的一个平台,概括介绍食品科学研究中的加工原理、工艺及其技术,力求能够反映食品科学领域的新成果和发展方向,以满足目前的教学需要。该教材第2版是在第1版的基础上进一步吸收、借鉴国内外的最新研究成果,吸纳同行及广大学生的合理意见和建议,根据近年来本学科的发展和编者的教学实践进行的修订。本教材被列为"十四五"普通高等教育本科部委级规划教材和河南省"十四五"普通高等教育规划教材。

教材修订的指导思想是修正错误,弥补不足;理论联系实际,应用与学术并重;去陈纳新,紧跟科技和学科发展前沿。修订过程中基本维持第1版的体例,对内容进行适当增减;增补的内容新颖、真实、实用,具有较高的科学与学术价值。本次修订,重点在章节学习目标、拓展资源上融入了数字资源,学习者可通过扫描二维码阅读相关视频和资料。同时,编者根据近年来食品学科的工程教育认证和课程思政建设,在章节的学习目标中也融入了食品科学领域的复杂工程问题以及相关的思政元素。

本次教材由郑州轻工业大学、青岛科技大学、内蒙古农业大学、南阳理工学院、河南牧业经济学院等院校从事食品科学与工程教学和研究工作的教师共同编写,由郑州轻工业大学纵伟、张华、张丽华主编,并负责制订修订方案和统稿。全书共分为十章,分别由郑州轻工业大学纵伟修订第一章第一节;郑州轻工业大学张华修订第一章第二节;南阳理工学院李翠翠修订第二章和第四章;郑州轻工业大学王宏伟修订第三章、第八章和第十章;郑州轻工业大学张丽华修订第五章、第六章和第七章;青岛科技大学解万翠修订第九章第一节的一、二、三部分;内蒙古农业大学的马萨日娜修订第九章第一节的四、五、六部分;河南牧业经济学院杨娜修订第九章第二节。

在教材修订过程中,再次承蒙中国纺织出版社有限公司和郑州轻工业大学教务处的大力支持,在此表示衷心感谢!

本教材在查阅大量文献资料的基础上,结合生产实践系统地阐述了食品科学领域的食品原料和成分、食品加工原理、食品加工单元操作、食品加工工艺、食品质量安全控制、食品标准与法规、食品工厂设计与环境保护、食品加工新技术等相关内容。教材内容丰富并有新意,理论联系实际且实用性强,既可作为高等院校食品质量与安全、食品科学与工程、农产品贮藏与加工等专业的教材,也可作为食品科学相关专业本科生的教材或教学参考书。同时,对在食品科学领域从事科研、管理等人员有一定的应用和参考价值。

本教材在修订过程中参阅了大量国内外有关专家新的论著、教材和资料,并给予标注,每章后附有参考文献。在编写和审稿过程中,编者也听取了不少同行专家、学者和在读学生的宝贵意见。由于本教材内容涉及面广,限于编者水平有限,书中疏漏和不足之处诚望广大读者和同行专家提出宝贵意见,力求使本教材日臻完善。

编者

2021 年 8 月

# 第 1 版前言

食品科学概论作为一门食品科学专业的引论课，近年来，在食品科学与工程专业的课程设置中越来越受到重视。然而，食品科学是一门涉及范围较广的学科体系，其研究内容不仅涵盖食品原料、食品机械、食品加工、食品保藏等传统意义上的食品科学研究，而且也涉及食品营养、食品卫生、食品运输、生产监控和质量标准、食品新技术等与现代食品科学的研究内容，其范围涉及食品科学和技术领域的各个方面。编写本书的目的就是向读者提供了解食品科学与技术的一个平台，概括介绍食品科学研究中的加工原理、工艺及其技术，力求能够反映食品科学领域的新成果和发展方向，以满足目前的教学需要。

本书是由郑州轻工业学院、河南农业大学、青岛科技大学三所院校从事食品科学与工程教学和研究工作的教师共同编写。全书共分为十章，分别由郑州轻工业学院纵伟、河北工程大学王茂增、渤海大学江利华（第一章），郑州轻工业学院张华（第二章、第六章和第十章），郑州轻工业学院张丽华（第五章和第七章），郑州轻工业学院相启森（第三章、第八章和第四章的第一节至第四节），河南农业大学谢新华、齐齐哈尔大学高建伟（第四章的第五节和第六节），青岛科技大学解万翠、渤海大学吕长鑫、刘贺（第九章）共同撰写。

本教材的编写参阅了国内外有关专家的论著、教材和大量资料，得到了郑州轻工业学院、河南农业大学、青岛科技大学、渤海大学等高校教师生的热情帮助。在编写和审稿过程中，编者也听取了不少同行专家、学者和在读学生的宝贵意见。

由于本书内容涉及面广，限于编者水平有限，书中疏漏和不足之处恳请读者批评指正，以便进一步修改完善。

编者

2015 年 5 月

# 课程设置指导

“食品科学概论”作为食品科学专业本科生的引论课，在教学实践过程中，应注重通识教育和专业教育的比例分配问题。本教材涉及内容较多，建议根据本科生专业的差异进行内容讲解和课时安排的适当调整，针对食品科学与工程专业的本科生，建议以食品加工原料、食品加工单元操作、食品加工工艺、食品工厂设计与环境保护、食品加工新技术等为重点讲授章节；食品质量与安全专业的学生以食品成分及性质、食品加工原理、食品安全与质量控制、食品标准与法规等内容为重点讲授内容。同时各学校在使用本教材时，也可根据各地的食品加工情况和教学计划，选择性地讲授有关内容。

# 目　录

# 第一章　食品科学概述

**本章学习目标**

1. 能理解食品科学的概念、研究内容、任务和发展历程。
2. 能指出食品科学专业的专业课和专业基础课。
3. 能与业界同行交流探讨食品工业的发展现状与趋势。
4. 能理解食品科学家的职业精神、职业道德和食品领域的创业工作，能在未来的学习和工作中理解和践行食品科学家的社会责任和使命。

PPT 课件

讲解视频

## 第一节　食品科学研究内容

### 一、食品科学的概念

食品科学是以基础科学和工程学的理论为基础，研究食品的营养健康、工艺设计与社会生产、食品的加工储藏与食品安全卫生的学科，是生命科学与工程科学的重要组成部分，是连接食品科学与工业工程的重要桥梁。随着世界人口膨胀带来的粮食危机不断加剧，食品领域大工业化时代的到来和人们对食品营养与卫生的日益关注，食品科学在食品行业内的工程设计领域、营养健康领域、安全检测领域、监督管理领域发挥着越来越重要的职责与作用。

### 二、食品科学的研究内容

食品科学的主要研究内容涵盖食品原料、食品营养、食品卫生、食品机械、食品加工、食品保藏、食品感官、食品运输、食品销售、食品消费、食品文化、食品心理、生产监控和质量标准等，涉及食品技术和科学领域内的各个方面。

### 三、食品科学的任务

食品科学涵盖食物资源的生产、工艺、配方、经营、零售、消费的全过程，涉及食用农产品初级加工与储运保鲜、食品加工与精深制造、产品物流与质量安全控制各环节,并与营养科学、生物技术、信息、工程、新材料和先进制造等新技术密切关联。食品科学的主要任务在于提升我国食品安全与卫生水平,保障我国食品工业的健康发展,促进我国食品工业的科技竞争力。

## 四、食品科学的发展过程

人类有目的地加工食物已经有上万年的历史,从茹毛饮血到钻木取火,从制造食品容器到美味佳肴,从罐藏食品到现代营养学的建立是食品加工发展史中的四个重要阶段。进入现代文明社会后,食品加工业迅速发展,以此形成和完善了现代食品科学研究体系。

**1. 第一阶段——火的利用**

火的利用是人类最先支配自然力的形式之一。利用火可以驱兽和御寒,改善食物的品质,对人的进化产生了积极的影响,最终使人类结束了茹毛饮血的时代。

距今约 5 万年到 1 万年前,人们懂得了钻木取火。人类用火加工食物,得到了进一步消化和利用营养的条件,从而人类的身形和发育得到突破,智力得到很大的提高与锻炼。火的利用对人类发展做出了巨大贡献,是食品科技史上第一个重要发展阶段。

**2. 第二阶段——加工容器的出现**

最早人类盛物是用树皮和兽皮,或竹编和藤编的简单盛器。用敷泥的篮筐加热,时间一久,这些泥被火烧硬便成了一个陶制的器皿。最早的陶器已有近万年了,它的出现意味着“烹饪”的开始。陶器的出现,先民的食物范围得到了扩大,熟食品种增多,使食品加工成为可能,它是食品科技史上第二个阶段。

**3. 第三个阶段——现代食品加工技术萌芽**

储藏食物要算人类自刀耕火种以来最大的课题了,罐藏食品为食物的储藏打开了理想之门。1804 年,阿培尔的玻璃罐头问世了,这就是现代罐头的雏形。罐头在发明后近半个世纪里,人们并没有弄清罐藏食品的道理,直到 1862 年,法国科学家巴斯德发现食物的腐败变质都是微生物繁殖的结果,提出用加热的方法杀死微生物,即“巴斯德杀菌法”因此而诞生。罐藏食品在食品加工业中有着极其重要的理论意义和应用价值,使食品进入工业化生产,它是食品科技史上第三个重要阶段。

**4. 第四个阶段——现代营养学的建立**

人必须从外界摄取食物,营养是人类摄取食物以满足自身生理需要的必要生物学过程。营养学是研究如何选择食物,以及食物在人体内消化、吸收、代谢以维持生长、发育与良好健康相关过程的学科。人类在漫长的生活实践中,对营养的认识逐步从感性经验上升到理性认识。

18 世纪中叶,随着化学元素的发现、物质守恒理论和新陈代谢概念的形成,现代营养学初露萌芽。19 世纪以来,蛋白质、维生素等营养物质的提出,使食品科学家们开始注重各种食物的主要成分以及这些成分在人体内的平衡问题,从食物在人体内的新陈代谢出发，把各种食物所含的化学成分同人体对这些成分的需求联系了起来，把人体新陈代谢所需的能量同食物释放出的能量联系了起来。20 世纪初阿特沃特（Atwater）和本尼迪克特（Benedict）开始用弹簧式热量计测定食物中的热量，用呼吸热量计测定各种劳动动作的热量消耗，1898 年营养（nutrition）一词诞生。20 世纪中期产生了具有比较完整理论体系的现代营养学，许多国家提出了各社会人群膳食营养需求量，并制定出各类食物营养成分表。现代营养学揭示了食品的本质，是食品科技史上第四个重要阶段。

## 第二节　食品科学高等教育发展

### 一、食品科学高等教育发展概况

我国食品学科的发展历史大致可分为四个阶段。

第一阶段为 1952 年以前。1902 年创办的中央大学农产与制造学科及 1912 年原吴淞水产学校水产制造科被认为是我国食品专业的雏形。正式建立食品学科始于 20 世纪 40 年代，当时的南京大学、复旦大学、武汉大学、浙江大学等 10 多所院校设有与食品相关的系、科。

第二阶段为 1952 年至 20 世纪 80 年代初。1952 年，全国院系调整后，一些大学开始独立设置食品专业，如南京工学院、华南工学院、大连水产学院等。1958 年南京工学院食品工业系东迁无锡，建立无锡轻工业学院（现江南大学），设立食品工程、粮食工程和油脂工程等专业。同期，天津轻工业学院（现天津科技大学）、大连轻工业学院等轻工院校都设立了食品工程相关专业。

第三阶段为 20 世纪 80 年代初至 90 年代中期。我国农业院校相继在农学、园艺学以及畜牧兽医等学科的基础上建立了农产品贮运与加工专业或食品科学系或食品工程食品加工专业，90 年初期又发展成为食品科学与工程专业，其中包括中国农业大学、吉林农业大学、南京农业大学、华中农业大学、西北农学院（现西北农林科技大学）、福建农业大学等。

第四阶段为 20 世纪 90 年代中期至 21 世纪。20 世纪 90 年代中期以后又有很多高校相继增设了食品科学与工程专业。2002 年新增 11 所院校，2003 年又增 18 所院校，其中一些学校是由专科或高职升级为本科。2002 年杭州商学院（现浙江工商大学）、西北农林科技大学在食品科学与工程专业基础上，率先获准设立食品质量与安全专业。

1998 年全国专业目录进行调整后，将原先的食品工程、食品科学、食品卫生与检验、食品分析与检验、粮食工程、油脂工程、粮油储藏、烟草工程、制糖工程、农产品贮运与加工、水产品储藏与加工、冷冻冷藏工程、蜂学（部分）等 13 个专业合并，统一按照“食品科学与工程”一级专业招生。截至 2021 年，全国开设有食品科学与工程专业本科的高校达到 299 所，分布在综合性大学、工农医科类，师范类与民族类等院校中。有硕士点的高校达到 100 多所，博士点院校 25 所，形成了以本科和研究生教育为主体的人才培养体系。

## 二、食品科学专业基础课

### 1. 食品微生物学

食品微生物学是食品科学与工程专业的专业基础课。研究微生物与食品之间相互关系的一门学科，它融合了普通微生物学、工业微生物学、医学微生物学、农业微生物学等与食品有关的内容，同时又涉及生物化学、免疫学、机械学和化学工程的相关内容。研究对象包括与食品生产、储藏、流通、消费等环节相关的各类微生物，主要是细菌、酵母菌、霉菌、放线菌。通过这门课程的学习掌握食品微生物学的基本知识和基本实验技能，辨别有益的、腐败的和致病的微生物。在食品制造和保藏中，充分利用有益的微生物，为提高产品的数量和质量服务；控制腐败微生物和病原微生物的活动，以防止食品变质和杜绝有害微生物对食品的危害；利用食品微生物学检验分析方法，制定食品中微生物指标，从而为食物中毒的分析和预防提供科学依据。

### 2. 食品化学

食品化学是食品科学的专业基础课，学习这门课程的目的是了解食品材料中主要成分的结构与性质，食品组分之间的相互作用，以及这些组分在食品加工和保藏中的发生的各种变化对食品色、香、味、质构、营养和保藏稳定性的影响。通过这门课程的学习了解食品成分之间的化学反应机理、中间产物和最终产物的化学结构及其对食品的营养价值、感官质量和安全性的影响，掌握食物中各种物质的组成、性质、结构、功能和作用机理。掌握食品储藏加工技术，开发新产品和新的食品资源等。

### 3. 食品营养学

食品化学是食品科学的专业基础课，是营养学的一门分支学科，是研究食物组成成分及营养价值的科学，是研究食品营养与人体健康的一门科学，也是研究食品营养与食品储藏和食品加工关系的科学。通过这门课程的学习了解食品营养与健康的关系，在全面理解人体对能量和营养素的正常需要及不同人群食品的营养要求基础上，掌握各类食品的营养价值，并学会对食品营养价值的综合评定方法，能将评定结果应用于食物生产、食物新资源开发等方面，使我国食品工业在不断发展的同时提供具有高营养价值的食物原料、加工产品和一些新型食品，为调整我国居民的膳食结构、改善营养状况和健康水平服务。

### 4. 食品保藏原理与技术

食品保藏原理与技术是一门研究食品腐败变质的原因及食品保藏方法的原理和基本工艺，解释各种食品腐败变质现象的机制并提出合理的、科学的预防措施，从而为食品的保藏、加工提供理论基础和技术基础的学科。通过这门课程的学习，掌握食品保藏的基本原理、基础知识和基本技能，培养分析和解决食品保藏中出现问题的能力，发展开发食品保藏新工艺方面的创新思维，为今后学习其他专业基础课和专业课奠定基础。

### 5. 食品工程原理

食品工程原理是食品科学专业的一门学科基础课，是以力学、动力学、热力学、传热学和传质学为理论基础的课程。主要讲述食品生产加工过程中的“三传理论”及常用单元操作中典型设备的工作原理、基本构造及设计计算等，培养学生运用各种技术手段，分析解决工程设计及生产操作中各类实际问题的能力。本课程是高等数学、化学、机械制图等基础课的后续课程。同时，本门课程的学习也为食品机械、食品加工工艺学和食品工厂设计等专业课的学习奠定基础。在本专业课程教学中起着承前启后的作用，对自然学科和应用学科起到了桥梁作用。

## 三、食品科学专业课

### 1. 食品工艺学

食品工艺学是一门运用化学、物理学、生物学、微生物学和食品工程原理等各方面基础知识，研究食品资源利用、生产和储运的各种问题，探索解决问题的途径，实现生产合理化、科学化和现代化，为人们提供营养丰富、品质优良、种类繁多、食用方便的食品的一门学科。根据研究内容，食品工艺学可划分为罐藏工艺学、果蔬工艺学、肉类工艺学、乳制品工艺学、饮料工艺学、糖果和巧克力工艺学等。

### 2. 食品机械与设备

食品机械与设备是一门运用所学过的食品工程原理、食品工艺等基本理论和基础知识，研究食品机械设备的结构、性能、工作原理、使用与维护、设备选型以及一些自动控制的应用等内容的应用型学科。其目的是通过系统地介绍食品工厂机械与设备方面的基础知识，培养学生的工程思维能力和创新思维能力，为日后学生步入食品行业从事食品加工工作打下理论和技术基础。食品机械与设备主要涉及输送、清洗和原料预处理、搅拌及均质、真空浓缩、干燥、装料及检重、排气及杀菌、空罐制造、封罐机、冷冻等单元操作的机械与设备以及典型食品生产线及其机械设备。

### 3. 食品工厂设计

食品工厂设计是食品科学与工程专业的一门专业课程。它是一门涉及经济、工程和技术等诸多学科的综合性和应用性很强的学科。其目的是使学生在学完食品科学与工程专业的所有课程后，能将所学的知识在食品工厂设计中综合运用，通过毕业设计使学生受到必要的基本设计技能训练。待学生走上工作岗位后既能担负起工厂技术改造的任务，又能进行车间或全厂的工艺设计。

食品工厂设计的内容一般包括工厂总平面设计、工艺设计、动力设计、给排水设计、通风采暖设计、设备选型、管阀件设计、车间平面及立面设计、管路平面及剖面设计、自控仪表、三废治理、技术经济分析及概算等。

### 4. 食品分析

食品分析是建立在分析化学、无机化学、有机化学和现代仪器分析等学科基础上的一门综合性的学科。它是食品专业的专业课程之一，是食品产品质量控制、技术监督和卫生监督的理论根据。食品分析方法有感官检验法、物理分析法、化学分析法、仪器分析法、微生物分析法、酶化学分析法等。随着科学的发展，食品分析的方法不断得到完善、更新，在保证分析结果准确度的前提下，食品分析正向着微量、快速、自动化的方向发展。

**5. 食品包装**

食品包装是指采用适当的包装材料、容器和包装技术，把食品包裹起来，以使食品在运输和储藏过程中保持其价值和原有的状态。食品包装科学是一门综合性的应用科学，它涉及化学、生物学、物理学、美学等基础学科，更与食品科学、包装科学、市场营销学等人文学科密切相关。食品包装工程是一个系统工程，它包含了食品工程、机械力学工程、化学工程、包装材料工程以及社会人文工程等领域。

## 四、食品工业的发展趋势

我国食品工业承担着为 14 亿国人提供安全放心、营养健康食品的重任，是国民经济的支柱产业和保障民生的基础性产业。2015 年的政府工作报告中首次提出“健康中国”目标，随着我国经济的快速发展和社会公众对疾病预防意识的提高，健康的管理内涵也逐渐由药养转变到食养，人们更多地关注如何“吃得安全，吃得健康”，食品俨然已经成为影响国民健康长寿的重要因素。通过健康食物的合理搭配，从营养层面强身健体，使更多的药食同源食物挥发其功效，已经成为未来食品工业高层次发展的必然需求，也将进一步推动食品工业的转型和升级。

**1. 大规模，发展最稳定**

受益于国家扩大内需政策的推进、城乡居民收入水平持续增加、食品需求刚性以及供给侧结构性改革红利的逐步释放，未来食品工业仍将平稳升级，产业规模稳步扩大，继续在全国工业体系中保持“底盘最大、发展最稳”的基本态势。据估测，规模以上食品工业企业主营业务收入预期年增长 7% 左右，2020 年，主营业务收入突破 15 万亿元，在全国工业体系中保持最高占比。

**2. 大业态，融合一体化**

第一、第二、第三产业融合发展是食品工业特有的优势，产业链纵向延伸和横向拓展的速度加快，大业态发展趋势日益明显。纵向延伸方面，完整食品产业链加快形成，“产、购、储、加、销”一体化全产业链经营成为更加普遍的业态模式；横向拓展方面，食品工业与旅游产业、文化产业、健康养生产业的融合日益加深，食品工业独有的文化内涵、价值、情怀、意义和体验被充分挖掘展现，成为“有温度的行业”。

**3. 大市场，空间“无边界”**

食品企业将加大融入全球市场的深度和广度，实现市场空间的“无边界化”。如主食产品工业化速度加快，家庭厨房的社会化得以实现；高端食品、保健食品、功能食品的开发加速，使供给和消费需求更加契合。食品工业领域国际产能、技术、资金、人才等方面的合作日趋广泛，越来越多的食品企业将“走出去”参与国际竞争，布局全球化产业链。线上平台已成为发展速度最快的分销渠道，食品企业通过电子商务重构市场网络，培育新的市场需求。

**4. 大安全,监管更严密**

党和政府将以更大力度推进实施食品安全战略,以"严密监管 + 社会共治"确保"四个最严"落到实处,食品工业将呈现大安全发展趋势。法治建设将进一步加快,以新修订《食品安全法》为核心的食品安全法律法规体系逐渐构建完善。食品安全标准全面与国际接轨,我国日益成为国际规则和标准制定的重要力量。国家、省、市、县四级食品安全监管体系日益完善,监管大数据资源实现共享和有效利用。社会各方力量被积极调动和有效整合,形成食品安全社会共治格局。中国食品作为"放心食品"的国内外形象真正树立,消费信心显著增强。

**5. 大科技,转换新动能**

在科技创新驱动下,科技与食品工业将在原料生产、加工制造和消费的全产业链上实现无缝对接,科技创新成为行业发展新动能。"产、学、研、政、金"合作日益加深,行业整体研发能力不断提升,研发和成果转化更加高效,充分适应生产运营中智能、节能、高效、连续、低碳、环保、绿色、数字化的新挑战,从而开辟新的价值创造空间。

## 五、食品科学专业人才培养的定位和就业领域

食品科学领域专业人才的培养模式随着国家宏观形势的变化而不断变化。20 世纪 80 年代以前,我国的高等教育受计划经济的影响,具有很大的针对性和计划性,在当时的培养模式下,非常注重实践知识的培养,学生与工厂接触较多,因而学生的实践经验和动手能力很强。毕业生就业范围主要集中在国企,培养出来的人才大多成长为企业的技术骨干,为当时我国食品工业的发展做出了巨大的贡献。90 年代后,国企改制,使得企业机械化、规模化程度提高,技术水平也相应提高,而食品生产的安全、卫生等要求也同时提高,这就必然带动对学生素质要求的提高。如一些外企或合资企业对外语、计算机能力、企业管理能力,甚至运输、贸易等各方面能力都提出了很高的要求,要求学生具有很强的综合能力,能够独当一面。另外,随着企业规模的壮大、自动化程度的提高,对学生机械、自动化等方面的素质要求也大大提高,而不再只是注重专业知识的需求。同时,毕业生的就业范围和自主性大大提高,毕业生开始自主择业,而不再仅限于本专业内就业,进入到一些其他的相关专业,学生要在竞争中取胜需要有很高的综合素质和很强的适应能力。

**知识链接**

食品科学与工程类专业就业方向

食品科学与工程类专业学生毕业后能从事各类食品生产企业的生产工艺设计、新产品开发、质量检测、经营管理等工作;食品的科学研究和成果推广工作;食品质量监督、海关、商检、卫生防疫、进出口等部门的产品分析、检测工作;相关的国家机关、大专院校、科研院所的工作等。

## 六、食品科学家及食品领域的创业

### 1. 食品科学家

食品科学家作为一种职业的出现，是应食品工业的发展而产生的。最初的产生需求可能是为了防止假冒伪劣产品的出现，这种需求形成了最早的食品化学家和食品物理学家，他们主要在19世纪时政府部门的立法机关工作。随着食品行业的发展以及食品企业升级和新产品开发等需求，食品科学家不仅仅被要求具备专业能力，如食品新产品的开发、改善现有的产品、提升产品性能（如功能性、减抗性、方便性、价格等），上述改变涉及的食品加工技术的研究（包括从小试到工业化）、包装材料的选择、货架期研究、产品感官评定、消费者测试、食品相关微生物以及化学成分研究等，同时还要求具有相关行业的知识和能力，例如，经济方面的常识和判断能力、经营方面的能力，甚至宗教和法律方面的知识等。这时，专门为培养食品科学家的大学教育应运而生。

食品科学家的培养需要很高的社会成本，因为食品不仅仅是一种商品，而且与人类的身体健康有关系，这使食品行业变得非常重要，这个行业不仅仅与经济相关，而且与国计民生相关，这使食品科学家变得非常重要，因为这一群体对于食品工业的未来发展趋势、对于保障食品的安全和健康、对于公众的影响力都是非常显著的。食品科学家最重要的职业职责是对社会的责任，有责任让公众知晓关于目前以及未来可见的与食品相关的人道问题、关于知觉方面的难点，以及关于获得这些答案的主要困难和可能途径。为了让科学家们获得解决这些问题的能力，他们必须获得交流能力方面的训练。因此，食品科学家需要面对新产品、新技术、新方法和食品产业可持续发展等诸多问题。

食品科学家涉及食品领域内技术和科学的各个方面，食品科学家的活动围绕食品这一主题的各个方面：如食品的加工技术、食品的保藏技术、食品化学与物理性质、食品营养、食品的安全和检测技术、食品微生物、食品工程、食品机械原理、使用食品添加剂增强食品的物理化学和营养性能、最大限度地保留营养成分并尽量减少能量消耗的工艺优化及向公众传播知识、制定相关的食品法规等。食品科学家不只是对食品科学下定义，更重要的是使人们更好地理解食品科学的内涵，同时成为与公众和其他领域科学家共同解决未来食品问题的桥梁。

### 2. 食品领域的创业

食品领域的创业是中小企业发展的一个重要领域。这种创业将带来很多新的就业机会，例如，食品将带动从种植养殖、加工、流通、零售服务一直到餐饮和娱乐领域各个层面的新就业机会。食品领域的创业需要面临很多挑战，包括高级设备和高昂实施成本、越来越严格的法律法规、比较大的储藏场地等。

食品企业的创业过程同很多创业过程是类似的，既有激情和回报，也有着痛苦和挣扎。创业意味着自己将成为“老板”，并能够主宰自己的时间和创造自己的工作空间、为自己的愿望工作、收获自己的劳动并有着更大的获利空间、有着无尽的挑战和机会以及有着更大的主宰权。创业也同时意味着面临失败的风险、需要付出更多的劳动和全部的心血、面对巨大的财务压力、面对家庭和事业的矛盾、成为学生时代无法想象的商业角色、面对被消费者拒绝的压力等。

在食品企业创业之初，一般需要获得启动资金、获得经营许可、给自己的公司命名、选择公司经营的结构、选择公司地点，最后开始实践自己的想法。具体前期准备如下：

(1)对产品进行设计。产品设计包括确定产品的原型，进行消费者测试，在产品的风味、质构和外观等方面广泛收集意见；确定适合自己产品的市场和消费群体，包括产品的包装形式、货架期、储藏方式和食用方式等；确定生产规模，这方面需要注意的是，产品的配方可能需要根据当地的政策和食品安全法规的要求而改变，产品从小试到大规模生产时，配料、工艺等可能都会发生改变；获得当地政府的许可，包括生产许可和产品标准许可。

(2)对市场和经营行为进行设计。这方面包括进一步细化经营和销售计划，考虑责任保险，从商业或者各类资源中获得支持等。

(3)确定产品标签。确定产品的名称，明确自己的管理机构，确定产品包装形式，选择合适的大小和形式，调查标签可能受关注或者受欢迎的程度，确定是否需要在标签上声称“健康”。

(4)确定详细的市场策略。

(5)确定生产启动的步骤并着手执行。

(6)招募和管理员工。

总之，为了减少创业风险，在创业之初就需要进行全盘统筹，需要进行商业计划的策划，学习并跟踪食品领域的法律法规。在经营过程中需要不断对自己的目标和正在进行的工作重点进行回顾反思，不断改进市场计划的策划，做好并保持精确的记录；不断分析财务状况并进行有效调整；不断与竞争对手比较产品状况。总体而言，需要积极面对困难，不断学习和提高，同时在个人生活和事业之间尽可能保持平衡，这样，创业成功的概率会大幅提高。

## 复习思考题

1. 了解食品科学的概念、研究内容和任务。
2. 简介食品科学的发展过程。
3. 食品科学专业的专业课和专业基础课有哪些?
4. 交流探讨食品工业的发展趋势。
5. 理解食品科学家的职业精神和食品领域的创业特征。

## 参考文献

[1]杨新泉,江正强,杜生明,等.我国食品科学学科的历史、现状和发展方向[J].中国食品学报,2010,10(5):5-13.

[2]卢蓉蓉,张文斌,夏书芹.食品科学导论[M].北京:化学工业出版社,2008.

[3]胡二坤,刘旺余.大健康背景下食品工业发展趋势及人才培养研究[J].农产品加工,2018(7):77-80.

[4]张有林.食品科学概论[M].北京:科学出版社,2006.

# 第二章　食品加工的原料

**本章学习目标**

1. 能简要叙述食品加工原料如畜禽原料、粮油原料、果蔬原料、水产品原料和其他原料的种类、化学成分、组织结构和加工特性。
2. 能运用食品加工原料的加工特性，分析和解决食品原料加工过程中的复杂工程问题。
3. 能树立优质产品源自优质原料的理念，关注原料的初始品质，并深刻理解原料对加工成品的重要性。

PPT 课件

讲解视频

## 第一节　畜禽原料

### 一、肉的组成及特性

#### （一）肉的形态结构

肉（胴体）由肌肉组织、脂肪组织、结缔组织和骨组织四大部分构成。这些组织的构造、性质直接影响肉品的质量、加工用途及其商品价值，依动物的种类、品种、年龄、性别、营养状况不同而异。

**1. 肌肉组织**

肌肉组织是构成肉的主要部分，占胴体 50% ~60%，包括骨骼肌、平滑肌和心肌，其中骨骼肌占大多数。在显微镜下观察，骨骼肌和心肌有明暗相间的条纹，因而又称为横纹肌。骨骼肌的收缩受中枢神经系统的控制，所以也称为随意肌，而平滑肌和心肌称为非随意肌。骨骼肌是肉制品加工的主要对象，占动物机体的 30% ~40%，由大量的肌纤维和少量的结缔组织、脂肪组织、血管、神经、淋巴等构成。肌纤维的粗细随动物的品种、年龄、营养状况、部位而有所差异，如猪肉的肌纤维比牛肉细，幼龄动物的肌纤维比老龄的细，通过肌纤维的粗细可评定肉的嫩度。

**2. 脂肪组织**

动物的脂肪多积存于皮下结缔组织、肌肉间结缔组织、肠系膜及肾脏周围的结缔组织中，这类脂肪称为"蓄积脂肪"，脂肪组织是疏松状结缔组织的退变，动物消瘦或营养不良时脂肪消失而恢复为原来的疏松状结缔组织。因此，其含量也因肥育程度不同而不同，含量从3%～50%不等。还有一类脂肪为组织脂肪，即肌肉内及脏器内的脂肪。脂肪对肉的食用品质影响甚大，肌肉内脂肪的多少直接影响肉的多汁性和嫩度，脂肪酸的组成在一定程度上决定了肉的风味。脂肪的功能一是保护组织器官不受损伤，二是供给体内能源。家畜的脂肪组织90%为中性脂肪，7%～8%为水分，蛋白质占3%～4%，此外还有少量的磷脂和固醇脂。

**3. 结缔组织**

结缔组织是构成肌腱、筋膜、韧带及肌肉内外膜、血管、淋巴结的主要成分，分布于体内各部，起到支持、连接各器官组织和保护组织的作用，使肌肉保持一定硬度，具有弹性。肉中的结缔组织由结缔组织纤维、结缔组织细胞和基质构成。结缔组织纤维主要包括胶原纤维、弹性纤维和网状结构蛋白。绝大部分结缔组织纤维为胶原纤维，主要由胶原蛋白组成。胶原蛋白是结缔组织的主要结构蛋白，加热至70℃以上会软化变成明胶。结缔组织为非全价蛋白，不易被人体消化，能增加肉的硬度，降低肉的食用价值，可以用来加工胶冻类食品。

**4. 骨组织**

骨组织和结缔组织一样也是由细胞、纤维性成分和基质组成，但是，不同的是基质已被钙化，所以很坚硬，具有支撑身体和保护器官的作用，同时又是钙、镁、钠等元素的储存组织。成年动物的骨骼含量较恒定，变动幅度较小。猪骨占胴体的5%～9%，牛骨占15%～20%，羊骨占8%～17%，兔骨占12%～15%，鸡骨占8%～17%。

### (二) 肉的化学组成及性质

畜禽肉类的化学成分受动物的性别、种类、年龄、营养状态及不同部位而有所变动，且与宰后肉内酶的作用相关(表2-1)。

表2-1 几种常见畜禽肉的化学组成

| 名称 | 水分(%) | 蛋白质(%) | 脂肪(%) | 碳水化合物(%) | 灰分(%) | 热量(J/kg) |
|---|---|---|---|---|---|---|
| 牛肉 | 72.91 | 20.07 | 6.48 | 0.25 | 0.92 | 6186.4 |
| 肥猪肉 | 47.40 | 14.54 | 37.34 | — | 0.72 | 13731.3 |
| 瘦猪肉 | 72.55 | 20.08 | 6.63 | — | 1.10 | 4869.7 |
| 羊肉 | 75.17 | 16.35 | 7.98 | 0.31 | 1.92 | 5893.8 |
| 鸡肉 | 71.80 | 19.50 | 7.80 | 0.42 | 0.96 | 6353.6 |
| 鸭肉 | 71.24 | 23.73 | 2.65 | 2.33 | 1.19 | 5099.6 |

**1. 蛋白质**

按其分布位置和在盐溶液中的溶解度可分成3种蛋白质：肌原纤维蛋白质、肌浆中的蛋白质和基质蛋白质。

(1)肌原纤维蛋白质:肌原纤维是肌肉收缩的单位,由丝状的蛋白质凝胶所构成,支撑着肌纤维的形状,参与肌肉的收缩过程,故称为肌肉的结构蛋白质。肌原纤维中的蛋白质与肉的嫩度相关。肌原纤维蛋白质占肌肉蛋白质总量的40%~60%,它主要包括肌球蛋白、肌动蛋白、肌动球蛋白。

(2)肌浆中的蛋白质:肌浆是浸透于肌原纤维内外的液体,含有机物与无机物,一般占肉中蛋白质含量的20%~30%。这些蛋白质易溶于水或低离子强度的中性盐溶液,是肉中最易提取的蛋白质。这些蛋白质不直接参与肌肉收缩,其功能主要是参与肌纤维中的物质代谢。

(3)基质蛋白质:是肌肉组织磨碎之后在高浓度的中性溶液中充分抽提之后的残渣部分。基质蛋白质包括胶原蛋白、弹性蛋白、网状蛋白及黏蛋白等,存在于结缔组织的纤维及基质中。

**2. 脂肪**

从胴体获得的脂肪称为生脂肪。生脂肪熔炼提出的脂肪称为油。动物性脂肪主要成分是甘油三酯(三脂肪酸甘油酯),占96%~98%,还有少量的磷脂和固醇脂。肉类脂肪有20多种脂肪酸,其中饱和脂肪酸以硬脂酸和软脂酸居多;不饱和脂肪酸以油酸居多,其次是亚油酸。不饱和脂肪酸中亚油酸、次亚油酸、二十碳四烯酸是构成动物组织细胞和机能代谢不可缺少的成分。磷脂以及胆固醇所构成的脂肪酸酯类是能量来源之一,也是构成细胞的特殊成分,对肉类制品的质量、颜色、气味具有重要作用。

**3. 矿物质**

肉类中的矿物质含量一般为0.8%~1.2%,这些无机盐在肉中有的以游离状态存在,如镁、钙离子;有的以螯合状态存在,如肌红蛋白中含铁、核蛋白中含磷。

肉是磷的良好来源。肉中钙含量较低,而钾和钠几乎全部存在于软组织及体液之中。钾和钠与细胞膜通透性有关,可提高肉的保水性。肉中尚含有微量的锰、铜、锌、镍等。其中锌与钙一样能降低肉的保水性。

**4. 维生素**

肉中维生素含量不多,脂溶性维生素较少,但水溶性B族维生素含量较丰富。猪肉中维生素$B_1$的含量比其他肉类要多得多,而牛肉中叶酸的含量则又比猪肉和羊肉高。此外,某些器官如肝,几乎各种维生素含量都很高。

肉是B族维生素的良好来源,这些维生素主要存在于瘦肉中。猪肉的维生素$B_1$含量受饲料影响,而羊、牛等反刍动物的肉中维生素含量不受饲料的影响,因为其维生素的来源主要依赖瘤胃(第一胃)内微生物的作用。同种动物不同部位的肉,其维生素含量差别不大,但不同动物肉的维生素含量有较大的差异。

**5. 浸出物**

浸出物是指蛋白质、盐类、维生素等能溶于水的浸出性物质,包括含氮浸出物和无氮浸出物。浸出物成分中主要有机物为核苷酸、嘌呤碱、胍化合物、氨基酸、肽、糖原、有机酸等。

浸出物成分的总含量在2%～5%之间，以含氮化合物为主，酸类和糖类含量比较少。含氮物中，大部分构成蛋白质的氨基酸呈游离状态。浸出物的成分与肉的风味及滋味、气味有密切关系。浸出物中的还原糖与氨基酸之间的非酶促褐变反应对肉的风味具有很重要的作用。而某些浸出物本身即是呈味成分，如琥珀酸、谷氨酸、肌苷酸是肉的鲜味成分。

**6. 水**

水是肉中含量最多的组成成分。水在肉中分布不均匀，其中肌肉含水为70%～80%，皮肤为60%～70%，骨骼为12%～15%。畜禽越肥，水分的含量越少，老年动物比幼年动物含量少。肉中水分含量多少及存在状态影响肉的加工质量及储藏性。肉中的水分存在形式大致可分为以下三种。

(1)自由水：自由水指能自由流动的水，存在于细胞间隙及组织间，约占总水量的15%。

(2)结合水：是指在蛋白质等分子周围，借助分子表面分布的极性基团与水分子之间的静电引力而形成的一薄层水分。结合水与自由水的性质不同，它的蒸汽压极低，冰点约为-40℃，不能作为其他物质的溶剂。肉中结合水的含量，占全部水量的15%～25%，通常存在于肌肉的细胞内部。

(3)不易流动的水：不易流动的水是指存在于纤丝、肌原纤维及膜之间的一部分水。肉中的水大部分以这种形式存在，占总水分的60%～70%。这些水能溶解盐及其他物质，并可在0℃以下结冰。

### (三)肉的物理性质

肉的物理性质包括颜色、风味、嫩度、保水性、坚度、容重、比热、导热系数等，它们与肉的形态结构、动物的种类、年龄、性别、经济用途、不同部位、屠宰前的状态、冻结程度等因素有关，常作为表征动物属性和人们识别肉品质量的依据。

**1. 肉的颜色**

动物肌肉的色泽是由肌肉中所含肌红蛋白(Mb)和血红蛋白(Hb)的数量决定的，二者的比例决定肌肉色泽的深浅程度。放血不良的胴体其肌肉呈深红或暗红色。放血良好的肌肉Mb占80%～90%，使肌肉呈浅红或鲜红色。正常肌肉的色泽一般是以肌肉中Mb的含量及其氧化还原状态决定的。在肌肉组织暴露于空气后的头0.5～1 h，肌红蛋白发生氧合，还原型肌红蛋白(紫红色)转变为氧合肌红蛋白(鲜红色)，肉的颜色发生明显的改变。

**2. 肉的风味**

一般生鲜肉有各自的特有气味。生牛肉、猪肉没有特殊气味，羊肉有膻味(4—甲基辛酸、壬酸、癸酸等)，狗肉、鱼肉有腥味(三甲胺、低级脂肪酸等)，性成熟的公畜有特殊的气味。肉水煮加热后产生的强烈肉香味，主要是由低级脂肪酸、氨基酸及含氮浸出物等化合物产生。

肉的滋味，包括有鲜味和外加的调料味。肉的鲜味成分主要有肌苷酸、氨基酸、酰胺、三甲基胺肽、有机酸等。成熟肉风味的增加,主要是核苷类物质及氨基酸变化所致。牛肉的风味主要来自半胱氨酸,猪肉的风味可从核糖、胱氨酸获得。牛、猪、绵羊的瘦肉所含挥发性的香味成分主要存在于脂肪中,如大理石样肉,因此肉中脂肪沉积的多少,对风味更有意义。

**3. 肉的嫩度**

肉的嫩度(Tenderness)是指肉在咀嚼或切割时所需的剪切力,表明了肉在被咀嚼时柔软、多汁和容易嚼烂的程度。大部分肉经加热蒸煮后,肉的嫩度有很大改善,并且使肉的品质有较大变化。但牛肉在加热时一般是硬度增加,这是由于肌纤维蛋白质遇热凝固收缩,使单位面积上肌纤维数量增多所致。但肉熟化后,其总体嫩度明显增加。

**4. 肉的保水性**

肉的保水性即持水性、系水性,是指肉在压榨、加热、切碎搅拌时,保持水分的能力,或在向其中添加水分时的水合能力。这种特性对肉品加工的质量有很大影响,例如肉在冷冻和解冻时如何减少肉汁流失、加工时要加一定量的水、盐浸和干制的脱水保藏等。影响保水性的主要因素有蛋白质网状结构、pH、金属离子等。

## 二、乳的成分及性质

### (一)乳的组成及其分散体系

**1. 乳的组成**

乳是哺乳动物分娩后由乳腺分泌的一种白色或微黄色的不透明液体,其中至少含有上百种化学成分,主要包括水分、脂肪、蛋白质、乳糖、盐类、维生素、酶类及气体等。正常牛乳中各种成分的组成大体上是稳定的,而受环境影响变化最大的是乳脂肪,其次是蛋白质,乳糖及灰分则比较稳定。乳品行业中,一般将牛乳成分分为水分和乳干物质两大部分,乳干物质又分为脂质和无脂干物质。牛乳的基本组成如表 2-2 所示。

**表 2-2 牛乳的主要化学成分及含量**

| 成分 | 水分 | 总乳固体 | 脂肪 | 蛋白质 | 乳糖 | 无机盐 |
|---|---|---|---|---|---|---|
| 变化范围(%) | 85.5~89.5 | 10.5~14.5 | 2.5~6.0 | 2.9~5.0 | 3.6~5.5 | 0.6~0.9 |
| 平均值(%) | 87.5 | 13.0 | 4.0 | 3.4 | 4.8 | 0.8 |

**知识链接**

骆驼与骆驼乳

在世界多地尤其是非洲和中东的干旱和半干旱地区,骆驼协助着人类的生产和生活,是一种具有重要社会经济价值的动物。据研究估计,世界上共有约 2200 万峰骆驼,其中北非和西亚的骆驼占 89%,其余地区占 11%,主要分布在亚洲国家。骆驼乳产量较低,被称为沙漠黄金,通常是不透明的白色,有淡淡的甜味,比牛乳略咸。

骆驼乳是一种营养丰富的食物，与牛乳、羊乳等常见的反刍动物乳相比，骆驼乳具有低糖、低胆固醇、高矿物质（钾、钠、铜、铁、镁和锌）、高维生素和高浓度胰岛素的特性。对于生存在干旱地区的人们来说，骆驼乳高达84%的水含量在人们的生活中有着重要的作用。骆驼乳除了可作为营养来源的食物以外，也可帮助缓解多种疾病，表现出特定的药用价值。

**2. 乳的分散体系**

牛乳是一种复杂的胶体分散体系，分散体系中分散介质是水，分散质有乳糖、无机盐类、蛋白质、脂肪、气体等。各种分散质的分散度差异很大，其中乳糖、水溶性盐类呈分子或离子状态溶于水中，其微粒直径小于或接近 1 nm，形成真溶液；乳白蛋白及乳球蛋白呈大分子态，其微粒直径为 15 ~ 50 nm，形成典型的高分子溶液；酪蛋白在乳中形成酪蛋白酸钙—磷酸钙复合体胶粒，胶粒平均直径约 100 nm，从其结构、性质和分散度来看，它处于一种过渡状态，属胶体悬浮液范畴；乳脂肪呈球状，直径 100 ~ 10000 nm，形成乳浊液。乳中含有的少量气体，部分以分子状态溶于牛乳中，部分气体经搅动后在乳中形成泡沫状态。所以，牛乳并不是一种简单的分散体系，而是包含着真溶液、高分子溶液、胶体悬浮液、乳浊液及种种过渡状态的复杂的、具有胶体特性的多级分散体系。

### （二）乳中化学成分的性质

**1. 乳脂肪**

乳脂肪是乳的主要成分之一，不溶于水，主要以脂肪球状态分散于乳浆中。在乳中的平均含量为3% ~5%。乳脂肪中的98% ~99%是甘油三酯，还含有约1%的磷脂和少量的甾醇、游离脂肪酸以及脂溶性维生素等。牛乳脂肪为短链和中链脂肪酸，熔点低于人的体温，仅为34.5℃，且脂肪球颗粒小，平均直径仅为 3 ~ 5 μm，脂肪球表面存在一层卵磷脂和蛋白质等构成的薄膜，可保证乳脂肪乳浊液和悬浊液的稳定性，从而使乳呈高度乳化状态，所以极易消化吸收。乳脂肪还含有人类必需的脂肪酸和磷脂，也是脂溶性维生素的重要来源，其中维生素 A 和胡萝卜素含量很高，因而乳脂肪是一种营养价值较高的脂肪。乳脂肪提供的热量约占牛乳总热量的一半。

**2. 乳蛋白质**

牛乳中含有3.0% ~3.5%乳蛋白，占牛乳含氮化合物的95%，还有5%为非蛋白态含氮化合物。牛乳中的蛋白质可分为酪蛋白和乳清蛋白两大类，另外还有少量脂肪球膜蛋白质。

（1）酪蛋白：在温度20℃时，调节脱脂乳的 pH =4.6 时沉淀的一类蛋白质称为酪蛋白，占乳蛋白总量的80% ~82%。乳中的酪蛋白与钙结合成酪蛋白酸钙，再与胶体状的磷酸钙形成酪蛋白酸钙—磷酸钙复合体，以胶体悬浮液的状态存在于牛乳中。

酪蛋白胶粒对 pH 的变化很敏感。当脱脂乳的 pH 降低时，酪蛋白胶粒中的钙与磷酸盐就逐渐游离出来。当 pH 达到酪蛋白的等电点 4.6 时，就会形成酪蛋白沉淀。正常情况下，在等电点沉淀的酪蛋白不含钙。但在酪蛋白稳定性受到影响时，在 pH 5.2 ~5.3 时就发生沉淀。

(2)乳清蛋白:乳清蛋白是指溶解分散在乳清中的蛋白，占乳蛋白的 18% ~20%，可分为热稳定和热不稳定的乳清蛋白两部分。

前者是指乳清在 pH 4.6 ~4.7 条件下煮沸 20 min 仍能溶解在乳中的一类蛋白质，约占乳清蛋白的 19%，如一些小分子蛋白和肽类；后者是指乳清在 pH 4.6 ~4.7 条件下煮沸 20 min发生沉淀的一类蛋白质，约占乳清蛋白的 81%，包括乳白蛋白和乳球蛋白两类。

(3)非蛋白含氮物:除蛋白质外，牛乳的含氮物中还有非蛋白态的含氮化物，约占总氮的 5%，其中包括氨基酸、尿素、尿酸、肌酸及叶绿素等。这些含氮物是活体蛋白质代谢的产物。乳中约含游离态氨基酸 23 mg/mL，其中包括酪氨酸、色氨酸和胱氨酸，以及尿素、肌酸及肌酐等蛋白质代谢产物。

**3. 乳糖**

乳糖是哺乳动物乳汁中特有的糖类。牛乳中含有乳糖 4.6% ~4.7%，占干物质的 38% ~39%。乳的甜味主要由乳糖引起，其甜度约为蔗糖的 1/6。

乳糖水解后产生的半乳糖是形成脑神经中重要成分的主要来源，有利于婴儿的脑及神经组织发育。但一部分人随着年龄增长，消化道内缺乏乳糖酶，不能分解和吸收乳糖，饮用牛乳后会出现呕吐、腹胀、腹泻等不适应症，称其为乳糖不适症(lactose intolerance)。在乳品加工中利用乳糖酶，将乳中的乳糖分解为葡萄糖和半乳糖，或利用乳酸菌将乳糖转化成乳酸，不仅可预防乳糖不适应症，而且可提高乳糖的消化吸收率，改善制品口味。

**4. 乳中的无机物**

无机物也称为矿物质，通常是将牛乳蒸发干燥后灼烧成灰分，以灰分的量来表示矿物质的量。一般牛乳中灰分含量为 0.30% ~1.21%。乳中的矿物质主要有磷、钙、镁、氯、硫、铁、钠、钾等，此外还含有锰、铜等微量元素。其中，乳中的钙、磷等盐类的构成及其状态对乳的物理化学性质有很大影响，乳品加工中盐类平衡是重要问题。牛乳中钙的含量较人乳多 3 ~4 倍，因此牛乳在婴儿胃内所形成的蛋白凝块比较坚硬，不容易消化。为了消除可溶性钙盐的不良影响，可采用离子交换法，将牛乳中的钙除去 50%，可使乳凝块变得很柔软。乳中的铜铁对储藏中的乳制品有促进发生异常气味的作用。牛乳中铁的含量为 100 ~900 μg/L，牛乳中铁的含量较人乳中少，故人工哺育幼儿时，应补充铁的含量。

乳中的矿物质大部分以无机盐或有机盐形式存在，其中以磷酸盐、酪酸盐和柠檬酸盐存在的数量最多。

**5. 乳中的维生素**

牛乳中含有几乎所有已知的维生素，其中维生素 $B_2$ 含量很丰富，但维生素 D 的含量不多,若作为婴儿食品时应予以强化。初乳中维生素 A 及胡萝卜素含量多于常乳。牛乳中维生素的热稳定性不同,维生素 A、维生素 D、维生素 $B_1$、维生素 $B_2$、维生素 $B_{12}$、维生素 $B_6$ 等对热稳定,维生素 C 等热稳定性差。

乳在加工中维生素都会遭受一定程度的破坏而损失。发酵法生产的酸乳由于微生物的生物合成,能使一些维生素含量增高,所以酸乳是一类维生素含量丰富的营养食品。

#### 6. 乳中的酶类

牛乳中的酶种类很多,但与乳品生产有密切关系的主要有脂酶、磷酸酶、蛋白酶和乳糖酶。

乳脂肪在脂酶的作用下水解产生游离脂肪酸,从而使牛乳带上脂肪分解的酸败气味(acid flavor),这是奶油生产中常见的缺陷。为了抑制脂酶的活性,在奶油生产中,一般采用不低于 80~85℃的高温或超高温处理。

牛乳中的碱性磷酸酶的最适 pH 为 7.6~7.8,经 63℃、30 min 或 71~75℃、15~30 s 加热后可钝化,故可以利用这种性质来检验低温巴氏杀菌法处理的消毒牛乳的杀菌程度是否完全。

牛乳中的蛋白酶能分解蛋白质生成氨基酸。细菌性的蛋白酶使蛋白质水解后形成蛋白胨、多肽及氨基酸,是奶酪成熟的主要因素。蛋白酶多属细菌性酶,其中由乳酸菌形成的蛋白酶在奶酪加工中具有非常重要的意义。在奶酪成熟时,奶酪中的蛋白质主要靠奶酪中微生物群落分泌的酶分解。

乳糖酶对乳糖分解成葡萄糖和半乳糖具有催化作用。在 pH 5.0~7.5 时反应较弱。一些成人和婴儿由于缺乏乳糖酶,往往产生对乳糖吸收不完全的症状,服用乳糖酶则有良好的效果。

#### 7. 乳中的其他成分

除上述成分外,乳中尚有少量的有机酸、气体、色素、免疫体、细胞成分、风味成分及激素等。

乳中的有机酸主要是柠檬酸,此外还有微量的乳酸、丙酮酸及马尿酸等。乳中柠檬酸的含量为 0.07%~0.40%,以盐类状态存在,主要为柠檬酸钙。

乳中的气体主要为 $CO_2$、$O_2$ 和 $N_2$ 等。牛乳中氧的存在会导致维生素的氧化和脂肪的变质,所以牛乳在输送、储存处理过程中应尽量在密闭的容器内进行。

### (三)乳的物理性质

#### 1. 乳的色泽

新鲜正常的牛乳呈不透明的乳白色或稍带淡黄色。乳白色是乳的基本色调,这是由于乳中的酪蛋白酸钙—磷酸钙胶粒及脂肪球等微粒对光的不规则反射的结果。牛乳中的脂溶性胡萝卜素和叶黄素使乳略带淡黄色。而水溶性的维生素 $B_2$ 使乳清呈荧光性黄绿色。

**2. 乳的热学性质**

牛乳的热学性质主要有冰点、沸点和比热。由于有溶质的影响,乳的冰点比水低而沸点比水高。

牛乳的冰点为 -0.525 ~ -0.565℃,平均为 -0.540℃。牛乳中的乳糖和盐类是导致冰点下降的主要因素。正常的牛乳其乳糖及盐类的含量变化很小,所以冰点很稳定。如果在牛乳中掺 10% 的水,其冰点约上升 0.054℃。酸败的牛乳其冰点会降低,所以测定冰点时要求牛乳的酸度在 20 °T 以内。

牛乳的沸点为 100.55℃,乳的沸点受其固形物含量影响。浓缩过程中因水分不断减少而使沸点上升,浓缩到原体积一半时,沸点上升到 101.05℃。

牛乳的比热大约为 3.89 kJ/(kg·K),为其所含各成分比热的总和。牛乳的比热随其所含的脂肪含量及温度的变化而异。

**3. 乳的滋味与气味**

乳中含有挥发性脂肪酸及其他挥发性物质,所以牛乳带有特殊的香味。乳经加热后香味增强,冷却后减弱。正常风味牛乳中含有适量的甲硫醚、丙酮、醛类及其他微量游离脂肪酸。在新鲜的乳中,乙酸和甲酸等挥发性脂肪酸的含量较多,而丙酸、酪酸、戊酸、辛酸等挥发性脂肪酸的含量较少。牛乳除了原有的香味之外很容易吸收外界的各种气味,所以挤出的牛乳如在牛舍中放置时间太久即带有牛粪味或饲料味,与鱼虾类放在一起则带有鱼腥味,储存器不良时则产生金属味,消毒温度过高则产生焦糖味。

新鲜纯净的乳稍带甜味,这是由于乳中含有乳糖的缘故。乳中除含有甜味外,其中含有氯离子,所以稍带咸味。正常乳中的咸味因受乳糖、脂肪、蛋白质等调和而不易觉察,但异常乳如乳腺炎乳中氯的含量较高,因此拥有浓厚的咸味。乳中的酸味是由柠檬酸和磷酸所产生的,而苦味来自 $Mg^{2+}$ 和 $Ca^{2+}$。

**4. 乳的酸度**

乳品工业中的酸度是指以标准碱液用滴定法测定的滴定酸度。滴定酸度也有多种测定方法及其表示形式。我国滴定酸度用吉尔涅尔度简称"°T"或乳酸百分率(乳酸%)来表示。正常牛乳的酸度为 16 ~ 18°T,用乳酸度表示为 0.15% ~ 0.18%。另外酸度可用氢离子浓度指数(pH)表示。pH 为离子酸度或活性酸度。正常新鲜牛乳的 pH 为 6.4 ~ 6.8,一般酸败乳或初乳的 pH 在 6.4 以下,乳腺炎乳或低酸度乳的 pH 在 6.8 以上。

**5. 乳的比重和密度**

乳的比重是 15℃时一定容积牛乳的重量与同容积同温度水的重量比。正常乳的比重平均为 d15℃/15℃ = 1.032;乳的相对密度指乳在 20℃时的质量与同容积水在 4℃时的质量之比。正常乳的密度平均为 D20℃ = 1.030。乳的相对密度在挤乳后 1 h 内最低,其后逐渐上升,最后可升高 0.001 左右,这是由于气体的逸散、蛋白质的水合作用及脂肪的凝固使容积发生变化的结果,故不宜在挤乳后立即测试比重。

**6. 乳的黏度**

牛乳的黏度随温度升高而降低。在乳的成分中,脂肪及蛋白质对黏度的影响最显著。在一般正常的牛乳成分范围内,非脂乳固体含量一定时,随着含脂率的增高,牛乳的黏度也增高。当含脂率一定时,随着乳固体的含量增高,黏度也增高。初乳、末乳的黏度都比正常乳高。在加工中,黏度受脱脂、杀菌、均质等操作的影响。在生产乳粉时,如黏度过高可能妨碍喷雾,产生雾化不完全及水分蒸发不良等现象。

**7. 乳的表面张力**

通常,在液体表面,分子所受的作用力是不对称的,存在指向体相内的引力,所以液体表面存在缩成最小的趋势,这种使液体表面积减少的力就称为表面张力。在20℃时,牛乳的表面张力为0.04 ~0.06 N/cm。测定乳的表面张力可鉴别乳中是否混有其他添加物。乳的起泡性、乳浊状态、热处理、均质作用、微生物的生长发育和风味等均与乳的表面张力有密切关系。乳的表面张力随温度的升高而降低,并随含脂率的减少而增加。

**8. 乳的溶液性质**

乳是多种物质组成的混合物,乳中各种物质相互组成分散体系,其中分散剂是水,分散质有乳糖、盐类、蛋白质、脂肪等。由于分散质种类繁多,分散度差异甚大,所以,乳并不是简单的分散体系,而是包含着真溶液、高分子溶液、胶体悬浮液、乳浊液及其过渡状态的复杂的分散体系。由于乳中包含着这种分散体系,所以乳作为具有胶体性质的多级分散体系,而被列为胶体化学的研究对象。乳中属于胶态的有乳胶体和胶体悬浮态。分散质是液体或者即使分散质是固体,但粒子周围包有液体皮膜的都称为乳胶体。牛乳的脂肪在常温下呈液态的微小球状分散在乳中,球的平均直径约为3 μm,所以牛乳中的脂肪球即为乳浊液的分散质。

**9. 乳的电导率**

由于乳中含有盐类,所以乳具有导电性,但乳不是电的良导体。电导率依据乳中的离子数量来定,而离子数量取决于乳的盐类和离子形成物质,因此乳中的盐类受到破坏时,会影响乳的电导。在25℃时,正常牛乳的电导率为0.004 ~0.005 S(西门子)。通常,$Na^+$、$K^+$、$Cl^-$等离子与乳的电导关系最为密切。影响乳电导率的因素有温度、挤乳间隔、取样点、牛的泌乳期、牛的健康状况等。在生产中可以利用电导率来检查乳的蒸发程度及调节真空蒸发器的运行。脱脂乳中由于妨碍离子运动的脂肪已被除去,因此电导率要比全乳高。将牛乳煮沸时,由于二氧化碳消失,且磷酸钙沉淀,导电率下降。

**10. 乳的氧化还原电势**

氧化还原电势表明了物质失去或得到电子的难易程度,用Eh表示。物质被氧化得越多,它的电势就呈现越多的正电。乳中含很多具有氧化或还原作用的物质,这类物质有维生素$B_2$、微生物C、维生素E、酶类、溶解态氧、微生物代谢产物等。Eh直接影响着乳与乳制品中的微生物生长状况和乳成分的稳定性,降低乳品的Eh可以有效抑制需氧菌的生长繁殖,显著降低乳品中易氧化营养成分(如脂肪)的氧化分解。

## 三、禽蛋的组成及特性

### (一)禽蛋的组成及化学成分

禽蛋是一个完整的、具有生命的活卵细胞,包含着自胚发育、生长成幼雏的全部营养成分,同时还具有保护这些营养成分的物质。虽然各种禽蛋的大小不同,但其基本结构是大致相同的,一般是由蛋壳、壳膜、气室、蛋白、蛋黄和系带等组成。禽蛋中蛋壳及蛋壳膜重量占全蛋的12%～13%,蛋白占55%～66%,蛋黄占32%～35%,一些禽蛋的化学成分如表2-3。鸡蛋的水分含量高于水禽蛋,胆固醇含量较高。鸭蛋的营养价值和口味等不如鸡蛋。鹌鹑蛋和鹅蛋是近年来迅速普及的一种营养性食品。

**表2-3　不同禽蛋的化学组成**

| 类别 | 水分(%) | 蛋白质(%) | 脂肪(%) | 碳水化合物(%) | 灰分(%) | 固形物(%) |
|---|---|---|---|---|---|---|
| 鸡蛋 | 72.5 | 13.3 | 11.6 | 1.5 | 1.1 | 27.5 |
| 鸭蛋 | 70.8 | 12.8 | 1.1 | 0.3 | 1.1 | 29.2 |
| 鹅蛋 | 69.5 | 13.8 | 0.7 | 1.6 | 0.7 | 30.5 |
| 鹌鹑蛋 | 67.5 | 16.6 | 14.4 | — | 1.2 | 32.3 |

**1. 壳外膜**

壳外膜是蛋壳表面的一层无定形可溶性胶体,可以保护蛋不受微生物侵入,防止蛋内水分蒸发和$CO_2$逸出而起护蛋的作用。

**2. 蛋壳**

蛋壳是包裹在鲜蛋内容物外面的一层硬壳,具有固定禽蛋形状并起保护蛋白、蛋黄的作用,占整个蛋重的12%左右。蛋壳主要由无机物组成,占整个蛋壳的94%～97%,有机物占蛋壳的3%～6%。无机物中主要是碳酸钙,约占93%,还有少量碳酸镁(约占1.0%)及磷酸钙、磷酸镁等。有机物主要为蛋白质,属于胶原蛋白,其中约有16%的氮、3.5%的硫。禽蛋的种类不同,其蛋壳的化学成分也略有差异。蛋壳的纵轴较横轴耐压,因此,在储藏运输时竖放为宜。蛋壳有透视性,故在灯光下可以观察蛋的内部状况。蛋壳表面有许多肉眼看不见的微小气孔,且分布不均匀,这些气孔是蛋进行气体代谢的通道,且对蛋品加工有一定的作用。

**3. 蛋白膜**

刚产下的蛋的蛋白膜及壳内膜紧密结合,称为壳下膜,是一种能透水和空气的紧密而有弹性的薄膜。两层膜在蛋的大头端分离形成气室。

**4. 气室**

新生的蛋没有气室,冷却后蛋内容物收缩而形成气室。气室的大小与蛋的新鲜程度有关,是鉴别蛋新鲜度的主要标志之一。

**5. 系带**

在蛋黄两边各有一条浓厚的带状物即为系带，其作用为固定蛋黄。新鲜蛋系带白而粗，且富有弹性。随着温度的升高，储藏时间的延长，受酶的作用会发生水解，逐渐变细，使蛋的耐储性降低。当系带完全消失，会造成贴壳蛋。因此，系带状况也是鉴别蛋的新鲜程度的重要标志之一。

**6. 蛋清中的成分**

蛋清中蛋白质的含量为11% ~13%，种类有卵白蛋白、卵球蛋白、卵黏蛋白、类黏蛋白和卵伴白蛋白等。蛋清中的碳水化合物中，一种呈结合态存在，与蛋白质结合，在蛋白中含0.5%；另一种呈游离状态存在，在蛋清中含0.4%，游离糖中的98%为葡萄糖，其余为果糖、甘露糖、阿拉伯糖、木糖和核糖。新鲜蛋清中含极少量脂质（约为0.02%）。蛋清中的维生素比蛋黄中略少，其主要种类有维生素 $B_2$、维生素 C 和泛酸。蛋清中的色素极少，其中含有少量的维生素 $B_2$，因此干燥后的蛋清带有浅黄色。

**7. 蛋黄膜**

蛋黄膜是一层微细而紧密的薄膜，可分为3层，内外两层为黏蛋白，中间层为角蛋白。蛋黄膜富有弹性，起着保护蛋黄和胚胎的作用，防止蛋黄和蛋白混合。

**8. 蛋黄中的成分**

蛋黄是蛋中最富有营养的部分，脂质约占蛋黄总重的30%，以甘油三酸酯为主的中性脂质约为65%，磷脂质约为30%，胆固醇约为4%。蛋黄中的蛋白质大部分是脂质蛋白质，包括低密度脂蛋白、卵黄球蛋白、卵黄高磷蛋白和高密度脂蛋白等。蛋黄中的碳水化合物以葡萄糖为主，还有少量乳糖。另外蛋黄含有较多的色素，所以蛋黄呈黄色或橙黄色。其中色素大部分是脂溶性的，如胡萝卜素、叶黄素；水溶性色素主要以玉米黄色素为主。鲜蛋中的维生素主要存在于蛋黄中。

### （二）禽蛋的功能特性

禽蛋有很多重要特性，其中与食品加工密切相关的有蛋的乳化性和发泡性和凝固性，这些特性在各种食品中得到了广泛应用。

**1. 蛋白的起泡性**

当搅打蛋清时，空气进入并被包在蛋清液中形成气泡。在起泡过程中，气泡逐渐由大变小，且数目增多，最后失去流动性，通过加热使之固定。很早以前，蛋清的起泡性就被用在食品工业上制作蛋糕等产品。蛋清的起泡性决定于球蛋白和伴白蛋白，而卵黏蛋白和溶菌酶则起稳定作用。蛋白的发泡性受酸、碱影响很大。在等电点或强酸、强碱条件下，因蛋白质变性并凝集故起泡力最大。

**2. 蛋黄的乳化性**

禽蛋的乳化性来源于蛋黄。蛋黄中的卵磷脂、胆固醇、脂蛋白与蛋白质使蛋黄具有乳化力。蛋黄的乳化性对蛋黄酱、色拉调味料和起酥油面团等的制作有非常重要的意义。蛋黄的乳化性受加工方法和其他因素的影响。用水稀释蛋黄后，其乳化液的稳定性降低，这是由于稀释后,乳化液中的固形物减少,黏度降低;温度对蛋黄卵磷脂的乳化性也有影响,例如制蛋黄酱时,用凉蛋乳化作用不好,一般以 16 ~ 18℃的温度比较适宜,温度超过 30℃又会由于过热使粒子黏结在一起而降低蛋黄酱的质量;此外,冷冻、干燥、向蛋黄中添加少量食盐和糖可以提高乳化能力。

**3. 蛋的凝固性**

当禽蛋的蛋白受热、盐、酸、碱及机械作用时会发生凝固。蛋的凝固是一种蛋白质分子结构的变化,该变化使蛋液变稠,由流体变成固体或半固体状态。蛋的凝固性又称凝胶化,是蛋白质的重要特性。

## 第二节　粮油原料

### 一、稻谷与大米

#### (一)稻谷籽粒形态结构

稻谷籽粒由颖壳(谷壳)和颖果(糙米)两部分构成。谷壳由内外颖的两缘相互钩合包裹构成完全密封的结构,能防止虫霉侵蚀和机械损伤,对稻粒起一定的保护作用。谷壳上端有芒,下端有护颖和小穗轴。经过加工脱去谷壳后显出颖果,即为糙米。糙米由果皮、种皮、珠心层、糊粉层、胚乳和胚等几部分组成。如图 2 - 1 所示。

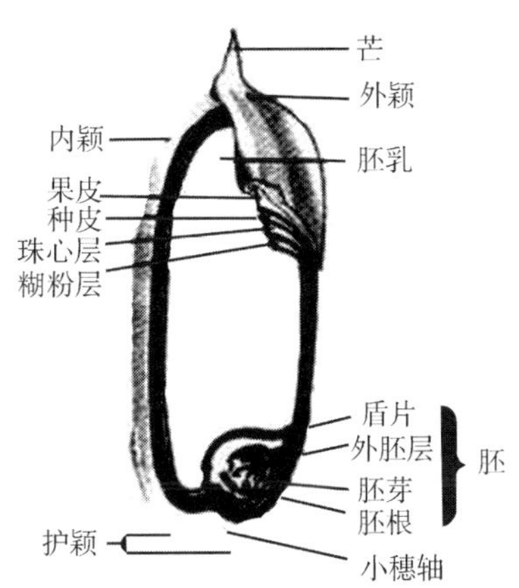


图 2 - 1　稻谷籽粒形态结构

#### (二)稻米营养成分

大米中含碳水化合物 75% 左右,蛋白质 7% ~8%,脂肪 1.3% ~1.8%,并含有丰富的 B 族维生素等。大米中的碳水化合物主要是淀粉,所含的蛋白质主要是米谷蛋白,其次是米胶蛋白和球蛋白,其蛋白质的生物价和氨基酸的构成比例都比小麦、大麦、小米、玉米等禾谷类作物高,消化率 66.8% ~83.1%。因此,食用大米有较高的营养价值。但大米蛋白质中赖氨酸和苏氨酸的含量比较少，所以不是一种完全蛋白质，其营养价值比不上动物蛋白质。

大米中脂肪含量很少。稻谷中的脂肪主要集中在米糠中，其脂肪中所含的亚油酸含量较高，一般占全部脂肪的34%，比菜籽油和茶油分别多2~5倍。所以食用米糠油有较好的生理功能。

### （三）稻谷与大米的加工特性

#### 1. 稻谷的加工特性

稻谷的加工特性主要是指稻谷的形态、结构、化学成分和物理特性，这些特性对碾米的工艺效果有直接的相关性，对碾米设备的选择、工艺流程的制定都有密切的关系。

（1）色泽和气味：正常的稻谷为鲜黄色或金黄色，富有光泽，没有不好的气味。未成熟的稻谷一般为绿色，如果是发热霉变的稻谷，则米粒会变质，变成暗黄色，没有光泽且有霉味。

（2）粒形与均匀性：稻谷籽粒的大小可用长、宽、厚来表示，稻谷的粒形也可用长与宽的比（长/宽）来表示。谷粒呈圆形的，其皮与壳所占的比例小，胚乳的含量则相对较高，即出米率高，同时球形的谷粒因耐压性强，加工时碎米少。如籼稻的长宽比大于2，而粳稻的长宽比小于2，因此粳稻的出米率要比籼稻高，而碎米率比籼稻低。

（3）千粒重和容重：千粒重是指1000粒稻谷的重量，其大小可直接反映出稻谷饱满的程度和质量的好坏。千粒重大的稻谷籽粒饱满，结构紧密，粒大而整齐，胚乳所占的比例大，出米率高，加工出的成品质量好。

容重是指单位体积内稻谷的重量，用 $kg/m^3$ 表示。容重是粮食质量的综合指标，与稻谷的品种类型、成熟度、水分含量及外界因素有关，质量好的稻谷容重在 $560kg/m^3$ 左右。常见稻谷及其加工品的容重和千粒重见表2-4和表2-5。

**表2-4　稻谷及其加工产品的容重**

| 名　称 | 容重（$kg/m^3$） | 名　称 | 容重（$kg/m^3$） |
|---|---|---|---|
| 无芒粳稻 | 560 | 粳米 | 800 |
| 普通有芒粳稻 | 512 | 籼米 | 780 |
| 长芒粳稻 | 456 | 大碎米 | 675 |
| 籼稻 | 584 | 小碎米 | 365 |
| 粳稻 | 770 | 米糠 | 274 |
| 籼糙米 | 748 | 稻壳 | 120 |

**表2-5　稻谷千粒重与出糙率的关系**

| 千粒重（g） | 25.58 | 25.39 | 25.08 | 23.32 | 21.65 | 21.43 | 20.51 |
|---|---|---|---|---|---|---|---|
| 出糙率（%） | 82.57 | 82.06 | 81.90 | 81.07 | 80.21 | 79.72 | 79.50 |

（4）腹白度、爆腰率与碎米：腹白是指米粒上乳白色不透明的部分，其大小程度叫腹白

度。腹白度大的米粒，组织疏松，加工时易碎，出米率低。在通常情况下，粳稻比籼稻的腹白度小，晚稻比早稻的腹白度小，比重大的米粒比比重小的米粒腹白度小。

凡米粒上有纵向或横向裂纹者叫作爆腰。糙米中的爆腰粒数占总数的百分比称为爆腰率。造成爆腰的原因很多，如稻谷在烈日下暴晒或采取急剧的高温烘烤或冷却，使米粒的表面与内部在膨胀或收缩时产生不均匀的应力错位；又如由于风吹干燥过度，干燥米又大量吸水或受到外力的冲击。爆腰米粒的强度较正常米粒低，因此加工时易出碎米。原粮的爆腰率越高，其出米率就越低，煮饭时易成粥状，失去原有的滋味，降低食用品质。

粒形在 2/3 以下的称为碎米。造成碎米的原因很多，如稻谷的成熟度不足、腹自多、硬度小或在保管中发生霉变生虫，以及由于碾米不善等。碎米的外观差，不整齐，出饭率低，滋味差。因此在加工时应尽量减少碎米的产生，一般粳米中的碎米较籼米中的碎米少。

(5)谷壳率与强度：谷壳率是指稻谷的谷壳占稻谷重量的百分比。谷壳率高的稻谷，千粒重小，谷壳厚而且包裹紧密，加工时脱壳困难，出糙率低。谷壳率低的稻谷正好相反，加工时脱壳容易，出米率也高。谷壳率是稻谷定等级的基础，也是评定稻谷工艺品质的一项重要指标。

强度也称硬度，是指谷粒抵抗外力破坏的最大能力。谷粒受到压缩、拉伸、剪切、弯曲、扭转等作用时，其内部产生相应的抵抗作用。米粒的强度可用米粒硬度计来测定，其大小以每粒米能承受的外力大小来表示。米的强度同稻谷的品种、成熟程度、组织结构、水分、温度等有关。一般来说，含蛋白质多、透明度大的籽粒，其强度要大于蛋白质含量少、胚乳组织松散、不透明的籽粒。粳稻的强度比籼稻大，晚稻的强度比早稻大；由于稻谷种类和性质的不同，需要有不同的工艺。因此充分了解原料的状况，对加工出优质米粒十分必要。

**2. 大米的加工特性**

部分禾谷类粮食作物的果实和种子，在去除了颖壳、果皮和种皮之后的胚乳称为米。在禾谷类粮食中，黍、高粱、燕麦、大麦等原粮加工成的成品分别称为黍米、高粱米、燕麦米和大麦米(麦仁)，而稻谷制成的稻米则习惯上称为大米，粟加工成的粟米习惯上称为小米。在众多的米类中，最重要的是大米。

大米是指稻谷的胚乳，即将稻谷脱去稻壳，碾去糠层后得到的部分。可以从以下几个方面判别质量：籼米粒形细长，长度为宽度的 3 倍以上，腹白较大，硬质粒较小，加工时易出碎米，出米率较低，米质蜡性大而黏性较小；粳米则粒形短圆，长度是宽度的 1.4～2.5 倍，腹白小或没有，硬质粒多，米质胀性较小，但黏性较强。

糯米是糯稻的胚乳，又称元米、江米，因含 100% 的支链淀粉，故黏性最强，胀性最小。根据米粒短圆或细长，黏性强与弱，胀性大与小，又可分为粳糯和籼糯，以颗粒饱满晶莹者为佳。干燥的糯米呈蜡白色，不透明，而黏米则是半透明的。

酿造用米一般以糯米为佳，其次为粳米，籼米一般不用于酿酒，因为糯米淀粉含量高，可供糖化发酵的基质多，可提高酒的产量，同时蛋白质含量低，可使蛋白质分解产物较粳米少，相应地减少了因氨基酸脱氨基所生成的杂醇油的含量，使酒味较为纯正。另外，糯米中的淀粉全部是支链淀粉，在酒精发酵过程中，支链淀粉受淀粉酶的分解作用并不彻底，因此发酵完成后残留较多的糊精和低聚糖，故酿成的酒口味醇厚而较甜。

在生产味精与麦芽糊精中，一般以早籼米为原料，因为早籼米原料成本低，产品得率高且加工适性好。早籼米中直链淀粉含量较其他米高，因此淀粉分解较为容易，黏度较低，加工时易操作，只要控制好加工工艺条件，就可以得到所需 DE 值（葡萄糖值）的产品。

在年糕生产中，一般用粳米最好，用籼米制成的产品黏性和韧性不够，口感不滑爽，无咬劲，而用糯米制成的年糕黏性太强，吃起来太软也无咬劲，因此质量好的年糕应用100%的粳米为原料。

## 二、小麦与面粉

小麦是一种旱地作物，适于机械耕种，播种面积和产量在世界粮食作物中均占第一位，在我国仅次于稻谷占第二位，是一种极重要的粮食作物。

### （一）小麦的分类

我国栽培的小麦一般按播种期分为冬小麦（冬播夏收）与春小麦（春播秋收），其中以冬小麦为主，占83%以上，春小麦只占16%左右；按皮色分，可分为白麦（种皮为白色、乳白色或黄白色）与红麦（种皮为深红色或褐色）；按粒质分，可分为硬质麦与软质麦。对商品小麦，国家标准规定分为以下几类。

（1）白皮硬质小麦：白色或黄白色麦粒≥90%，角质率≥70%。

（2）白皮软质小麦：白色或黄白色麦粒≥90%，粉质率≥70%。

（3）红皮硬质小麦：深红色或红褐色麦粒≥90%，角质率≥70%。

（4）红皮软质小麦：深红色或红褐色麦粒≥90%，粉质率≥70%。

（5）混合小麦：不符合上述4种的小麦。

（6）其他类型小麦。

我国北方多产白皮硬质冬小麦，麦粒小，皮薄，蛋白含量高，容重大，出粉率高，品质好。南方多产红皮软质冬小麦，麦粒较大，皮厚，蛋白含量低，容重小，出粉率低。

### （二）小麦的籽粒结构与营养价值

#### 1. 小麦籽粒结构

麦粒的外形从背面看，可分为圆形、卵形和椭圆形等。横断面呈心脏形或多角形。其结构由麦皮、胚乳和胚组成。麦皮可分为果皮和种皮；胚乳细胞内充满了淀粉和蛋白质，是制取面粉的主要成分，其质量占整个麦粒质量的78%～85%；胚由胚芽、胚芽鞘、胚根、胚根鞘、子叶、子叶表皮、子叶微管束、腋叶、外胚叶等组成，胚芽外由胚芽鞘和外胚叶保护，胚根外由胚根鞘保护，延伸于胚芽之上的是子叶。如图2－2所示。

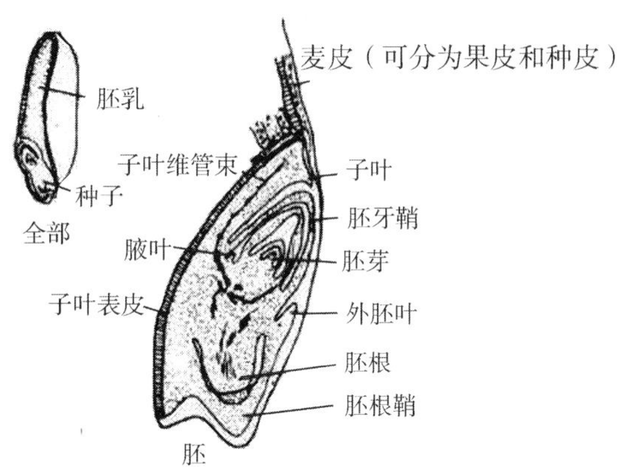


图 2－2　小麦的籽粒结构示意图

**2. 营养价值**

小麦中蛋白质含量比大米高，平均在 10%～14%，一般硬质粒比软质粒含量多。小麦蛋白质主要由麦胶蛋白与麦谷蛋白组成，由于所含赖氨酸和苏氨酸等必需氨基酸较少，故生物价次于大米，但高于大麦、高粱、小米和玉米等，具有较好的营养价值。小麦中含丰富的 B 族维生素和维生素 E，主要分布在胚、糊粉层和皮层中，加工精度越高，营养损失越多。

小麦在食用品质上的特点是含有大量的面筋。面筋的主要成分是麦胶蛋白（43%）和麦谷蛋白（39%）及少量的脂肪和糖类。面筋在面团发酵时能形成面筋网络，保持住面团中酵母发酵所产生的气体，而使蒸烤的馒头、面包等食品具有多孔性，松软可口，并有利于消化吸收。

### （三）小麦与面粉的加工特性

**1. 小麦加工物理特性**

（1）小麦的容重：容重是麦粒充实度和纯度的重要标志，即单位容积的小麦重量。我国用 $kg/m^3$ 来表示。小麦的容重越大，表示含有较多的胚乳，蛋白质含量较高，在同等条件下，容重大的小麦出粉率高。

（2）小麦的千粒重：小麦的千粒重就是 1000 粒小麦的重量。千粒重大的小麦颗粒大，含粉多，我国小麦的千粒重一般为 17～41 g。

（3）小麦的散落性：小麦有易于自粮堆向四周散开的性质，称为散落性。小麦的散落性随小麦的表面结构、粒形、水分及含杂情况而变化。

麦粒在其他材料上能自动滑下的最小角度，称麦粒对该材料的自流角。自流角与散落性有直接关系。小麦的自流角，一般对木材为 29°～33°，对钢板为 27°～31°。散落性差的小麦，溜管和溜筛的斜度应较大，清理也较困难，产量提不高，且易堵塞设备等，因而散落性与制粉工艺直接相关。

（4）小麦的自动分级性：小麦在运动时会产生自动分级现象，使粮堆中较重的、小的和圆的粮粒沉到下面,而较轻的、大的不实粒则浮在上面,小粒麦易于接触筛孔。

**2. 小麦化学成分对制粉工艺的影响**

(1)水分:含有适宜水分的小麦,才能适应磨粉工艺的要求,制出水分符合标准的面粉。水分不足,胚乳坚硬不易磨碎,粒度粗,且麸皮脆而易碎,使面粉含麸量增加,影响面粉质量;水分过高,胚乳难以从麸皮上刮净,物料筛理困难,水分蒸发强烈,产品在溜管中流动性差,容易阻塞,动力消耗大,产量下降,管理操作发生困难。

(2)碳水化合物:包括淀粉与糖,其中淀粉含量越高,出粉率就越高。但淀粉在磨粉过程中遇到水汽凝结时会发生糊化现象而使筛孔阻塞,影响筛理效果。

(3)脂肪:小麦的脂肪主要存在于胚中。我国制粉一般将胚磨入面粉中,但一些现代化的面粉厂也同国外一样将胚提取出来后加回到面粉中制成营养食品。

(4)蛋白质:小麦所含的蛋白质种类很多,其中麦醇溶蛋白和麦谷蛋白构成面筋质,面筋质能使面粉发酵后制成松软的面包和馒头等食品。小麦的糊粉层和胚中蛋白质含量虽很高,但却不能形成面筋质。蛋白质在温度超过50℃时,会逐渐凝固变性,影响发酵,因此注意碾磨时温度不能太高。

(5)矿物质:矿物质是小麦燃烧后剩下的无机物。小麦各部分的矿物质分布极不均匀,麸皮与胚中的矿物质含量高,胚乳中的含量低。

**3. 面粉的加工特性**

(1)水分:面粉中的水分一般为13% ~14%,这主要是从面粉的生产工艺和保管过程中的安全性进行考虑的,水分含量过高,易引起发热变酸,缩短面粉的保存期,同时使面制食品的得率下降。

(2)蛋白质:面粉中的蛋白质是构成面筋的主要成分,主要由麦胶蛋白、麦谷蛋白、麦清蛋白和麦球蛋白等简单蛋白质组成,其比例分别为40% ~50%、30% ~40%、3% ~5%、6% ~10%。麦胶蛋白和麦谷蛋白占蛋白质总量的80%左右,并且两者比例接近1:1,因而能够形成面筋。面筋含量的高低是衡量面粉品质的主要指标之一。

(3)碳水化合物:碳水化合物是面粉的主要组成部分,它占面粉总量的75%以上,包括淀粉、纤维素和可溶性糖,其中淀粉占90%以上。小麦淀粉中直链淀粉占24%,支链淀粉占76%。面粉中的可溶性糖主要是蔗糖、葡萄糖、麦芽糖和果糖等,含量在2% ~5%。面粉中的纤维素主要来源于种皮、果皮及胚芽,是不溶性碳水化合物。

(4)矿物质:矿物质即灰分,它是评定面粉品质优劣的重要标志,高等级面粉的灰分含量要求在0.5%以下。

(5)面筋:面筋的性质对面制食品的加工影响很大。由于面筋是在面团中形成的,故面筋的性质全部表现在面团的性质上,因此测定面团的性质并结合面筋的含量就可预测面粉的食用品质及工艺品质。进行面团试验可使用一些较先进的仪器,如粉质仪和拉伸仪。

## 三、油料作物

油料作物是以榨取油脂为主要用途的一类作物。这类作物主要有大豆、花生、油菜、芝麻、向日葵、棉籽等。

### （一）大豆

大豆别名黄豆，是粮油兼用作物，是所有粮食作物中蛋白质含量最高的一种。而且蛋白质中赖氨酸和色氨酸含量都较高，分别占6.05%和1.22%，因此，其营养价值仅次于肉、蛋、奶。人们食用大豆主要利用它的蛋白质。大豆除榨油和制作各种食品外，还可以混合小麦粉、玉米粉等制作各种产品。大豆种子的结构见图2－3。

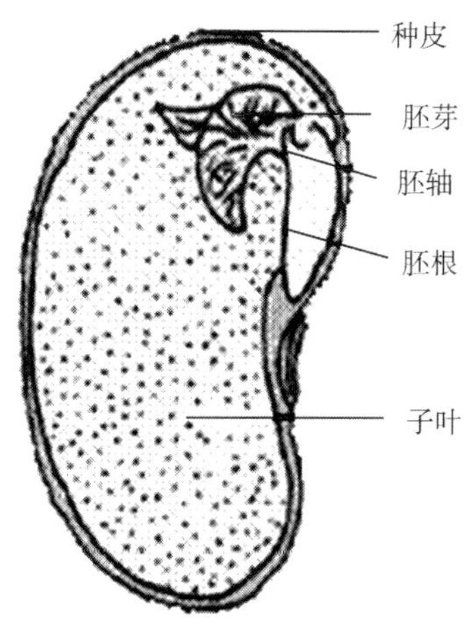


图2－3　大豆种子的结构示意图

### （二）花生

花生是我国主要的油料作物，种子内富含脂肪和蛋白质，其含油率一般高达50%左右，比大豆高近一倍。榨制的花生油气味清香，没有异味，可作为橄榄油的代用品。花生加工后的饼粕，蛋白质含量高，是家畜极好的精饲料。

花生仁由种皮和胚两部分组成，无胚乳。花生仁一般含脂肪35%～56%，蛋白质24%～30%，糖类13%～19%，粗纤维2.7%～4.1%，灰分2.7%。花生油中脂肪酸的组成是：软脂酸7.3%～12.9%，硬脂酸2.6%～5.6%，花生酸3.8%～9.9%，油酸39.2%～65.2%，亚油酸16.8%～38.2%。其特点是含饱和脂肪酸较多，所含必需脂肪酸不如大豆油、棉籽油多，但比茶油、菜油高。

花生中蛋白质比一般谷类高2～3倍，同时花生中的蛋白质主要是球蛋白，其氨基酸构成比例接近于动物蛋白质，容易被人体消化吸收，吸收率可达90%左右，故花生和大豆一样，被誉为“植物肉”，有很好的营养价值。但花生蛋白质中的甲硫氨酸和色氨酸含量较低，故比不上动物蛋白质。

另外，花生仁的淀粉含量比一般油料为多，并且含有较多的钾和磷，特别是维生素$B_1$

含量较为丰富,是维生素 $B_1$ 的良好来源。

**(三)油菜籽**

油菜籽含油量高,比大豆高 1 倍,比棉籽高 5% 左右,是我国食用油的主要来源之一。菜籽饼含有丰富的营养物质,不含芥子苷的菜籽饼是禽畜的精饲料,是农业上重要的有机肥料之一。

油菜籽含油量 33% ~49.8%,并含有 28% 左右的蛋白质,是一种营养丰富的油料作物。但目前我国栽培的油菜存在着"双高"的问题:一是榨出的菜油脂肪酸的组成中芥酸的比例太高;二是油菜籽中芥子苷的含量很高,一般高达 0.3%。芥酸是二十二碳一烯酸,对人体没有营养价值。另外芥子苷是由葡萄糖基与羟基硫氰基相结合而成的,经榨油后,该物质被保留在菜籽饼中,经芥酸酶水解后能生成对人体和畜禽有剧毒的含氰有机化合物。因此用菜籽饼作高蛋白饲料时必须经过脱毒处理。

**(四)芝麻籽**

芝麻籽的大小、外形不一,为双子叶植物种子,由种皮、子叶和胚组成。芝麻种皮约占籽粒总重的 17%。种皮主要由粗纤维和草酸钙所组成,用芝麻生产食品时需要将其脱除。在芝麻籽仁中,油脂和蛋白质分别以油体和蛋白体亚细胞的形式存在细胞内。芝麻含有丰富的油脂和蛋白质,籽粒中含有 45% ~63% 的油,平均值为 50%;19% ~31% 的蛋白质,平均值为 25%;20% ~25% 的碳水化合物。

**(五)葵花籽**

葵花籽是仅次于大豆、棉籽、花生的第四大油料作物。向日葵一般分黑色种和白色(带条纹)种,前者主要用作榨油,后者主要作炒葵花子等小吃或糕点用。榨油用的黑色葵花籽虽然含油率比白色种高 10% 左右,且种壳所占比率只有 22% ~25%(白葵花子品种壳占 40% ~45%),然而不容易脱壳。葵花籽榨油时一般需先脱壳,葵花壳除作饲料原料外,因戊糖含量高达 24% ~26%,所以也有用作生产糠醛的原料。葵花籽的毛油不透明,呈淡黄褐色,有特殊香味,含磷脂及胶质比棉籽油和玉米油少。葵花油的脂肪酸组成中亚油酸含量仅次于红花油,被当作风味稳定的高级植物油。然而,随栽培地气候不同,亚油酸含量也不同,一般纬度高,比较寒冷的地区,葵花油中亚油酸含量高。葵花油中维生素 E 含量虽不是很高,但其中生理活性最高的 α-生育酚比率达 94%,因此与红花油一样具有健康食品油的美称。葵花油多用作色拉油、油炸油、起酥油和人造奶油等。

**知识链接**

亚麻籽油

亚麻籽油是利用亚麻籽经不同的制油工艺制取而成的一种植物油。亚麻籽是亚麻的籽实,因其含有脂质、木酚素、蛋白质、膳食纤维以及微量营养素等活性成分而成为一种重要的功能性食品,又因含油量最高,包括硬脂酸、油酸、亚油酸和亚麻酸等各种脂肪酸，亚麻籽油被作为一种优质的食用油，与α－亚麻酸（α－Linolenic acid，ALA）含量分别为7.8%、1.5%、1.1%的大豆油、花生油、米糠油相比，其ALA含量可高达50%以上。

# 第三节　果蔬原料

## 一、果蔬原料的种类

目前我国栽培的果树分属50多科，300多种，品种万余个；我国栽培的蔬菜有160多种，种类和产量均位居世界第一。果蔬种类繁多，分类的方法也很多。

根据果树果实结构分类。可分为：①仁果类：如苹果、梨、山楂等。②核果类：如桃、李、杏、樱桃等。③浆果类：如葡萄、柿、猕猴桃、番木瓜等。④坚果类：如核桃、板栗、椰子等。⑤聚复果类：如草莓、菠萝等。⑥荚果类：如酸豆、角豆树等。⑦柑果类；如橘、橙、柚、柠檬、葡萄柚等。⑧荔果类：如荔枝、龙眼等。

根据蔬菜类生产特点分类。可分为：①白菜类：如高脚白菜、芥菜、根芥菜、榨菜等。②甘蓝类：如结球甘蓝、花椰菜、球茎甘蓝、芥蓝等。③直根类：如萝卜、芜菁、胡萝卜、根甜菜等。④茄果类：如番茄、茄子及辣椒等。⑤瓜类：如黄瓜、西瓜、甜瓜、南瓜、冬瓜、苦瓜等。⑥豆类：如菜豆、豌豆、豇豆、蚕豆、刀豆等。⑦葱蒜类：如洋葱、大葱、韭葱、韭菜、大蒜等。⑧薯芋类：如马铃薯、芋、薯蓣、姜、菊芋等。⑨绿叶菜类：如菠菜、芹菜、莴苣、茼蒿、苋菜等。⑩水生菜类：如莲藕、茭白、荸荠、菱等。

## 二、果蔬原料的组织结构

### （一）果蔬组织的细胞

果蔬组织是由各种机能不同的细胞群组成的。细胞的形状、大小随果蔬种类、细胞所在部位和担负的任务而不同，如根茎尖端生长点的幼小细胞是近立方形的；担负输送水和养分的细胞为管状；储藏营养物质的薄壁细胞呈现近似卵形或球形且较大。果蔬可食部分的组织基本上是由薄壁细胞组成的，主要由细胞壁、细胞膜、液泡及内部的原生质体组成。

### （二）果蔬植物组织的种类

根据植物组织的各种生理机能、形态结构的特点及其分化的先后，把植物的组织主要分为以下几种：分生组织、保护组织、薄壁组织、通气组织和传递细胞。果蔬的绝大部分食用器官是由薄壁细胞构成的，其食用价值和营养价值均高，是果蔬加工中应进行利用的主要部位。

### (三)各类果蔬的组织结构特点

#### 1. 仁果类

仁果类的典型代表为苹果和梨,果实由外至内可分为果皮、果肉、维管束、种子等几部分。果实外表皮典型角质化,且有蜡的聚积,且果皮上含有丰富的果胶和单宁物质。果肉细胞由大型的薄壁细胞组成,含有大量的水分和营养物质。梨的果肉则随种类品种不同含有一定程度的石细胞,影响品质。另外,仁果类果肉靠种子部位有一周维管束,它是外界养分、水分输送的通道,在加工中对品质有一定的影响。仁果类种子深藏于整个种腔中,种腔外为一层厚壁的机械组织,对品质不利,应全部去净。

#### 2. 核果类

核果类果实如桃、油桃、李、梅、杏等,由果皮、果肉及核组成,可食部分由大型的薄壁细胞组成,细胞多汁。核果类果实的果皮基本上由几层厚壁细胞组成,与果肉间隔有薄壁组织,除李子外,较少含有蜡粉,易采用碱液去皮。核果类果实纤维的多少与粗细是果品质量的重要指标,直接影响食用性和加工品质量。

#### 3. 浆果类

浆果类特征为多汁浆状且柔嫩的果品,比较典型的有草莓与树莓类的聚合果、醋栗、葡萄等。这类果实柔软多汁,大部分中间为空腔,极易受机械损伤,不耐储藏,适合于加工果酱和果汁。

#### 4. 柑橘类

柑橘类果实的结构与其他种类迥然不同,可大致划分为黄皮层、白皮层和囊瓣、中心柱几部分。外表皮不规则,细胞高度木质化并覆盖蜡,接着是几层较薄壁的含有色体的细胞,其上含有圆球状的油腺,直径 0.2 ~ 1.0 mm,压破之后可释放精油。黄皮层内部为几层白色的薄壁细胞,称白皮层。其厚度与结构随种类不同而异,宽皮橘类很薄,橙与柠檬中等,柚子和葡萄柚最厚。此层含有果胶物质及苦味物质和橙皮苷等糖苷。柑橘可食部分为囊瓣壁分离的多汁囊瓣,内含许多小汁胞(又称砂囊),间或有种子。成熟后汁胞内含果汁及其他营养成分。

#### 5. 蔬菜类

蔬菜的组织结构特点对加工处理影响较大,但蔬菜种类较多,难以一一详述。一般而言,叶菜类、茎菜类及根菜类主要为薄壁组织,间或有维管束、机械组织和纤维。豆类主要为种子。另外,竹笋、蘑菇等也有其独特的组织特性,储藏和加工时值得注意。

## 三、果蔬的化学组成及其特性

果蔬的化学组成一般分为水和干物质两大部分,干物质又可分为水溶性物质和非水溶性物质两大类。水溶性物质也叫可溶性固形物,它们的显著特点是易溶于水,组成植物体的汁液部分,影响果蔬的风味,如糖、果胶、有机酸、单宁和一些能溶于水的矿物质、色素、维生素、含氮物质等。非水溶性物质是组成果蔬固体部分的物质,包括纤维素、半纤维素、原果胶、淀粉、脂肪以及部分维生素、色素、含氮物质、矿物质和有机盐类等。

### (一)水分

水分是水果和蔬菜中的主要成分,其含量平均为80% ~90%,黄瓜、冬瓜、南瓜和番茄等含水量高达96%以上。水分在果蔬中以两种形态存在:一种为游离水(Free water),主要存在于液泡和细胞间隙,其含量最多,占总含水量的70% ~80%,具有水的一般特性,在果蔬加工过程中极易失掉。在游离水总量中,与结合水相毗邻的部分,其性质与普通游离水不同,是以自由氢键结合的水。这部分水不能完全运动,但加热时仍较易除去,占水分总量的7% ~17%。另一种为结合水(Bound water),是果蔬细胞里胶体微粒周围结合的一层薄薄的水膜,它与蛋白质、多糖类、胶体等结合在一起,不能溶解溶质,不能自由移动,不能被微生物所利用,冰点降至 -40℃以下。游离水和结合水的比例可以用水分活度($A_w$)表示,水分活度可以看作是食品表面的蒸气压与同温度下纯水的蒸气压之比。纯水的$A_w$为1.0,$A_w$越小,游离水所占的比例越小,结合水所占比例越大。

### (二)碳水化合物

果蔬中的碳水化合物主要有糖类、淀粉、纤维素、半纤维素和果胶物质。果蔬中所含的主要是蔗糖、葡萄糖和果糖。仁果类中以果糖为主,葡萄糖和蔗糖次之,苹果中果糖含量可达11.8%。核果类中,杏、桃、李以蔗糖为主,可达10% ~16%。浆果类主要含葡萄糖和果糖,二者的含量比较接近。

果实中含淀粉量较少,但未成熟果实多含有淀粉,而糖分较少,经过储藏淀粉转化为糖增加甜味,这种现象在香蕉及晚熟苹果中更为显著。蔬菜含淀粉量较多,如马铃薯(14% ~25%)、藕(12.8%)、荸荠、芋、薯蓣等,其淀粉含量与老熟程度成正比。凡是以淀粉形态作为储存物质的种类,均能保持休眠状态而利于储藏。对于青豌豆、甜玉米等以幼嫩粒供食用的蔬菜,其淀粉的形成会影响食用品质及加工产品品质。

纤维素和半纤维素主要存在于果蔬的表皮细胞内,可以保护果蔬,减轻机械损伤,抑制微生物的侵袭,减少储藏和运输中的损失。但又因纤维素质地坚硬,就果蔬加工品质而言,含纤维素多的果蔬质粗多渣,品质较差。

果实中多含有果胶物质,以山楂、苹果、柑橘、南瓜、胡萝卜等果实中含量丰富,山楂含果胶高达6.4%。果胶质以原果胶、果胶、果胶酸等3种不同的形态存在于果实组织中。原果胶多存在于未成熟果蔬的细胞壁间的中胶层中,不溶于水,所以未成熟的果实显得脆硬。随着果蔬的成熟,原果胶在原果胶酶的作用下分解为果胶,果胶溶于水,与纤维素分离,转渗入细胞内,使细胞间的结合力松弛,具黏性,使果实质地变软。成熟的果蔬向过熟期变化时,果胶在果胶酶的作用下转变为果胶酸。果胶酸无黏性,不溶于水,因此果蔬呈软烂状态。

果胶与糖酸配合成一定比例时形成凝胶,果冻、果酱的加工就是依据这种特性。普通果胶溶液必须在糖含量50%以上时方可形成凝胶,而低甲氧基果胶溶液和果胶酸一样,具有与钙、镁等多价金属离子结合而形成胶冻状沉淀的特性。因而,低甲氧基果胶溶液,只要有钙离子存在，即使在糖含量低至1%或不加糖的情况下仍可形成凝胶。

### （三）有机酸

酸味是果实的主要风味之一，是由果实内所含的各种有机酸引起的，主要是苹果酸、柠檬酸、酒石酸。此外，还有少量的草酸、水杨酸和醋酸等。这些有机酸在果蔬中以游离或酸式盐的状态存在。

每种果实一般有其含量最多的一种有机酸，作为分析该种果实含酸量的计算标准。如仁果类、核果类以苹果酸表示，葡萄以酒石酸表示，柑橘类以柠檬酸表示。

果蔬的酸味并不取决于酸的总含量，而是由它的 pH 决定。新鲜果实的 pH 一般在 3 ~ 4 之间，蔬菜在 5.0 ~ 6.4 之间。果蔬中含有蛋白质、氨基酸等成分，能阻止酸过多的离解，因而可限制氢离子的形成。果蔬加热处理后，蛋白质凝固，失去缓冲能力，氢离子增加，pH 下降，酸味增加。这就是果蔬加热后经常出现酸味增强的原因所在。

果实含酸量不仅与风味密切相关，同时对微生物的活动也有着重要的影响。在加工中对 pH <4.8 以下的原料，在 100℃以下就可获得良好的杀菌效果。储藏过程中，有机酸也可作为呼吸底物被消耗，使果实酸味逐渐变淡，例如番茄储藏后由酸变得酸甜。

在原料加热时有机酸能促进蔗糖、果胶等物质水解，降低果胶的凝胶度。加工处理时，有机酸能与铁、锡等金属反应，促进设备和容器的腐蚀作用，影响制品的色泽和风味。有机酸还与果蔬中的色素物质的变化和抗坏血酸的保存性有关系，果蔬加工时，应掌握这些特性。

### （四）单宁

单宁（鞣质）具有收敛性的涩味，对果蔬及其制品的风味起着重要的作用。单宁在果实中普遍存在，在蔬菜中含量较少。

单宁物质可分为两类：一类是水解型单宁，具有酯的性质；另一类是缩合型单宁，不具有酯的性质，果蔬中的单宁即属于此类。单宁在空气中易被氧化成黑褐色醌类聚合物，去皮或切开后的果蔬在空气中变色，即由于单宁氧化所致。要防止切开的果蔬在加工过程中变色，就应从果蔬中单宁含量、氧化酶和过氧化酶活性以及氧气的供应量三方面考虑，如能有效地控制三者之一，就能抑制变色。

单宁与金属铁作用能生成黑色化合物，与锡长时间共热呈玫瑰色，遇碱则变蓝色。因此果蔬加工所用的器具、容器设备等的选择十分重要。在酿造果酒时，单宁与果汁、果酒中的蛋白质形成不溶性物质而沉淀，即消除酒液中的悬浮物质而使酒澄清。

### （五）含氮物质

果实中存在的含氮物质普遍较低，一般含量在 0.2% ~1.2%。其中以核果、柑橘类含量较多，仁果类和浆果类含量较少。蔬菜中的含氮物质远高于果实中的含量，一般含量在 0.6% ~9.0%。食用菌的蛋白质含量较高，在 1.7% ~3.6%。

果蔬中存在的含氮物质虽少，但在加工工艺上也有重要影响，其中影响最大的是氨基酸。氨基酸与还原糖发生羰氨反应，使制品产生褐变。酪氨酸在酪氨酸酶的作用下，氧化产生黑色素(如马铃薯切片后变色)。含硫氨基酸及蛋白质,在罐头高温杀菌时受热降解形成硫化物,引起罐壁及内容物变色。氨基酸对食品的风味也起着重要作用。果蔬中所含的谷氨酸、天门冬氨酸等都呈特有的鲜味,甘氨酸具特有的甜味。另外氨基酸与醇类反应生成酯,是食品香味来源之一。

### (六)糖苷类

糖苷为糖与其他物质脱水缩合的产物,其中糖的部分为糖基,非糖部分称配基。果蔬中存在着许多糖苷物质,例如花青素、花黄素都以糖苷形式存在;苦杏仁苷存在于多种果实的种子中,以核果类含量较多;茄碱苷(龙葵苷)存在于马铃薯块茎、番茄及茄子中;黑芥子苷存在于十字花科蔬菜中,芥菜、萝卜含量较多;橙皮苷、柚皮苷、枸橘苷和圣草苷等存在于柑橘类果实中,均是一类具有活性的黄酮类物质。苦杏仁苷和茄碱苷的水解产物有毒,食用或加工时要除去。黑芥子苷具有特殊的苦辣味,在酶作用下可水解成特殊的芳香物质,使蔬菜腌制品产生特殊香气。橙皮苷是引起糖水橘片罐头白色混浊、沉淀的主要原因。

### (七)维生素

大多数维生素必须从植物体内合成,所以果蔬是人体获得维生素的主要来源。果蔬含有各种维生素,其中脂溶性维生素包括维生素 A、维生素 D、维生素 E、维生素 K;水溶性维生素包括 B 族维生素(维生素 $B_1$、维生素 $B_2$、烟酸、泛酸、维生素 $B_6$、叶酸、生物素、胆碱)和维生素 C。

维生素 C 具有较强的还原性,在食品上广泛用作抗氧化剂。与其他种类的维生素相比,维生素 C 还有代谢快,需要量大的特点。因此,食物中应有足够量的维生素 C,这对维持人体健康是十分重要的。果蔬中含有极丰富的维生素 C,是人类摄取维生素 C 最重要的来源,如辣椒、甘蓝、菠菜、大白菜、萝卜等蔬菜都含有较多的维生素 C,水果中的鲜枣、山楂、草莓、柑橘类果实、猕猴桃、刺梨等,维生素 C 含量都极为丰富。

果蔬组织中并不存在维生素 A,只含有胡萝卜素。蔬菜中胡萝卜素的含量与颜色有明显的相关关系。深绿色叶菜和橙黄色蔬菜中的胡萝卜素含量较高,而浅色蔬菜中其含量最低。果蔬中的胡萝卜素,不溶于水,而溶于脂肪,一般情况下对热烫、高温、碱性、冷冻等处理均相当稳定。

此外,果蔬中还含有除维生素 D 和维生素 $B_{12}$之外的各种维生素,包括维生素 $B_1$、维生素 $B_6$、烟酸、泛酸、生物素、叶酸、维生素 E 和维生素 K,蔬菜还是维生素 $B_2$和叶酸的重要膳食来源。

### (八)矿物质

果实和蔬菜中含有各种矿物质,并以磷酸盐、硫酸盐、碳酸盐或与有机物结合的盐的形式存在,如蛋白质中含有硫和磷、叶绿素中含有镁等。其中与人体营养关系最密切的矿物质如钙、磷、铁等。

豆类、花生、谷类、核桃中含磷较多。果蔬中的钾、钠主要存在于细胞液中,参加糖代谢,调节细胞渗透压和细胞膜透性。果蔬中 $K^+$、$Na^+$ 进入人体后与 $HCO_3^-$ 结合,使血浆碱性增强。

#### (九)芳香物质

果蔬中普遍含有挥发性的芳香油,由于含量极少,故又称精油,是每种果蔬具有特定香气的主要原因。各种果实中挥发油的成分不是单一的,而是多种组分的混合物,主要香气成分为酯、醇、醛、酮、萜及烯等。

水果香气比较单纯,其香气成分中以酯类、醛类、萜类为主,其次是醇类、酮类及挥发酸等。水果香气成分随着果实的成熟而增加,而人工催熟的果实不及在树上成熟的水果香气成分含量高。

蔬菜的香气不及水果浓,但有些蔬菜具有特殊的气味,如葱、韭、蒜等均含有特殊的辛辣气味。

#### (十)脂类物质

在植物体中,脂肪主要存在于种子和部分果实中,根、茎、叶中含量很少,其中与果蔬储藏加工关系密切的是脂肪和蜡质。各种果蔬种子是提取植物油的极好原料,故在果蔬加工中应重视种子的收集与利用。

#### (十一)色素物质

色素物质为果蔬色彩物质的总称,可刺激人们的食欲,有利于对食物的消化吸收。果蔬的色泽也是品质评价的重要指标,它在一定程度上反映了果蔬的新鲜度、成熟度和品质变化等。

叶绿素是一切果蔬绿色的来源,它最重要的生物学作用是光合作用。在酸性介质中叶绿素分子中镁易被氢取代,形成脱镁叶绿素,呈褐色;叶绿素分子中的镁可为铜、锌等所取代。铜叶绿素色泽亮绿,较稳定,食品工业中作为着色剂。

类胡萝卜素是广泛存在于果蔬中的一大类脂溶性色素,是一类以异戊二烯为残基的具有共轭双键的多烯色素,现已在果蔬中发现了 300 种以上,主要有胡萝卜素、番茄红素、番茄黄素、叶黄素等。

花青素是果蔬呈现红、紫等绚丽色彩的主要色素,对苹果、葡萄、桃、李、樱桃、草莓、石榴等的外观质量影响很大。花青素能与金属离子反应生成盐类。大多数花青素金属盐为灰紫色,因此含花青素多的水果罐藏时宜用涂料罐。铝对花青素的作用不像铁、锡那样显著,因而果蔬加工宜用铝或不锈钢器具。

## 第四节 水产品原料

### 一、水产品原料的种类及特性

按生物学分类法,水产食品原料可分为水产动物和藻类两大类。水产动物包括爬行类动物、鱼类、棘皮动物、甲壳动物、软体动物、腔肠动物等。藻类主要包括大型海藻类和微藻类植物。下面以水产动物为例做简要介绍。

### （一）海水鱼类

#### 1. 带鱼

带鱼系多脂鱼类，肉质肥嫩，经济价值很高，除鲜销外，可加工成罐头制品、鱼糜制品、盐腌品及冷冻小包装食品。

#### 2. 大黄鱼、小黄鱼

大黄鱼经济价值很高，目前主要供市场鲜销或冷冻小包装流通，淡干品、盐干品等是餐桌上的佳肴。小黄鱼的加工利用与大黄鱼相似，在日本是生产高级鱼糜制品的原料。

#### 3. 鲐鱼

鲐鱼产量较多，已成为水产加工的主要对象之一，油脂含量高，适于加工油浸、茄汁类罐头、腌制品等。

#### 4. 银鲳

银鲳系名贵的海产食用鱼类之一，每百克肉含蛋白质 15.6 g，脂肪 6.6 g。肉质细嫩且刺少，尤其适于老年人和儿童食用。加工制品有罐头、咸干、糟鱼及鲳鱼鲞等。

#### 5. 海鳗

海鳗除鲜销外，其干制品“鳗鲞”驰名中外，还可用于加工油浸、烟熏鳗鱼罐头及冷冻鳗鱼片出口等。由鳗鱼制成的鳗鱼鱼糜制品色白、弹性好、口味鲜美。

#### 6. 河豚

河豚肉质鲜美，但其肝脏和卵巢等内脏有毒，误食会中毒，故我国规定，河豚必须经专人处理，除去内脏、血液、表皮，整条河豚不得出售。河豚经过严格去毒处理后，可加工成鲜鱼片、腌干制品、熟食品等。从河豚中提取的河豚毒素，是一种珍贵的药品。

#### 7. 鳕鱼

鳕鱼除鲜销外可加工成鱼片、鱼糜制品、成千鱼、罐头制品等。肝含油量为 20% ~ 40%，并富含维生素 A、维生素 D，是制作鱼肝油的原料。鳕鱼加工的下脚料是白鱼粉的主要原料。

### （二）淡水鱼类

我国的淡水鱼种类繁多，主要有青鱼、草鱼、鲢鱼、鳙鱼、鲤鱼、鲫鱼、鲥鱼、鲶鱼等。现就有加工价值的鱼种介绍如下。

#### 1. 青鱼

青鱼肉质鲜美，营养丰富。除鲜销外，可加工成罐头、熏制品及其他调味熟食品，鳞可制胶，皮可制革。

#### 2. 草鱼

草鱼栖于中下层和近岸多水草的水域，以食草得名，是淡水养殖的主要品种。草鱼与青鱼相似，但其肉质稍逊于青鱼。

**3. 鲢鱼**

鲢鱼栖息于水的中上层，以浮游生物为食，为我国淡水养殖的主要品种。鲢鱼以鲜食为主，也可加工成罐头熏制品及鱼糜制品。用鲢鱼加工的鱼糜制品色白、弹性好。

**4. 鳙鱼**

鱼体一般为1～2 kg，大者可达30 kg。一般生活在中上层，以浮游生物为食，是淡水养殖的主要品种。鳙鱼以鲜销为主，也有加工成熏制品、盐制品、鱼糜制品和罐头制品。

**5. 鲫鱼**

我国除西部高原之外，全国各地水域均有分布。鲫鱼为我国重要食用鱼类之一。肉质细嫩，肉味甜美，营养价值高。鲫鱼性味甘、平、温，入胃、肾，具有和中补虚、除湿利水、补虚羸、温胃进食、补中生气之功效，尤其是活鲫鱼汆汤有通乳作用。

**6. 鲤鱼**

鲤鱼适应性强，可在各类水域中生活，为广布性鱼类。是养殖的主要对象，全年均有生产。鲤鱼为我国主要淡水经济鱼类之一，也是淡水鱼中总产量最高的一种。其外形美观，营养丰富，整条、切块烹调均佳，盐渍、风干也别有风味。

### (三)软体动物

**1. 扇贝**

扇贝是一种经济价值和营养价值均较高的海珍品，富含蛋白质、各种氨基酸、维生素$B_2$、钙、磷、铁等。扇贝肉，特别贝柱肉是十分受欢迎的高档水产食品，加工多用于冻制品、干制品、熏制品和其他调味制品。近年来，利用贝柱肉加工的半干食品在国外很受欢迎。

**2. 牡蛎**

牡蛎肉中糖原含量高达4%以上，用其加工成蚝油被誉为调味料中的极品，也可用于制作罐头、熏制品、冷冻制品。此外，其牛磺酸、微量元素等含量高，是海洋功能食品的原料。

**3. 贻贝**

鲜活贻贝是大众化的海鲜品。可以蒸、煮食之，也可剥壳后和其他青菜混炒，味均鲜美。其煮熟晒干品为淡菜。贻贝还用于冷冻等加工品的生产。蒸煮贻贝的汤汁经浓缩制成“贻贝油”可作为调味料。

**4. 鲍鱼**

鲍鱼肉特别鲜美，多用于高档宴席及鲜销，亦可制成罐头制品及干制品。皱纹盘鲍是我国所产鲍中个体最大者，鲍肉肥美，为海产中的珍品；耳鲍、杂色鲍虽不及皱纹盘鲍口感好，但也是鲍中较好的品种。

**5. 乌贼**

乌贼为暖水性中下层动物，我国沿海均有分布，以东海产量最高。乌贼的可食部分比例很高，达92%，除鲜销外，可加工冻品罐头、鱼糜制品，其干制品是我国传统特产。调味干制品鱿鱼丝是受欢迎的休闲食品。

**6. 螺蛳**

螺蛳在我国各淡水水域均有分布，营养价值高，含蛋白质、脂肪、碳水化合物、钙、磷、铁、维生素 $B_1$、维生素 $B_2$、烟酸、维生素 A 等营养物质。冻螺肉还供出口，此外还可用于生产禽畜的饲料。

## 二、水产品的化学成分及特性

水产食品原料具有许多固有的特性，这些特性是水产食品原料加工利用的基础。下面主要以水产动物为例介绍。

### （一）蛋白质

一般鱼肉含有 15% ~22% 的粗蛋白质，虾、蟹类与鱼类大致相同，贝类含量较低为 8% ~15%，鱼类和虾、蟹类的蛋白质含量与牛肉、半肥瘦的猪肉、羊肉相近，因此水产品是一种高蛋白、低脂肪和低热量食物。

鱼贝类蛋白质含有的必需氨基酸的种类、数量均一平衡。它们的第一限制氨基酸大多是含硫氨基酸，少数是缬氨酸，鱼类蛋白质的赖氨酸含量特别高。因此，对于米、面粉等第一限制氨基酸为赖氨酸的食品，可以通过互补作用，有效地改善食物蛋白的营养。

### （二）脂肪

鱼贝类中的脂肪酸大都是 C14 ~ C20 的脂肪酸，大致可分为饱和脂肪酸、单烯酸、多烯酸。鱼贝类脂质的特征之一是富含 $n-3$ 系的多不饱和脂肪酸（PUFA），如二十碳五烯酸（EPA，C20∶5$n-3$）、二十二碳六烯酸（DHA，C22∶6$n-3$）。EPA、DHA 在降低血压、胆固醇、防治心血管病等方面的生理活性被逐步认识，大大提高了鱼贝类的利用价值。

### （三）碳水化合物

鱼贝类组织中含有各种碳水化合物，但主要是糖原和黏多糖，也有单糖、二糖。鱼类组织中是将糖原和脂肪共同作为能源来储存的，而贝类特别是双壳贝却以糖原作为主要能源储存，所以贝肉的糖原含量高于鱼肉。几种常见贝类的糖原含量中最高的为牡蛎(4.2%)。海洋动物的碳水化合物中除了糖原之外，还有黏多糖一类的动物性多糖类，包含甲壳类的壳和乌贼骨中所含的甲壳质一类的中性黏多糖。

### （四）抽提物成分

鱼贝类抽提物中发现含氮成分比无氮成分高得多，且含氮成分中含有各种呈味物质，因此，抽提物的氮往往也可作为抽提物量的指标。

鱼贝类抽提物成分的组成因种类而异，有如下特征：①软骨鱼类中含有大量的尿素、氧化三甲胺，而使其含氮量高。②脊柱动物肌酸多，而无脊柱动物精氨酸含量多。③洄游性鱼类中，组氨酸含量高。因种类不同，有的存在大量的鹅肌肽和肌肽，这些咪唑化合物含量可达非蛋白氮总量的 50% 以上。④软体动物和甲壳类的游离氨基酸和甜菜碱含量高。

### （五）维生素

水产动物的可食性部分含有的维生素主要包括脂溶性维生素 A、维生素 D、维生素 E

和水溶性 B 族维生素和维生素 C，是维生素的良好供给源。

维生素 A 在鱼类各类组织中的含量以肝脏为最多，因此鱼肝曾是鱼肝油维生素 A、维生素 D 的供给源。海水鱼的肝脏多含维生素 $A_1$，而淡水鱼多含维生素 $A_2$。维生素 $B_1$ 在鱼类组织的肝脏、卵巢中含量较多，普通肉中含量较少。维生素 $B_2$ 在鱼类的肝脏、肾脏、卵巢等处含量较多，在肌肉中含量较低，肝脏中的含量在鱼种之间也无太大差异，一般在 10 mg/kg 左右。维生素 $B_5$ 在鱼类肌肉中的含量要比肝脏中高，肝脏含量通常为 30 ~ 100 mg/kg。维生素 $B_6$ 在肝脏的含量是 2 ~ 20 mg/kg，通常比肌肉中含量高。

### （六）无机物

鱼贝类的无机物含量在骨、鳞、甲壳、贝壳等硬组织含量高，特别是贝壳高达 80% ~ 99%，肌肉相对含量低，在 1% ~ 2%。体液的无机物主要以离子形式存在，同渗透压调节和酸碱平衡相关，是维持鱼贝类生命的必需成分。

### （七）挥发性物质

鱼腥味大致可分为海水鱼气味和淡水鱼气味，或非加热鱼香味及加热鱼香味等。目前已知的鱼腥味成分有：挥发性含硫化合物、挥发性含氮化合物、挥发性脂肪酸挥发性羰基化合物及非羰基中性化合物等。这些物质以不同的浓度和阈值，构成了鱼类的各种特征气味。

### （八）呈味物质

鱼贝类的呈味物质主要有游离氨基酸、低分子肽及其核苷酸关联化合物、有机盐基化合物、有机酸等。其中鱼类呈鲜味的是谷氨酸和肌苷酸。各种鱼有其自身特有的呈味特征是因为其各自的呈味成分的组成不同，对鲜味所起的作用不同。例如贝类有高含量的琥珀酸，同贝类的鲜味有十分重要的关系。

## 三、鱼贝类的死后变化和保鲜

### （一）鱼贝类的死后变化

#### 1. 死后僵硬

在鱼贝类肌肉中，糖原作为能量的贮存形式而存在，在鱼体的能量代谢中发挥着重要作用。鱼刚死时，肌动蛋白和肌球蛋白呈溶解状态，因此肌肉是软的。在停止呼吸和断氧的条件下，肌肉中的糖原酵解生成乳酸。与此同时，腺苷三磷酸 ATP 按以下顺序发生分解：ATP→ADP（腺苷二磷酸）→AMP（腺苷一磷酸）→IMP（肌苷酸）→HxR（次黄嘌呤核苷）→Hx（次黄嘌呤）。当 ATP 分解时，肌动蛋白纤维向肌球蛋白滑动，并凝聚成僵硬的肌动球蛋白。由于肌动蛋白和肌球蛋白的纤维重叠交叉，导致肌肉中的肌节增厚短缩，于是肌肉失去伸展性而变得僵硬。此现象类似活体的肌肉收缩，不同的是死后的肌肉收缩缓慢，而且是不可逆的。

#### 2. 自溶

鱼体死后进入僵硬阶段，达到最大程度僵硬后，这种僵硬又将缓慢地解除，肌肉重新变得柔软，称为解僵。随后由于组织中的水解酶（特别是蛋白酶）的作用，使蛋白质逐渐分解为氨基酸以及较多的低分子碱性物质，所以鱼体在开始时由于乳酸和磷酸的积累而成酸性，但随后又转向中性，鱼体进入自溶阶段，肌肉组织逐渐变软，失去固有弹性。但由于鱼肉组织中蛋白质越来越多地变成氨基酸之类物质，则为腐败微生物的繁殖提供了有利条件，从而加速腐败进程，因此自溶阶段的鱼鲜度已下降。自溶速度与鱼的种类、保藏温度、pH、盐类等因素有关，其中温度最为主要。自溶的速度与温度的关系可用温度系数 $Q_{10}$ 来表示。鱼贝类的低温贮藏，不仅是为了抑制细菌的生长，而且对于推迟自溶作用的进程也十分重要。

**3. 腐败**

鱼类在微生物的作用下，鱼体中的蛋白质、氨基酸及其他含氮物质被分解为氨、三甲胺、吲哚、组胺、硫化氢等低级产物，使鱼体产生具有腐败特征的臭味，这种过程称为腐败。另外，原料的运输及处理过程中污染的菌数较多，也会增大则其腐败速度。因此，保持渔轮、鱼箱（盘）、工具、场地等的卫生，防止微生物污染，对于延缓鱼类的腐败变质有重要意义。

**（二）鱼贝类的保鲜**

水产品的低温保鲜技术是将鱼体温度降低，从而抑制、减缓酶和微生物的作用，使水产品在一定时间内保持良好的鲜度。最常用的是低温保鲜技术主要以下几种。

**1. 冷却保鲜**

（1）冰冷却法：即碎冰冷却，又称冰藏或冰鲜，是水产品保鲜中最普遍的方法。冰冷却保冷温度 0～3℃，保鲜期限为 7～12 d。冰冷却的方法有两种：即撒冰法与水冰法。在用冰冷却时，淡水鱼可用淡水加冰，也可用海水加冰；而海水鱼只能用海水加冰，不可用淡水加冰，主要是防止色变。

（2）冷却海水法：冷却海水保鲜是把水产品保藏在 -1～0℃的冷却海水中的一种方法。一般水产品与海水的比例为 7∶3，保鲜期为 9～12 d。这种冷却保鲜方法，特别适用于品种较为单一、渔获量高度集中的围网作业和运输船上。

**2. 微冻保鲜**

微冻是将水产品保藏在 -3℃左右介质中的一种轻度冷冻的保鲜方法。微冻保鲜的基本原理是在略低于冻结点以下的微冻温度下保藏，鱼体内的部分水分发生冻结，对微生物的抑制作用尤为显著，使鱼体能在较长时间内保持其鲜度而不发生腐败变质。主要有冰盐混合微冻和低温盐水微冻。

**3. 冻结保鲜**

为了长期储藏水产品，必须将水产品温度降到更低限度，使水产品体内大约有 90% 的水分冻结成冰，即冻结加工。在一定范围内，水产品温度越低，越有利于长期储藏。冻结过程中，冻结速度越快，形成冰结晶微细，呈针状晶体，数量多，均匀，对水产品的组织结构无明显损伤，冻品的质量越好。主要冻结保鲜方法有空气冻结、盐水浸渍、平板冻结和液氮喷淋冻结法 4 种。

**4. 冻藏保鲜**

冻结水产品在长期的冻藏过程中，因物理和化学变化导致冻品表面干燥、变色、甚至发生油烧、冻品的风味变差,导致商品价值和营养价值的下降。除了稳定冻藏温度,减少波动外,还可采用镀冰衣、包装等物理方法和抗氧化剂处理、盐水处理等化学方法来保护冻藏品的质量。

## 第五节　其他原料

### 一、香辛料

香辛料是一类能够使食品呈现具有各种辛香、麻辣、苦甜等典型滋气味的食用香料植物的统称。其来源于植物的全草、种子、果实、花、叶、皮和根茎等,可使食品具有特有风味、色泽和刺激性味感。香辛料广泛应用于烹饪食品和食品工业中,主要起调香、调味及调色等作用,是食品工业、餐饮业中必不可少的添加物。

#### (一)香辛料产品特性及使用形式

**1. 原状香辛料**

将香辛料未经任何处理而使用,可以完整保持香辛料原形,如芝麻籽、月桂叶等。用原状香辛料的好处是:在高温时,风味物质能慢慢地释放出来;味感纯正;易于称重和加工,容易从食物中去除残留香辛料。但缺陷是在使用时香气成分释放缓慢,香味不能均匀分布在食品中。

**2. 粉状香辛料**

粉状香辛料是指初始形成的完整香辛料经过晒干、烘干等干燥过程后,再粉碎成颗粒状或粉末状,在使用时直接添加到食品中。粉碎后香辛料可单独使用,也可将不同香辛料混合成各种混合香辛料,如咖喱粉、辣椒粉、五香粉及十三香等。粉状香辛料的优点是香气释放速度快,味道纯正,不足之处是:粉碎的香辛料存放时间稍长会失去部分挥发性成分;易受潮、结块和变质;在食品中留下香辛料残渣,不易清除。

**3. 香辛料提取物**

香辛料提取物是指通过蒸馏、萃取、压榨、吸附等方法,将香辛料的有效成分提取出来而得到的一类香辛料,已成为香辛料的重要发展趋势。主要有精油、精油树脂、液体香辛料、液体乳化香辛料等。

**4. 微胶囊型香辛料**

为了防止精油香气的挥发损失和使油树脂更为稳定,把它们与环糊精、树胶、明胶等微胶囊壁材均匀混合,通过微胶囊化手段使其被包埋,经干燥制成微胶囊型香辛料。此类制品分散性比较好,香味不易挥发,产品不易氧化,质量稳定。

#### (二)几种常用种香辛料

**1. 姜**

姜又名生姜、白姜,具有芳香味和辛辣味。姜含有 0.25% ~0.3% 的挥发油,其辛辣成分是姜辣素以及分解产物——姜酮、姜烯酚等。另外,姜中含有的姜黄素是一种天然食用色素,有调味调色的作用。

姜性辛微温,味辣香,可以鲜用也可以干制成粉末使用。多作日常调味料和腌制酱菜,也可用于各种调味粉(五香粉、咖喱粉)、调味酱和复合调料中。此外姜还能直接腌制、糖渍,也可制姜汁、姜酒、姜油等。

**2. 花椒**

花椒果皮中含挥发油,油中含有异茴香醚及牛儿醇,具有特殊的强烈芳香气。果实精油含量一般为4% ~7% ,精油一般用蒸馏法制取,其主要成分为花椒油素、柠檬烯等,辣味主要是山椒素。花椒的用途非常广泛,是构成麻辣风味的主要调味品之一。可应用在肉制品、焙烤、腌渍等食品中。

**3. 辣椒**

辣椒果实含有脂肪油、挥发油、油树脂、树脂、辣椒素、胡萝卜素和多种矿物质等。辣椒的辣味主要是辣椒素和挥发油的作用。辣椒在食品烹饪加工中是不可少的调味佳品。鲜果可作蔬菜或磨成辣椒酱,老熟果经干燥,即成辣椒干,磨粉可加工成辣椒粉,可进一步提取为辣椒油当调味品。

**4. 大蒜**

大蒜具有强烈蒜臭气味,香辛料中主要使用的是新鲜的蒜头、脱水蒜头、粉末脱水蒜头、大蒜精油、大蒜油树脂、水溶性大蒜油树脂和脂溶性大蒜油树脂。大蒜含挥发性油0. 1% ~0. 25% ,具有辣味和特殊臭味,主要是含硫化合物所致。大蒜(精)油的有效成分包括大蒜辣素、蒜新素及多种烯丙基硫醚化合物,它们是构成大蒜食疗的主要物质基础。

**5. 八角茴香**

八角茴香有强烈的山楂花香气,味温辛微甜。所用形态有整八角、八角粉和八角精油等。精油中主要芳香成分是茴香脑,茴香油中的其他成分有:黄樟油素、茴香醛、茴香酮、茴香酸等。八角茴香是常用的传统调味料,有去腥防腐的作用,是肉品加工中的主要调味料,能使肉失去的香气恢复,故名茴香。

其他常用香辛料有胡椒、小茴香、肉豆蔻、豆蔻、砂仁、肉桂、月桂、薄荷、芫荽、芥菜、桂花、紫苏、姜黄等。

## 二、调味品

调味料是指能起到调节、改善食品风味的物质。其种类繁多,分类方法多样。可按味道分为咸味料、甜味料、酸味料、鲜味料等。

### (一)咸味调味料

**1. 食盐**

食盐主要成分是氯化钠。除了调和口味以外,它还有改善色泽和香味以及压腥去异、防腐等作用。食盐按来源主要分为:海盐、井盐、湖盐、矿盐、土盐等。商品盐按加工程度又分为粗盐、加工盐、精盐、营养盐等。

**2. 酱油**

酱油是以大豆或豆饼、面粉、麸皮、盐或动物的蛋白质和碳水化合物等为主要原料酿制的,具有特殊色泽、咸味的一类调味品。酱油含多种氨基酸、糖类、有机酸、色素和香料,以咸味为主,并有鲜味、香味。

**3. 酱类**

酱品种较多,包括面酱、大豆酱、蚕豆酱、豆瓣酱、豆豉及其加工制品,均以某些粮食和油料作物为主要原料,先制曲,然后经发酵、成熟而制成。酱是我国传统发酵调味品,其营养丰富,易于消化吸收,是一种深受喜爱的大众化的调味品。

**(二)甜味调味料**

甜味调味料品种繁多,按来源可分为天然甜味剂和合成甜味剂。这些甜味调味料除起到甜的作用外,还能起到增加鲜味,抑制苦味、涩味、酸味的作用。

**1. 天然甜味剂**

(1)蔗糖:蔗糖是由甘蔗或甜菜经压榨或渗滤后澄清、蒸发、结晶而得,最常用的天然甜味剂。呈白色晶体或粉末,精炼度低的呈茶色或褐色。食品中使用的有白砂糖、绵白糖、赤砂糖、冰糖等。

(2)饴糖:饴糖是以淀粉酶或酸水解淀粉制成的。甜度约为蔗糖的70%,饴糖可分硬饴糖和软饴糖两种,硬饴糖为淡黄色,而软饴糖为黄褐色。饴糖的主要成分为麦芽糖,此外,还含葡萄糖及糊精等。其甜味柔和爽口,有吸湿性和黏性,在烹饪中主要用于面点、小吃及烧、烤类菜肴。

(3)糖醇类:除糖之外,糖醇类也是广泛使用的甜味剂,主要有木糖醇、山梨糖醇、甘露醇、乳糖醇、麦芽酮糖醇、赤藓糖醇等。其甜度与蔗糖差不多,但其热值较低,不被口腔微生物所利用,因此具有防龋齿功能。

**2. 合成甜味剂**

(1)糖精钠:糖精钠属于人工合成非营养型甜味剂,可供糖尿病患者代替蔗糖食用。其甜味相当于蔗糖的300~500倍,后味微苦,主要用于酱菜类、浓缩果汁、蜜饯类、糕点等食品的加工生产,我国对其限制性使用。

(2)甜蜜素:又称环己基氨基磺酸钠,甜味是蔗糖的40~50倍。与蔗糖相比,甜蜜素的甜味刺激来得较慢,但持续时间较长。甜蜜素风味良好,不带异味,还能掩盖诸如糖精类人工甜味剂所带有的苦涩味。

(3)安赛蜜:又称乙酰磺胺酸钾,是一种白色结晶状粉末。甜度约是糖精钠的一半,比甜蜜素钠甜4~5倍。安赛蜜甜味感觉快,没有任何不愉快的后味,味觉不延留。高浓度时有时会感到略带些苦味,但在低浓度食品中没有此感觉。它完全无热量,特别适合保健食品的生产。

(4)蔗糖衍生物:三氯蔗糖(TGS),又称蔗糖素,是以蔗糖为原料经氯化作用而制得的,通常为白色粉末状产品。甜度大约是5%蔗糖液的600倍,甜味纯正,没有任何苦后味,是目前世界上公认的强力甜味剂。

(5)肽类衍生物:最具有代表性的是天冬氨酰苯丙氨酸甲酯(又称甜味素、阿斯巴甜),味质近于蔗糖。由于甜度较高,使用量低,是低热能甜味剂,但苯丙酮酸尿症患者不能食用。甜味素的甜度比蔗糖大100~200倍,味质好,且几乎不增加热量,可作糖尿病、肥胖症等患者疗效食品的甜味剂,也可作防龋齿食品的甜味剂。

### (三)鲜味调味料

#### 1. 谷氨酸钠

谷氨酸钠是用小麦的面筋蛋白质或淀粉,经过水解法或发酵法而生成的一种粉状或结晶体的调味品。味精的主要成分是谷氨酸钠,有特有的鲜味,略有甜味或咸味。

商品味精中除含谷氨酸钠外,还有食盐、水分、糖等。味精易溶于水,最佳溶解温度为70~90℃,但在高温下易使谷氨酸钠变成焦谷氨酸钠而失去鲜味。

#### 2. 核苷酸类

(1)5’-肌苷酸二钠(Disodium inosine-5’-momophosphate,IMP):IMP呈强烈鲜味,与食盐共存时,鲜味增强,与谷氨酸钠有协同增效作用。IMP很少单独使用,多与谷氨酸钠、鸟苷酸钠等混合使用,其鲜味的强度可提高数倍。

(2)5’-鸟苷酸二钠(Disodium guanosine-5’-monophosphate,GMP):GMP的鲜味程度是IMP的3倍以上,与味精复配使用也有协同增效作用。GMP很少单独应用,多与IMP配合使用(又称I+G)。混合使用时,其用量为味精总量的1%~5%。

(3)琥珀酸二钠:商品名为干贝素、海鲜精,通常与谷氨酸钠配合使用,一般用量为谷氨酸钠的10%左右。我国规定,琥珀酸二钠可用于调味料,最大用量为20g/kg。

#### 3. 动植物蛋白质水解物

动植物蛋白质水解物是指在酸、碱、酶的作用下,水解含蛋白质的动植物组织而得到的产物。为淡黄色液体、糊粉状、粉状或颗粒,含有多种氨基酸,具有特殊的鲜味和香味。在各种食品加工和烹饪中与调味料复配使用,可产生独特风味。

## 三、食用菌

食用菌是对可以食用的大型真菌(也称高等真菌)的通称,是指真菌中能形成大型子实体或菌核并能供食用的种类。

### (一)食用菌的营养价值

食用菌有着极高的营养价值,如1 kg干蘑菇蛋白质含量相当于2 kg瘦肉、3 kg鸡蛋、12 kg牛奶所含的蛋白质,享有“植物肉”之称。食用菌含有18种氨基酸,而且都是具有生理活性的L-型氨基酸,很易被人体吸收利用。

菇类是天然维生素的重要来源。人体较易缺乏的B族维生素,在蘑菇、木耳中含量比一般植物性食品高,如木耳中含 1.5 mg/kg;菇类普遍含有丰富的麦角甾醇,即维生素 D 来源,干香菇含维生素 D 达 128 ~400 IU;鲜草菇中的维生素 C 高达 2 062.7 mg/kg。

菇类中含有多种具有生理活性的矿质元素,以磷、钠、钾含量最高,其次为钙和铁。香菇的灰分元素中,钾的含量占 64%;蘑菇的磷高达 7 mg/g;木耳中的铁为 1.85 mg/g,木耳、银耳中的钙达 3.5 mg/g 以上。

### (二)食用菌的加工形式

#### 1. 脱水干制

脱水干制是食用菌主要的加工方式,传统干制方法多晒干,现在主要采取机械脱水烘干和冻干两种,适用于香菇、耳、猴头菇、黑木耳、草菇、金针菇、竹荪等几十种产品。

#### 2. 调料渍制

渍制加工是我国加工蔬菜的一种传统方式,也适用于食用菌加工。它包括盐渍、糖渍、酱渍、糟渍、醋渍加工。以盐、糖、酱、酒糟、食醋等为腌料,利用其渍水的高渗透压来抑制微生物活动,避免食用菌在储藏期因微生物活动而腐败。其中,盐渍加工是食用菌加工中广泛采用的方法,双孢蘑菇、草菇、金针菇、大球盖菇、猴头菇、杏鲍菇、白灵菇,以及平菇、凤尾菇、鲍鱼菇等均适用。

#### 3. 罐头加工

食用菌罐头制品是我国具有传统特色的出口商品之一,可以实现较长保存期。食用菌罐头加工机械化程度高,生产工艺流水作业,产品质量稳定。食用菌罐头加工,绝大部分为清水罐头,近年来新研发出了即食罐头,如金针菇清水罐头、香菇肉酱罐头、白灵菇即食罐头。

**知识链接**

食用菌产品加工

根据加工产品的特点,食用菌产品加工的种类可分为初级加工产品和精深加工产品。

国内外食品菌初级加工产品主要有干制品、盐渍品、罐藏品、果脯、蜜饯、脆片、鸡腿菇保健面、香菇蔬菜纸、金针菇果冻、高营养蛋白香菇肠、牛肉味香菇松等。

国内外食用菌精深加工产品主要有食用菌发酵食品(如酒精饮料、清酒、葡萄酒、啤酒、干酪食品、豆奶)、食用菌焙烤食品、食用菌休闲方便食品、食用菌冷饮食品、食用菌化妆品、食用菌添加剂等。

### (三)几种主要食用菌

#### 1. 双孢蘑菇

双孢蘑菇属伞菌科蘑菇属,是世界五大食用菌中最重要的一种,以中国、美国、法国、荷兰等国生产量最大。蘑菇颜色洁白、菌褶粉红、色美味鲜、质地脆嫩、营养丰富。采后极易酶促褐变，一般均用盐水或焦亚硫酸钠进行护色处理。除作为菜肴外，大量用于生产脱水菇片、盐渍、罐头、酱、酱油等加工品。

**2. 香菇**

香菇属伞菌目白蘑科香菇属，是世界上已达工业生产规模的五大食用菌之一。香菇含丰富的蛋白质、氨基酸、多种维生素和矿物质，有多种生理活性物质，如香菇多糖、香菇精、月桂醛、月桂醇、甘露醇等使香菇香气独特。可干制、制罐及制作其他方便食品。

**3. 金针菇**

金针菇系伞菌目白蘑科冬菇属或金钱菌属，菌柄颜色极似金针菜故名金针菇。其产量在食用菌中居第6位，我国产量最高，集中在浙江、安徽等地。脆嫩可口，味鲜，含赖氨酸和精氨酸丰富，含原黄素，有保健功能。可做菜肴、干制、腌制、制罐、调味品及小食品。

**4. 黑木耳**

黑木耳主要产于亚洲的中国、日本、泰国等地，以我国产量最高。黑木耳资源我国最丰富，现已发现的有12种，可以人工栽培的有5种。黑木耳是消费者喜爱的食用菌之一，其蛋白质、维生素和矿物质、核苷酸、胶质含量颇丰。黑木耳采收后大多于制后，复水再烹饪食用。

**5. 猴头菇**

猴头菇中含有18种氨基酸，其中有人体必需的氨基酸8种。猴头菇含有5种齐墩果酸皂苷类成分，水解后可得到齐墩果酸苷元、葡萄糖、阿拉伯糖、葡萄糖醛酸和木糟。齐墩果酸皂苷可能是猴头菇治疗消化道疾病的有效成分之一。猴头菇的多糖体是由葡萄糖、半乳糖及甘露糖组成的，其中葡萄糖含量最多，半乳糖及甘露糖含量较少。

## 复习思考题

1. 肌肉有哪些组织构成？肌肉中蛋白质分哪几类？各有何特性？
2. 简述乳的主要成分及含量，并了解乳分散体系的作用。
3. 试述禽蛋的化学组成、理化特性及其在加工储藏中的应用。
4. 粮油原料的加工适性分别是什么？
5 简述果蔬原料成分与加工特性的关系？
6. 简述水产品保鲜贮藏的几种方法。
7. 了解各种香辛料、调味品及食用菌的特性。

## 参考文献

[1]于新，李小华. 肉制品加工技术与配方[M]. 北京：中国纺织出版社，2011.
[2]葛长荣，马美湖. 肉与肉制品工艺学[M]. 北京：中国轻工业出版社，2002.

[3]顾瑞霞. 乳与乳制品工艺学[M]. 北京:中国计量出版社,2006.
[4]罗红霞,吕玉珍. 乳制品生产技术[M]. 北京:中国农业出版社,2007.
[5]蒋爱民. 食品原料学(第三版)[M]. 北京:中国轻工业出版社,2020.
[6]李玉,张劲松. 中国食用菌加工[M]. 郑州:中原农民出版社,2020.
[7]蒋爱民,章超桦. 食品原料学[M]. 北京:中国农业出版社,2000.
[8]徐幸莲,彭增起,邓尚贵. 食品原料学[M]. 北京:中国计量出版社,2006.

# 第三章　食品的成分及性质

**本章学习目标**

1. 能简要描述食品中主要的营养素及其作用。
2. 能理解食品组分对人体健康的影响。
3. 能在新产品研究过程中综合考虑食品组分的性质和变化，进行合理设计。

营养是保证人体正常生长发育、保持健康与增强体质的重要外界因素。为了维持生命和健康，人类必须不断从食物摄取糖类、脂类、蛋白质、水、维生素、无机盐和膳食纤维等营养素。这些营养素能够和通过呼吸进入人体的氧气一起，经过新陈代谢过程，转化为构成人体的物质和维持生命活动的能量。因此，食品中含有的营养素是维持人体的物质组成和生理机能不可缺少的要素，也是生命活动的物质基础。

PPT 课件

讲解视频

## 第一节　碳水化合物

碳水化合物也称糖类，是自然界分布最广、含量最丰富的一类有机化合物，也是人和动物体的重要能源。

### 一、碳水化合物的分类

碳水化合物是 C、H、O 三种元素组成的一类多羟基醛或多羟基酮化合物。根据其单元结构不同，碳水化合物可分为单糖、低聚糖和多糖 3 类。

#### （一）单糖

单糖是糖类的最小组成单位，不能进一步水解。从分子结构上看（图 3 – 1），单糖是含有一个自由醛基或酮基的多羟基醛或多羟基酮类化合物。根据分子中羰基的存在形式，单糖可分为含有醛基的醛糖和含有酮基的酮糖；根据分子中碳原子的数目，单糖可分为丙糖、丁糖、戊糖和己糖等。自然界存在的单糖主要是戊糖和己糖。戊糖中最重要的是核糖，己糖中最重要的是葡萄糖和果糖。

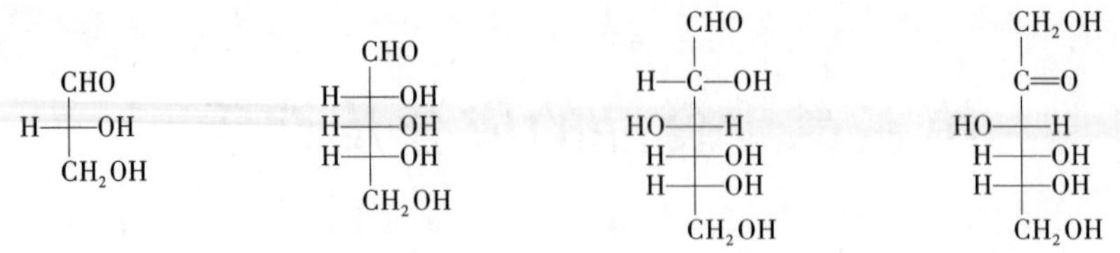

丙醛糖 戊醛糖 己醛糖 己酮糖

D-(+)-甘油醛 D-(-)-核糖 D-(+)-葡萄糖 D-(-)果糖

图 3-1 常见的单糖

### (二)低聚糖

低聚糖也称寡糖,一般可看作是由 2~10 个单糖失水而形成的缩合产物。其中二糖最重要,如蔗糖、乳糖、麦芽糖等(图 3-2)。蔗糖($C_{12}H_{22}O_{11}$)是自然界中分布最广、最重要的二糖,由 $\alpha$-D-(+)-吡喃葡萄糖与 $\beta$-D-(-)-吡喃葡萄糖以 1,2-苷键连接而成。

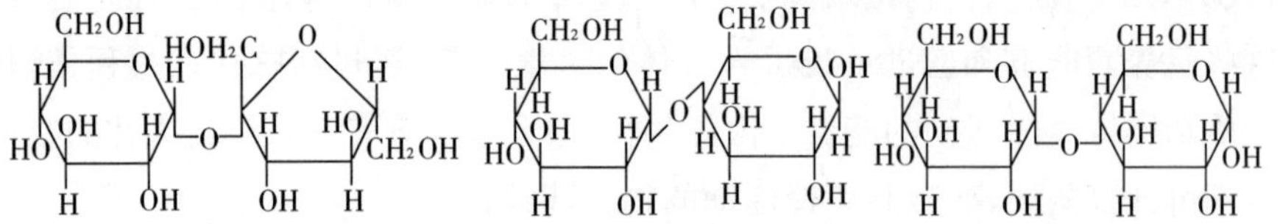

蔗 糖 $\alpha$-乳糖 $\alpha$-麦芽糖

图 3-2 蔗糖、乳糖和麦芽糖的化学结构

### (三)多糖

多糖是由许多单糖分子通过糖苷键结合而成的天然高分子化合物。与单糖相比,多糖没有还原性和变旋光现象,且多糖没有甜味,大多数难溶于水。淀粉和纤维素是最常见的多糖。淀粉由若干个葡萄糖单体以 $\alpha$-1,4 或 $\alpha$-1,6 糖苷键聚合而成,广泛存在于植物的种子和块茎中,是多种植物的碳水化合物的储藏物。纤维素是构成植物细胞壁及支柱的主要成分,由若干个葡萄糖单体以 $\beta$-1,4 糖苷键聚合而成。

## 二、碳水化合物的性质

### (一)小分子糖的一般性质

小分子糖主要是指单糖和低聚糖,并以单糖和双糖为主。葡萄糖、果糖、蔗糖、麦芽糖、半乳糖等都具有甜味,可作为甜味剂使用。小分子糖易溶于水并形成糖浆,浓度在 70% 以上的糖浆能够抑制酵母、霉菌等微生物的生长,可作为蜜饯类食品的保存剂。在食品加热或长期贮存过程中,还原糖能够和氨基化合物(蛋白质、氨基酸)的氨基进行美拉德(Maillard)反应,导致食品发生褐变。

### (二)淀粉的一般性质

淀粉是植物体中储存的养分,富含淀粉的食物是人体重要的能量来源。淀粉无甜味,没有还原性,一般不易溶于冷水。淀粉颗粒会在热水中膨胀破裂,形成具有一定黏度的胶状淀粉糊,这种现象称为糊化。近年来,人们采用物理、化学以及生物化学的方法改变淀粉的结构、物理性质和化学性质，从而得到具有特定性能和用途的变性淀粉，大大扩展了淀粉作为食品成分的应用范围。

### （三）纤维素和半纤维素的一般性质

纤维素和半纤维素是植物组织中的结构性多糖，是组成植物细胞壁的主要成分。纤维素和半纤维素很难被人体所消化吸收，不溶于水和一般的有机溶剂。虽然纤维素、半纤维素等膳食纤维既不能提供能量又不能提供营养素，但膳食纤维却是健康膳食重要的组成成分。某些植物膳食纤维能够通过控制糖尿病患者血糖浓度升高、降低血液胆固醇浓度等多种方式维护人体的健康。

### （四）植物胶的一般性质

植物胶指由植物渗出液、种子、果皮或茎、根等制取获得的食品胶，通常是由甘露糖、半乳糖、阿拉伯糖、鼠李糖、木糖等单糖和其相应的糖醛酸按一定比例结合而组成的水溶性高分子多糖类物质。常见的植物胶有果胶、阿拉伯胶、瓜尔胶、黄原胶、琼脂、卡拉胶等。果胶是一类天然高分子化合物，它主要存在于高等植物中，是植物细胞间质的重要成分。

## 三、碳水化合物的生理功能

### （一）构成细胞和组织

碳水化合物是机体物质的主要组成成分，普遍存在于动物体的各种组织中。人体内的糖蛋白、核糖、糖脂等都由糖参与组成；由糖类和蛋白质结合而成的糖蛋白是抗原、抗体、酶、激素、细胞膜等的重要组成成分；脱氧核糖和核糖分别参与 DNA 和 RNA 的构成。

### （二）储存和供给能量

糖类在机体内的主要作用是氧化供能，是人体主要的供能物质。1 g 碳水化合物可提供热能 16.74 kJ，在总能量中所占比例大。碳水化合物来源广泛，在体内消化、吸收、利用较其他热源物质迅速而及时，氧化的最终产物为二氧化碳和水，对机体无害，即使在缺氧的情况下，仍能通过酵解作用提供身体最必需的能量。此外，糖原是肌肉和肝脏碳水化合物的储存形式，肝脏储存机体内 1/3 的糖原。一旦机体需要，肝脏中的糖原即分解为葡萄糖供能。

### （三）维持神经系统功能

葡萄糖是神经系统唯一的能量来源，神经系统的正常功能需要一定浓度的血糖作为保证。脑对低血糖反应十分敏感，当血糖浓度下降时，脑组织可因缺乏能量而使脑细胞功能受损，造成功能障碍，并出现头晕、心悸、反应迟钝、注意力不集中、低血糖性休克等状况。

### （四）抗生酮作用

脂肪在体内分解代谢，需要碳水化合物的协同作用。当碳水化合物摄入不足或不能被充分利用时，机体所需能量主要由脂肪供给，但由于供给脂肪在体内氧化不彻底而产生过多酮体（乙酰乙酸、$\beta$ - 羟丁酸等），造成酮体在机体内过多蓄积会造成酸中毒，导致一系列代谢功能紊乱，如酮血症和酮尿症。

### (五)节约蛋白质的作用

碳水化合物是机体最直接、最经济的能量来源,碳水化合物摄入充足时,可减少蛋白质作为机体能量来源的消耗,使更多的蛋白质参与组织构成等更重要的生理功能,起到了节约蛋白质的作用。此外,膳食中碳水化合物的充分补给,体内有足够的 ATP 产生,也有利于氨基酸的主动转运。

### (六)解毒作用

肝脏内的糖原在机体对毒物的抵抗力和对某些化学物质的解毒作用中有着重要的意义。经糖醛酸途径生成的葡萄糖醛酸,是体内一种重要的结合解毒剂,在肝脏中能与细菌毒素、四氯化碳等有害物质结合,能够消除或减轻这些物质的毒性或生物活性,从而起到解毒作用。

### (七) 增强肠道功能

纤维素、抗性淀粉、果胶、功能性低聚糖等虽然不能在小肠消化吸收,但能够刺激肠道蠕动,增加结肠发酵率,并增强肠道的排泄功能。此外,低聚果糖、菊粉、非淀粉多糖等在结肠发酵时,能够选择性地刺激肠道细菌生长,特别是某些益生菌的繁殖,如乳酸杆菌、双歧杆菌。因此,也将这些不被消化的碳水化合物称为“益生元”。

# 第二节　脂类物质

脂类是存在于生物体或食品中,微溶于水而能溶于有机溶剂的一类化合物的总称。脂类既是人体组织的重要组成成分,也是人体所需要的重要营养物质,在供给人体能量方面起着重要作用。

## 一、脂肪的分类

脂类是脂肪和类脂的总称,主要有甘油三酯、磷脂和固醇类。食物中的脂类 95% 是甘油三酯,5% 是其他脂类,而在人体储存的脂类中,甘油三酯高达 99%,因此通常称脂类为脂肪。

### (一)甘油三酯

甘油三酯也称为脂肪或中性脂肪,由一分子甘油和三分子脂肪酸组成,其结构见图 3-3。室温下呈液态的酰基甘油称为油,室温下呈固态的称为脂。油和脂在化学上没有本质区别,只是物理状态上的差异。植物来源的酰基甘油多为油(可可脂例外),而动物来源的酰基甘油多为脂(鱼油例外)。

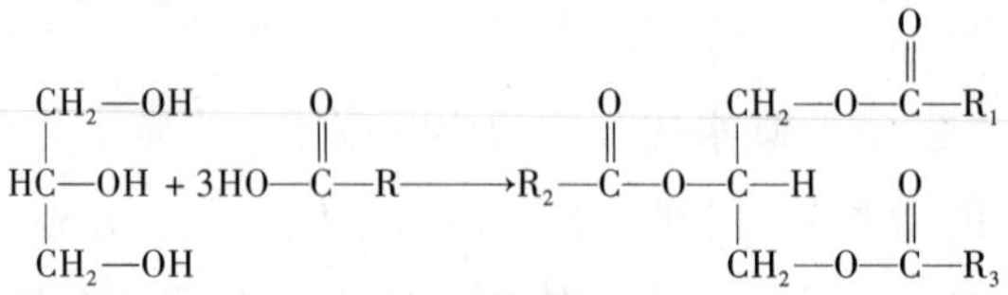

$$\begin{array}{l} CH_2-OH \\ | \\ HC-OH \\ | \\ CH_2-OH \end{array} + 3HO-\overset{\overset{O}{\|}}{C}-R \longrightarrow R_2-\overset{\overset{O}{\|}}{C}-O-\begin{array}{l} CH_2-O-\overset{\overset{O}{\|}}{C}-R_1 \\ | \\ C-H \\ | \\ CH_2-O-\overset{\overset{O}{\|}}{C}-R_3 \end{array}$$

图 3-3　甘油三酯的结构

### (二)类脂

#### 1. 磷脂

磷脂是指三酰甘油用一个或两个脂肪酸被含磷酸的其他基团取代而形成的一类物质，分为甘油磷脂与鞘磷脂两大类，分别由甘油和鞘氨醇构成。甘油磷脂与营养有关，常见的有磷脂酰胆碱、磷脂酰肌醇、磷脂酰丝氨酸、磷脂酰乙醇胺等。磷脂酰胆碱也称为卵磷脂，由一个含磷酸胆碱的基团取代三酰甘油中的一个脂肪酸而构成，是构成细胞膜的主要成分。

#### 2. 糖脂

糖脂(glycolipid)是一类含有糖基的脂质，由糖的半缩醛羟基通过糖苷键与脂质相连而成，其非脂部分为糖基，脂部分为鞘氨醇或甘油。糖脂可根据脂部分的构成而再分为鞘糖脂与甘油糖脂。糖脂是构成细胞膜所必需的类脂。

#### 3. 固醇类

固醇(sterols)又称为甾醇，是一类由 3 个环己烷及一个环戊烷稠合而成的环戊烷多氢菲衍生物，广泛存在于动植物食品中，包括动物固醇和植物固醇。胆固醇(图 3－4)是一种重要的固醇，广泛存在于动物体的血液、脂肪、脑髓及神经组织中。

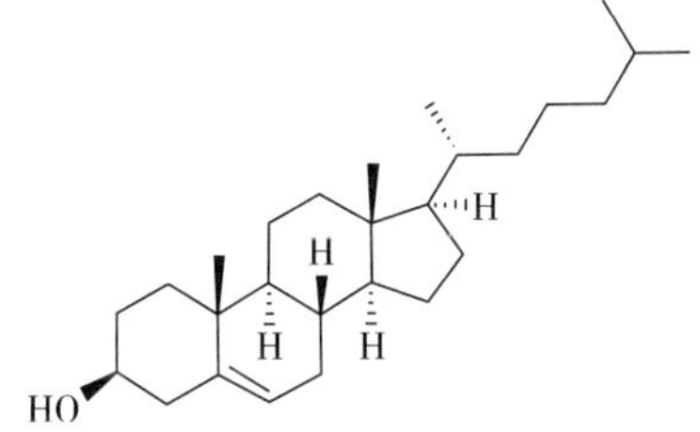


图 3－4　胆固醇的化学结构

胆固醇不仅参与形成细胞膜，经代谢还能转化为胆汁酸、类固醇激素、7－脱氢胆固醇，并且 7－脱氢胆固醇经紫外线照射就会转变为维生素 $D_3$，但机体中胆固醇含量过高是有害的。

### (三)脂肪酸

脂肪酸是一类具有长碳氢链和一个羧基末端的有机化合物的总称。自然界中的脂肪酸主要以酯或酰胺形式存在于各种脂类中，以游离形式存在的极少。脂肪酸的种类很多，具体分类见表 3－1。不同脂肪酸之间的区别主要在于碳链长度、双键数目、位置、构型以及其他取代基团的数目和位置。

#### 1. 脂肪酸的分类

(1)按脂肪酸的碳链长度分类：根据碳原子数目的不同，可分为长链脂肪酸(14～24 碳)、中链脂肪酸(8～12 碳)和短链脂肪酸(6 碳以下)。

(2)按脂肪酸的饱和度分类：根据不饱和双键数目的不同，可分为饱和脂肪酸、单不饱和脂肪酸与多不饱和脂肪酸。单不饱和脂肪酸的碳链中只含有一个不饱和双键，如油酸、芥酸、棕榈油酸等;多不饱和脂肪酸的碳链中含有2个或2个以上不饱和双键,如二十二碳六烯酸(DHA)、花生四烯酸(AA)和二十碳五烯酸(EPA)。

(3)按脂肪酸的空间结构分类:根据空间结构的不同,脂肪酸可分为顺式脂肪酸和反式脂肪酸。在以双键结合的不饱和脂肪酸中,若脂肪酸均在双键的一侧为顺式(cis),而在双键的不同位置为反式(trans)。天然油脂中的不饱和脂肪酸大部分为顺式,只有牛、羊等反刍动物的脂肪和乳汁中存在少量的反式脂肪酸。反式脂肪酸主要来自经过部分氢化的植物油,其过量摄入会危害人体健康。

**表3-1 常见的脂肪酸**

| 名称 | 俗名 | 缩写符号(碳原子数:双键数) |
|---|---|---|
| 丁酸(butyric acid) | 酪酸 | C 4:0 |
| 己酸(hexanoic acid) | 低羊脂酸 | C 6:0 |
| 辛酸(octanoic acid) | 亚羊脂酸 | C 8:0 |
| 癸酸(capric acid) | 羊脂酸 | C 10:0 |
| 十二酸(dodecanoic acid) | 月桂酸 | C 12:0 |
| 十四酸(myristic acid) | 肉豆蔻酸 | C 14:0 |
| 十六酸(palmitic acid) | 软脂酸 | C 16:0 |
| 9-十六碳烯酸(palmitoleic acid) | 棕榈油酸 | C 16:1 |
| 十八酸(stearic acid) | 硬脂酸 | C 18:0 |
| 9-十八碳烯酸(oleic acid) | 油酸 | C 18:1 |
| 9,12-十八碳二烯酸(linoleic acid) | 亚油酸 | C 18:2 |
| 9,12,15-十八碳三烯酸(linolenic acid) | 亚麻酸 | C 18:3 |
| 二十酸(arachidic acid; eicosanoic acid) | 花生酸 | C 20:0 |
| 5,8,11,14-二十碳四烯酸(arachidonic acid) | 花生四烯酸 | C 20:4 |
| 13-二十二碳烯酸(erucic acid) | 芥酸 | C 22:1 |
| 4,7,10,13,16,19-二十二碳六烯酸(docosahexaenoic acid) | DHA | C 22:6 |

### 2. 必需脂肪酸

人体除从食物中摄取脂肪酸以外,还能够自身合成多种脂肪酸。必需脂肪酸(essential fatty acid, EFA)是指人体不可缺少而自身又不能合成,必须通过食物供给的脂肪酸。目前,被确认是人体必需脂肪酸的是$n-6$系列中的亚油酸和$n-3$系列中的$\alpha$-亚麻酸,人体可利用亚油酸和$\alpha$-亚麻酸合成花生四烯酸(AA)、二十二碳六烯酸(DHA)等其他不饱和脂肪酸。

## 二、脂肪的性质

### (一)脂肪的物理性质

#### 1. 水溶性

脂肪一般不溶于水,易溶于有机溶剂如乙醚、石油醚、氯仿、二硫化碳、四氯化碳、苯等。脂肪的比重小于1,故浮于水面上。脂肪虽不溶于水,但经胆酸盐的作用而变成微粒,就可以和水混匀,形成乳状液。

#### 2. 熔点和凝固点

天然油脂是甘油三酯等的混合物,不是纯物质,由于各种甘油三酯的熔点高低不同,没有确定的熔点和凝固点,一般在40～55℃之间。熔点和凝固点与组成油脂的脂肪酸有关,含饱和脂肪酸较多的油脂其熔点范围较高,含不饱和脂肪酸较多的油脂则其熔点范围较低。除棕榈果、椰子和可可豆等热带植物油在室温下是固体以外,所有的植物油在室温下是液体。动物性脂肪在室温下是固体,并且熔点较高。

#### 3. 气味

天然油脂都有一定的特有气味。油脂气味可以反映油脂的品质变化,长期存储的油脂因酸败而带有"哈喇味",可常用物理法或化学法进行脱臭处理。

#### 4. 密度和相对密度

油脂在单位体积内的质量称为油脂的密度。油脂在20℃时密度与水在4℃时的密度之比称为油脂的相对密度。油脂的相对密度小于1,一般在0.9～0.95之间。油脂的密度和相对密度均与温度成反比,油脂密度随温度的变化为每增加1℃其密度降低0.00064。

#### 5. 折射率

折射率是油脂及脂肪酸的一个重要物理常数,不同的油脂所含脂肪酸不同,其折射率也不相同。折射率是鉴定油脂的类型及质量最简便的方法。油脂的折射率随分子量增大而增大,随双键的增加而升高;共轭不饱和脂肪酸比同类非共轭不饱和脂肪酸有更高的折射率。

#### 6. 介电常数

介电常数是反映油脂分子极大小的数据。未加热的新鲜油脂的介电常量都在2.9～3.0之间;被加热或是煎炸食品后,油脂介电常量增加,说明其中极性成分总含量升高。

#### 7. 黏度

黏度是分子间内摩擦力的一个量度。油脂具有较高的黏度,油脂的黏度随温度增高而降低。在制油过程中,对料坯进行加热蒸炒,其目的就是降低油脂黏度和增加油脂流动性,从而提高出油率。

#### 8. 沸点和蒸气压

沸点和蒸气压是油脂最重要的物理常数之一。脂肪酸及其酯类的沸点由高到低的顺序为:甘油三酯 > 甘油二酯 > 甘油一酯 > 脂肪酸 > 脂肪酸的低级一元醇酯。甘油酯的蒸气压总是低于脂肪酸的蒸气压。油脂的沸点在300℃以上,而油脂在温度达到沸点前就会分解。

### (二)脂肪的化学性质

**1. 水解作用**

脂肪能在酸、碱或脂肪酶的作用下水解为脂肪酸及甘油。

**2. 皂化作用**

脂肪中脂肪酸和甘油结合的酯键容易被氢氧化钾或氢氧化钠水解,生成甘油和水溶性的脂肪酸盐。工业上利用这种水解反应制造肥皂,因此称为皂化反应。1 g 油脂完全皂化所需氢氧化钾的毫克(mg)数称为皂化值,通过化皂值,可以求出脂肪的分子量。皂化值可以说明脂肪中脂肪酸碳链的长短。脂肪酸碳链越短,皂化值越高。

**3. 加氢作用和加碘作用**

油脂不饱和脂肪酸含有的不饱和键可发生加成反应,包括加氢作用和加碘作用。含有不饱和脂肪酸的油脂,在镍、钯等金属催化剂作用下可以加氢,其所含的双键可因加氢而变为饱和脂肪酸,叫作油脂的氢化。人造黄油就是一种加氢的植物油。不饱和双键上还可以和卤素发生加成反应。脂肪分子中的不饱和双键可以加碘,每 100 g 脂肪所吸收碘的克数称为碘价。根据碘价可判断脂肪中脂肪酸的不饱和程度。脂肪所含的不饱和脂肪酸越多或不饱和脂肪酸所含的双键越多,碘价越高。

**4. 氧化反应**

油脂暴露于空气中会自发地进行氧化作用,生成的过氧化物、低级醛、酮、羧酸等物质具有令人不快的酸臭味,从而使油脂发生酸败。发生酸败的油脂丧失了营养价值,甚至变得有毒。饱和脂肪酸及其酯,不易发生氧化反应,但在光照、加热等条件下也能缓慢氧化成氢过氧化物,进一步转变成醛类或羟基酸等。另外,不饱和油脂的碳碳双键可以氧化成环氧化物,如环氧豆油、环氧棉籽油等。油脂环氧化物可以用作塑料的稳定剂。

## 三、脂类的生理功能

脂类是人体必需营养素之一,它与蛋白质、碳水化合物是产能的三大营养素,在供给人体能量方面起着重要作用;脂类也是构成人体细胞的重要成分,如细胞膜、神经髓鞘膜都必须有脂类参与构成。其主要生理功能如下:

### (一)脂类是人体组织的重要组成成分

脂肪在人体内占体重的10% ~14%,类脂中的磷脂、胆固醇与蛋白质结合成脂蛋白,构成了细胞的各种膜,如细胞膜、核膜、内质网、线粒体、叶绿体等,也是构成脑组织和神经组织的主要成分。胆固醇在体内可转化为胆汁酸盐、维生素 $D_3$、肾上腺皮质激素及性激素等多种有重要生理功能的类固醇化合物。

### (二)供给和贮存热能

脂肪是人体热能的主要来源,一般合理膳食的总能量有 20% ~30% 由脂肪提供。每克脂肪在体内可释放 37.62 kJ 能量,比碳水化合物和蛋白质高 1 倍以上。脂肪也是储存热能的重要组织,脂肪所占空间较小,可在腹腔空隙、皮下等处大量储存。当人在饥饿时首先动用脂肪补充热能，以避免体内蛋白质的消耗。

### （三）供给必需脂肪酸

必需脂肪酸是细胞的重要构成物质，在体内具有多种生理功能。必需脂肪酸参与构成细胞和线粒体膜、参与胆固醇代谢并合成前列腺素等激素，具有促进发育、防止心血管疾病、改善心肺功能、维持皮肤及毛细血管的健康、促进胆固醇代谢、防治冠心病、调节生殖机能等主要生理功能。

### （四）促进脂溶性维生素的吸收

脂肪是脂溶性维生素的溶媒。维生素 A、维生素 D、维生素 E、维生素 K 等脂溶性维生素均不溶于水，只有溶解于脂肪时才能被人体吸收。

### （五）对人体的保护功能

脂肪是器官、关节和神经组织的隔离层，并可作为填充衬垫，避免各组织相互间机械摩擦，从而支持和保护体内各种重要器官，如腹腔脂肪、皮下脂肪等。脂肪在皮下适量储存，可滋润皮肤，增加皮肤的弹性，充盈营养物质，延缓皮肤衰老。脂肪导热性差，可以防止体内热量散发，从而维持体温。

### （六）增加饱腹感和改善食品感官性状

脂类在胃中停留时间较长，一次进食 50 g 脂肪需经 4 ~ 6 h 才能从胃中排空，脂肪进入十二指肠可刺激产生肠抑胃素而抑制肠道蠕动，因而可增加饱腹感。烹调食物时加入脂肪，可以改善食品的色泽和风味，给人以良好的感观性状，增进食欲。

# 第三节　蛋白质

蛋白质是由 α – 氨基酸通过肽键相互连接而成的一类具有特定的空间构象和生物学活性的高分子有机化合物。蛋白质是生物体主要组成物质之一，是一切生命活动的基础，也是人体每日所必需的营养物质之一。

## 一、蛋白质的组成与分类

### （一）蛋白质的组成

蛋白质结构复杂，主要由碳、氢、氧、氮四种元素构成，部分蛋白质还含有硫、磷、铁、碘、铜等。氨基酸是组成蛋白质的基本结构单位，是分子中具有氨基和羧基的一类化合物。自然界中的氨基酸种类很多，但参与蛋白质组成的常见氨基酸只有 20 种。这 20 种氨基酸，除脯氨酸外，均可用图 3 – 5 的通式表示，其中 R 代表侧链基团，与侧链相连的中心碳原子称为 α 碳。

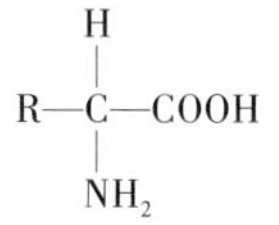

$$\begin{array}{c} \mathrm{H} \\ | \\ \mathrm{R{-}C{-}COOH} \\ | \\ \mathrm{NH_2} \end{array}$$

图 3 – 5　氨基酸通式

由通式可见，氨基酸是羧基(—COOH)相邻的 $\alpha$ - 碳原子的氢被一个氨基取代的化合物，故又称 $\alpha$ - 氨基酸。R 基团的特异性使不同氨基酸显示出不同的理化性质，进而决定了氨基酸在蛋白质分子的空间结构中可能的位置。构成人体蛋白质的 20 种氨基酸的名称见表 3 - 2。

**表 3 - 2　构成人体蛋白质的氨基酸**

| 必需氨基酸 | | 非必需氨基酸 | | 条件必需氨基酸 | |
|---|---|---|---|---|---|
| 异亮氨酸 | isoleucine(Ile) | 丙氨酸 | alanine(Ala) | 半胱氨酸 | cysteine (Cys) |
| 亮氨酸 | leucine(Leu) | 精氨酸 | arginine(Arg) | 酪氨酸 | tyrosine (Tyr) |
| 赖氨酸 | lysine(Lys) | 天门冬氨酸 | aspartic acid (Asp) | | |
| 甲硫氨酸 | methionine (Met) | 天门冬酰胺 | asparagine (Asn) | | |
| 苯丙氨酸 | phenylalanine (Phe) | 谷氨酸 | glutamic acid (Glu) | | |
| 苏氨酸 | threonine (Thr) | 谷氨酰胺 | glutamine (Gln) | | |
| 色氨酸 | tryptophan (Trp) | 甘氨酸 | glycine(Gly) | | |
| 缬氨酸 | valine(Val) | 脯氨酸 | proline(Pro) | | |
| 组氨酸 * | histidine(His) | 丝氨酸 | serine (Ser) | | |

注：* 组氨酸为婴儿必需氨基酸，成人需要量可能较少。

**1. 必需氨基酸和非必需氨基酸**

从人体营养角度，可将构成人体蛋白质的 20 种氨基酸分为必需氨基酸、条件必需氨基酸和非必需氨基酸。

(1)必需氨基酸：指人体需要但自己不能合成或合成速度不能满足机体需要的氨基酸。必需氨基酸共有 9 种，即赖氨酸、色氨酸、苯丙氨酸、甲硫氨酸、苏氨酸、异亮氨酸、亮氨酸、缬氨酸和组氨酸，其中组氨酸为婴幼儿所必需。此外，精氨酸、胱氨酸、酪氨酸、牛磺酸是早产儿所必需的氨基酸。必需氨基酸必须从食物中直接获得，否则就不能维持机体的氮平衡并影响健康。

(2)条件必需氨基酸：半胱氨酸和酪氨酸在体内分别由甲硫氨酸和苯丙氨酸转变而成。如果膳食中半胱氨酸及酪氨酸的含量丰富时，机体不必利用甲硫氨酸和苯丙氨酸来合成这两种非必需氨基酸，则可减少人体对某些必需氨基酸需要量。因此，将半胱氨酸和酪氨酸称为条件必需氨基酸或半必需氨基酸。

(3)非必需氨基酸：是可在动物体内合成，作为营养源不需要从外部补充的氨基酸。非必需氨基酸并非机体不需要，只是因为人体自身能自行合成，或者可由其他氨基酸转变而来以满足机体需要，可以不必由食物供给。非必需氨基酸通常有 9 种，包括丙氨酸、精氨酸、天门冬氨酸、天门冬酰胺、谷氨酸、谷氨酰胺、甘氨酸、脯氨酸和丝氨酸。

**2. 氨基酸模式**

通常，机体在蛋白质的代谢过程中，对每种必需氨基酸的需要和利用都处在一定的范围之内。为了满足蛋白质合成的要求,各种必需氨基酸之间应有一个适宜的比例。这种必需氨基酸之间相互搭配的比例关系称为必需氨基酸模式或氨基酸计分模式。

(1)必需氨基酸模式:必需氨基酸模式的计算方法是将该种蛋白质中的色氨酸含量定为1,再分别计算出其他必需氨基酸的相应比值,这一系列的比值就是该种蛋白质的氨基酸模式(表3-3)。

**表3-3　几种食物和人体蛋白质氨基酸模式**

| 氨基酸 | 人体 | 全鸡蛋 | 鸡蛋白 | 牛奶 | 猪瘦肉 | 牛肉 | 大豆 | 面粉 | 大米 |
|---|---|---|---|---|---|---|---|---|---|
| 异亮氨酸 | 4.0 | 2.5 | 3.3 | 3.0 | 3.4 | 3.2 | 3.0 | 2.3 | 2.5 |
| 亮氨酸 | 7.0 | 4.0 | 5.6 | 6.4 | 6.3 | 5.6 | 5.1 | 4.4 | 5.1 |
| 赖氨酸 | 5.5 | 3.1 | 4.3 | 5.4 | 5.7 | 5.8 | 4.4 | 1.5 | 2.3 |
| 甲硫氨酸+半胱氨酸 | 3.5 | 2.3 | 3.9 | 2.4 | 2.5 | 2.8 | 1.7 | 2.7 | 2.4 |
| 苯丙氨酸+酪氨酸 | 6.0 | 3.6 | 6.3 | 6.1 | 6.0 | 4.9 | 6.4 | 5.1 | 5.8 |
| 苏氨酸 | 4.0 | 2.1 | 2.7 | 2.7 | 3.5 | 3.0 | 2.7 | 1.8 | 2.3 |
| 缬氨酸 | 5.0 | 2.5 | 4.0 | 3.5 | 3.9 | 3.2 | 3.5 | 2.7 | 3.4 |
| 色氨酸 | 1.0 | 1.0 | 1.0 | 1.0 | 1.0 | 1.0 | 1.0 | 1.0 | 1.0 |

注:摘自孙长颢主编的《营养与食品卫生学》第6版,人民卫生出版社2007年出版。

当食物蛋白质氨基酸模式与人体蛋白质越接近时,必需氨基酸在机体内才能被充分吸收和利用,其营养价值也相对越高,这样的蛋白质被称为优质蛋白质。优质蛋白的主要食物来源是鸡蛋、奶、肉、鱼等动物性食品和大豆及其制品。

(2)限制氨基酸:如果食物蛋白质中一种或几种必需氨基酸相对含量较低,导致其他的必需氨基酸在体内不能被充分利用而浪费,造成其蛋白质营养价值降低,这些含量相对较低的必需氨基酸称限制氨基酸,可按其缺乏严重程度依次称为第一、第二和第三限制氨基酸。

赖氨酸和甲硫氨酸是食物中主要的限制氨基酸。通常,赖氨酸是谷类蛋白质的第一限制氨基酸,而甲硫氨酸则是大多数非谷类植物蛋白质的第一限制氨基酸。此外,小麦、燕麦和大米还缺乏苏氨酸,玉米缺乏色氨酸,并且分别是它们的第二限制氨基酸。因此,在一些焙烤制品,特别是在以谷类为基础的婴幼儿食品中常添加适量的赖氨酸予以强化。

(3)蛋白质互补作用:为了提高植物性蛋白质的营养价值,往往将两种或两种以上的食物混合食用,从而达到不同食物间相互补充其必需氨基酸和提高膳食蛋白质的营养价值的目的。这种不同食物间相互补充其必需氨基酸不足的作用叫蛋白质互补作用。如肉类和大豆蛋白可弥补米面蛋白质中赖氨酸的不足,米面蛋白可弥补豆类食品中甲硫氨酸的不足。

### (二)蛋白质的分类

蛋白质的种类繁多,结构复杂,迄今为止没有一个理想的分类方法。

#### 1. 根据蛋白质组成成分分类

(1)单纯蛋白质:又称简单蛋白质,是指水解后只产生氨基酸而不产生其他物质的蛋白质。根据理化性质及来源不同,单纯蛋白质又可分为清蛋白(又名白蛋白)、球蛋白、谷蛋白、醇溶谷蛋白、硬蛋白、精蛋白、组蛋白七类。此类蛋白分布于动物或植物中,以各种形态存在,构成动物或植物的组分,影响作为食物的功能性质,有的可用于制取食品配料或工业原料。

(2)结合蛋白质:是指水解后不仅产生氨基酸,还产生其他有机或无机化合物(如碳水化合物、脂质、核酸、金属离子等)的蛋白质。结合蛋白质的非氨基酸部分称为辅基。结合蛋白又可按其辅基的不同分为核蛋白(含核酸)、磷蛋白(含磷酸基团)、金属蛋白(含金属离子)、色蛋白(含色素)等。

**2. 根据蛋白质营养价值分类**

(1)完全蛋白质:所含必需氨基酸种类齐全,数量充足,相互之间比例也适当,不但能够维持成人的健康,也能够促进人体的生长发育,如乳中的酪蛋白、蛋类中的卵白蛋白、大豆球蛋白、小麦中的麦谷蛋白等。

(2)半完全蛋白质:所含各种必需氨基酸种类齐全,但各种氨基酸含量多少不匀,互相之间比例不合适。在膳食中作为唯一的蛋白质来源时,半完全蛋白质仅能维持生命,但不能促进生长发育,如小麦、大麦中的麦胶蛋白,其中的限制氨基酸是赖氨酸。

(3)不完全蛋白质:所含必需氨基酸种类不全,当把这类蛋白质作为膳食中唯一的蛋白来源时,既不能促进生长发育,也不能维持生命,如玉米中的玉米胶蛋白和豌豆中的豆球蛋白等。

**3. 根据蛋白质分子形状分类**

(1)球状蛋白质:分子比较对称,外形接近球形或椭球形,溶解度较好,能形成结晶。大多数蛋白质属于球状蛋白质,如蛋清蛋白、酪蛋白、肌红蛋白、各种酶和抗体等。

(2)纤维蛋白质:分子对称性差,类似细棒状或纤维状,溶解性质不一,大多数不溶于水,如胶原蛋白、角蛋白和弹性蛋白等;有的溶于水,如肌球蛋白和纤维蛋白原等。这类蛋白质在生物体内主要起结构作用。

**4. 根据蛋白质功能分类**

(1)活性蛋白质:按生理作用不同又可分为酶、受体蛋白、激素(胰岛素、胰高血糖素等)、抗体、收缩蛋白、运输蛋白(如白蛋白、血红蛋白等)等。

(2)非活性蛋白质:担任生物的保护或支持作用的蛋白,但本身不具有生物活性的物质,如储存蛋白(清蛋白、酪蛋白等)、结构蛋白(角蛋白、弹性蛋白胶原)等。

## 二、蛋白质的功能

### (一)构成机体和生命的重要物质基础

蛋白质是生命的物质基础,是人体重要的组成成分,人体一切细胞、组织和器官都由蛋白质参与组成。机体生长发育需要蛋白质组成新的细胞组织。胶原蛋白、弹性蛋白等在骨骼、肌腱和结缔组织中成为身体支架,起支架作用。一般来说,成人体内蛋白质占人体全部质量的 18%（16% ~19%），其总量仅次于水分。

**（二）构成体内许多具有重要生理作用的物质**

人体内许多具有重要生理功能的物质均由蛋白质构成，它们在体内都具有特殊的生理作用。酶的本质是蛋白质，如淀粉酶、胃蛋白酶、转氨酶等，对机体发挥重要的催化作用和调节机能作用；含氮激素的成分是蛋白质或其衍生物，如促甲状腺激素、肾上腺素、胰岛素等，酪氨酸经酶促反应形成的多巴胺是一种重要的神经递质；核蛋白参与遗传物质的组成；有的维生素是由氨基酸转变或与蛋白质结合存在，如色氨酸经氧化可以转化成人体所需的烟酸（维生素 $B_3$）；血浆白蛋白、血红蛋白和脂蛋白等参与机体所需营养物质的运输。

**（三）调节体液渗透压平衡**

人体内存在各种体液，如胸腔、腹腔、骨关节内存在的体液以及细胞内、外液和血液等。机体细胞内、外体液的渗透压必须保持平衡，这种平衡是由电解质和蛋白质的调节而达到的。各种体液含有一定数量的蛋白质，可控制体液在细胞内的流动。当长期缺乏蛋白质时，血浆蛋白浓度降低，渗透压下降，血液中的水分便过多地渗入周围组织，造成营养不良性水肿。

**（四）调节体液酸碱平衡**

正常人血液的 pH 值为 7.35 ~7.45，pH 值的任何变化将会导致机体出现酸碱平衡紊乱。作为一类带有碱性基团（$—NH_2$）和酸性基团（—COOH）的两性物质，蛋白质是维持体液酸碱平衡的有效物质。当体液中的酸或碱过多时，蛋白质能够作为作缓冲剂帮助维持各部分体液的酸碱平衡。

**（五）供给能量**

蛋白质在体内经氧化后可释放能量，是三大供能营养素之一。体内蛋白质、多肽分解产生的氨基酸经脱氨基作用生成的 $\alpha$ - 酮酸可直接或间接参加三羧酸循环氧化分解。每克蛋白质在体内氧化分解时可提供 16.74 kJ 的热量，但供给能量不是蛋白质的主要功能。

**（六）免疫保护作用**

蛋白质是机体免疫防御功能的物质基础，当蛋白质营养不良时，其有关组织器官的结构和功能均受到不同程度的影响。抗体是一类具有机体免疫功能的特殊球状蛋白质，能够识别病毒、细菌以及来自其他有机体的细胞，并与这些异物结合。长期缺乏蛋白质可显著影响胸腺及外周淋巴器官的正常结构和功能，降低白细胞及网织内皮细胞的吞噬能力，使机体抗病力下降，易感染疾病。

**（七）运输功能**

各种营养素透过肠道进入血液、从血液送到各组织再透过细胞膜进入细胞都是通过蛋白质来输送的。脊椎动物红细胞中的血红蛋白在呼吸过程中起着运输氧气的作用，血液中的载脂蛋白可运输脂肪，转铁蛋白可转运铁。一些脂溶性激素的运输也需要蛋白，如甲状腺素要与甲状腺素结合球蛋白结合才能在血液中运输。

### (八)保证机体运动

肌肉是占人体百分比最大的组织,其主要成分为肌动蛋白和肌球蛋白。肌肉中的肌球蛋白和肌动蛋白是运动系统的必要成分,它们构象的改变引起肌肉的收缩,带动机体运动。机体的一切机械运动以及各种脏器的重要生理功能。如肢体运动、血管收缩、心脏搏动、胃肠蠕动、肺的呼吸、泌尿、生殖过程等都是通过肌肉的收缩来完成的。

# 第四节　其他营养素

## 一、水

不同于蛋白质、碳水化合物、脂类等营养素,水既不能提供人体所需的能量,也没有调节人体生理功能的作用,但却是人体的重要组成成分和维持生命最重要的物质。人体内只要损耗5%的水分而未及时补充,皮肤就会起皱和干燥,损失水分超过体重20%时就会危及生命。

### (一)人体内水的含量与分布

人体所有组织都含有不同数量的水。通常,各种动物体内含水总量占体重的60%~70%。人体内含水量随年龄、营养状况,品种不同而有差异,但变化不大。例如,婴儿体内含水量为70%~75%,成年人体内含水量为50%~65%。不同组织中的含量水也不一样,血液、淋巴液、脑脊液含水量最高,占90%以上,心脏约70%,肌肉约75%,脂肪组织、骨骼组织在30%以下。

### (二)人体内水的平衡

#### 1.体内水分的来源

人体水分主要有三个来源:饮用水、食物中的水和代谢水。饮水是人体获得水的主要来源,影响饮水的因素包括生理状态、环境温度、食品的构成成分等。食物是获取水的另一个重要来源,几乎所有的食物都含有水分且在消化时被身体所吸收,如水果和蔬菜。碳水化合物、蛋白质和脂肪在体内氧化分解时能够产生代谢水。100 g蛋白质、脂肪和碳水化合物经代谢分别产生42、108和60 g代谢水。一般成人每日需2500~4000 mL水,其中代谢水为200~400 mL,其余来自饮水和食物。

#### 2.水的排泄

水的排泄途径包括尿液、粪便、呼吸、皮肤蒸发、出汗等。每日由尿中排泄的代谢废物和电解质的总量为40~50 g,肾脏为排出这些代谢废物至少需要排尿1500 mL;皮肤蒸发约500 mL/d,肺部呼气350 mL/d,大肠约150 mL/d。需注意的是,每日水分摄入应与经由肾脏、皮肤、肠和肺等途径排出水分的总量保持动态平衡。

### (三)水的生理功能

水的生理功能很多,主要包括以下几点。

**1. 细胞和体液的重要组成部分**

水是人体含量最多的成分,广泛分布于人体的各个组织中,特别是血液、肝脏、大脑、皮肤等代谢旺盛的组织。体液集中分布在细胞内、组织间和各种管道中,是构成细胞、组织液、血浆等的重要物质,水则是体液的主要组成部分。

**2. 参与机体新陈代谢和生化反应**

动物体内营养物质的消化、代谢过程中的许多生化反应都必须有水的参与,如淀粉、蛋白质、碳水化合物的水解反应、氧化还原反应以及加水反应等。水是良好的溶剂,许多营养物质都需要溶解于水或分散于水中形成悬浊液才能发生生化反应。

**3. 参与物质的输送**

水是一种良好的溶剂,其黏度小,流动性好,所以有利于体内养分的输送、奶汁分泌以及代谢废物的排泄等。

**4. 参与体温调节**

水对动物调节体内热平衡起着十分重要的作用。水具有比热大、蒸发热大及流动性大的特点。水在人体中随着血液、淋巴液到处流动,并使物质代谢产生的热能在体内得到迅速均匀的分布。它既可使人体37℃体温保持稳定,又可使体温不因环境温度的改变而有明显的变化。

**5. 参与润滑液的组成**

水是润滑液的主要成分,使骨关节和内脏组织器官保持润滑和活动自如。例如,泪液可防止眼球干燥,唾液及消化液有利于吞咽和咽部湿润。

## 二、维生素

维生素(vitamin)是维持机体正常生理功能及细胞内特异代谢反应所必需的一大类微量低分子量有机化合物。在体内,维生素不能提供热能,一般也不是构成各种组织的原料,但是维生素对生物体的新陈代谢发挥重要的调节作用。维生素一般不能在体内合成,必须由食物提供。维生素一般是以其本体的形式或可被机体利用的前体形式存在于天然食物中。

### (一)维生素的命名及分类

**1. 维生素的命名**

维生素的命名一般包括以下三种,见表3-4。

(1)习惯命名:按照被发现的顺序,依英文字母顺序排列,如维生素A、B族维生素、维生素C、维生素D等。

(2)根据生物学作用命名:如抗神经炎维生素(维生素$B_1$)、抗干眼病维生素(维生素A)、抗癞皮病维生素(维生素$B_3$)、抗坏血酸(维生素C)等。

(3)根据其化学结构命名:如硫胺素(维生素$B_1$)、视黄醇(维生素A)、核黄素(维生素$B_2$)等。

表 3-4 维生素的命名

| 以字母命名 | 以化学结构命名 | 以生理功能命名 |
| --- | --- | --- |
| 维生素 A | 视黄醇 | 抗干眼病维生素 |
| 维生素 $B_1$ | 硫胺素 | 抗脚气病维生素 |
| 维生素 $B_2$ | 核黄素 | |
| 维生素 $B_3$ | 烟酸 | |
| 维生素 $B_5$ | 泛酸 | |
| 维生素 $B_6$ | 吡哆醇、吡哆醛、吡哆胺 | 抗皮炎维生素 |
| 维生素 $B_7$ | 生物素 | |
| 维生素 $B_9$ | 叶酸 | |
| 维生素 $B_{12}$ | 钴胺素、氰胺素 | 抗恶性贫血维生素 |
| 维生素 C | 抗坏血酸 | 抗坏血病维生素 |
| 维生素 D | 钙化醇 | 抗佝偻病维生素 |
| 维生素 E | 生育酚 | 抗不育维生素 |
| 维生素 K | 叶绿醌 | 凝血维生素 |

**2. 维生素的分类**

维生素的种类很多,化学结构各异,理化性质和生理功能各不相同。根据溶解性能的不同,可将维生素分为脂溶性维生素、水溶性维生素及类维生素物质三大类。

(1)脂溶性维生素:不溶于水,易溶于脂肪,包括维生素 A、维生素 D、维生素 E、维生素 K。

(2)水溶性维生素:包括 B 族维生素(维生素 $B_1$、维生素 $B_2$、烟酸、叶酸、生物素等)和维生素 C。

(3)类维生素物质:机体内存在的一些物质,尽管不被认为是真正的维生素类,但它们所具有的生物活性和维生素却非常类似,有时把它们列入复合 B 族维生素这一类中,通常称它们为"类维生素物质",主要包括维生素 P(生物类黄酮)、维生素 $B_T$(肉毒碱)、辅酶 Q(泛醌)、维生素 $B_{17}$(苦杏仁苷)、维生素 $B_{15}$等。

## (二)脂溶性维生素

脂溶性维生素主要有维生素 A、维生素 D、维生素 E 及维生素 K。

**1. 维生素 A**

维生素 A 又名视黄醇、抗干眼病维生素,是一类具有视黄醇生物活性的物质(化学结构见图 3-6),包括维生素 $A_1$(视黄醇)和维生素 $A_2$(3-脱氢视黄醇),其中维生素 $A_1$是维生素 A 类物质的最基本形式,维生素 $A_2$的生物活性仅为维生素 $A_1$的 40%。

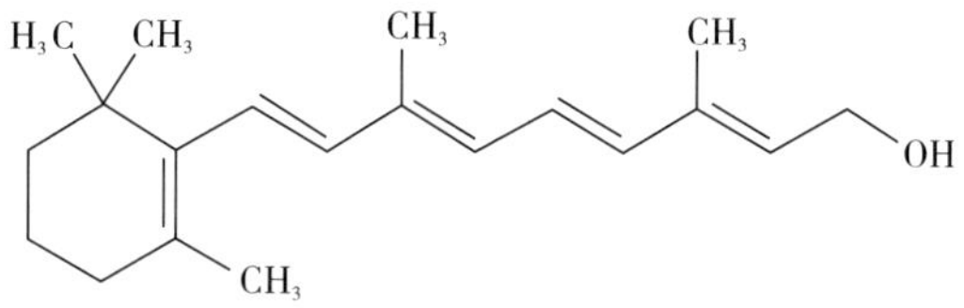

图 3－6　维生素 A(视黄醇)的化学结构

富含维生素 A 的食物有两类:一是维生素 A 原,即 $\alpha$－胡萝卜素、$\beta$－胡萝卜素、$\gamma$－胡萝卜素等,存在于植物性食物中,如绿叶菜类、黄色菜类以及水果类,含量较丰富的有菠菜、白菜、胡萝卜、番茄、胡萝卜、青椒、葡萄、香蕉等;另一类是来自动物性食物的维生素 A,这一类是能够直接被人体利用的维生素 A,主要存在于动物肝脏、鱼肝油、鱼卵、蛋黄等。鱼肝油是维生素 A 的重要来源,其中海洋鱼类肝脏提取到的是视黄醇(维生素 $A_1$),淡水鱼类肝脏中提取到的是 3－脱氢视黄醇(维生素 $A_2$)。

**2. 维生素 D**

维生素 D 是一类固醇类衍生物,具抗佝偻病作用,又被称抗佝偻病维生素。维生素 D 有很多种,其中最主要的是维生素 $D_2$(麦角钙化醇)和维生素 $D_3$(胆骨化醇),二者合称为钙化醇(图 3－7)。

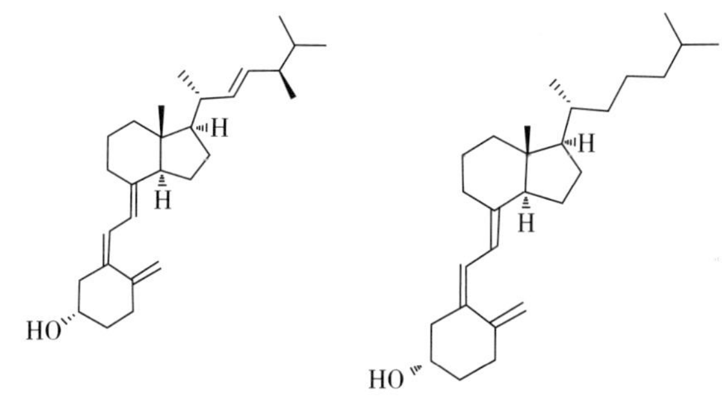


维生素$D_2$(麦角钙化醇)　　维生素$D_3$(麦胆骨化醇)

图 3－7　维生素 D 的化学结构

**3. 维生素 E**

维生素 E 又称生育酚、抗不育维生素,指具有 $\alpha$－生育酚生物活性的一类化合物。目前,自然界中存在共 $\alpha$、$\beta$、$\gamma$、$\delta$ 四种生育酚和 $\alpha$、$\beta$、$\gamma$、$\delta$ 四种生育三烯酚,其中 $\alpha$－生育酚的生物活性最强(图 3－8)。

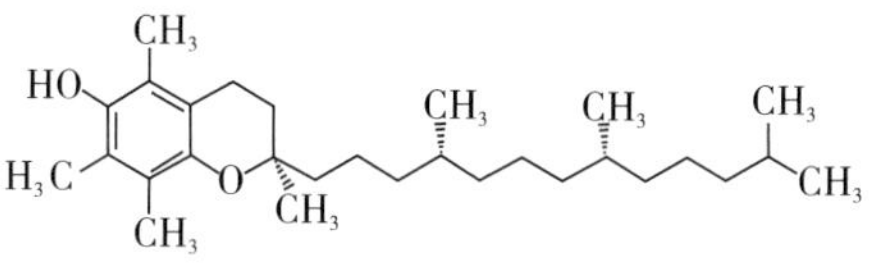

图 3－8　$\alpha$－生育酚的化学结构

维生素 E 广泛存在于动植物组织中,谷物制品(面粉、全麦等)和植物油(玉米油、棕榈油、大豆油、橄榄油等)是维生素 E 的主要食物来源,其他食物如坚果(花生、杏仁、开心果等)、蔬菜、蛋黄、肉及乳制品等也是维生素 E 的丰富的来源。

**4. 维生素 K**

维生素 K 又称为凝血维生素,是 2 - 甲基 - 1,4 - 萘醌的衍生物,包括维生素 $K_1$、维生素 $K_2$、维生素 $K_3$、维生素 $K_4$ 等多种形式,其中维生素 $K_1$ 和维生素 $K_2$ 是天然存在的(图 3 - 9),维生素 $K_3$ 和维生素 $K_4$ 是人工合成维生素。维生素 $K_1$ 又称为叶绿醌(phylloquinone),存在于绿叶植物中。机体只能从绿叶蔬菜等外部食物摄取维生素 $K_1$,并且日常饮食是获取维生素 $K_1$ 的主要途径。维生素 $K_2$ 又称为甲萘醌(menaquinone),通常由动物肠道中的细菌合成。因此,只有在肠吸收脂类和脂溶性物质的机能发生障碍时,才会出现维生素 K 缺乏症。

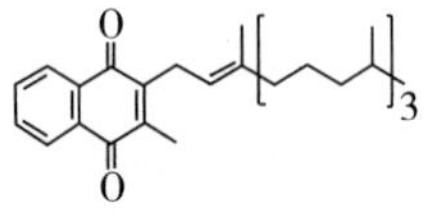

维生素$K_1$ 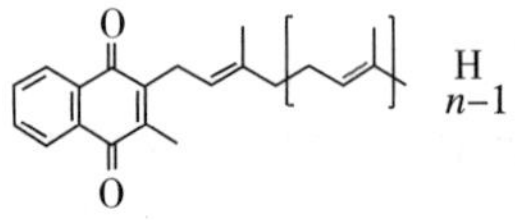　　维生素$K_2$

图 3 - 9　维生素 K 的化学结构

### (三) 水溶性维生素

水溶性维生素包括 B 族维生素及维生素 C 两大类。

**1. B 族维生素**

B 族维生素主要包括维生素 $B_1$(硫胺素)、维生素 $B_2$(核黄素)、维生素 $B_3$(烟酸)、维生素 $B_5$(泛酸)、维生素 $B_6$(吡哆醇、磷酸吡哆醛、吡哆胺)、维生素 $B_7$(生物素)、维生素 $B_9$(叶酸)、维生素 $B_{12}$(氰钴胺素)、胆碱等。

(1) 维生素 $B_1$:又称为硫胺素、抗神经炎因子等。在机体中,维生素 $B_1$ 以辅酶形式参与糖类、脂肪的代谢,具有调节神经生理活动、促进肠胃蠕动、提高食欲等活性功能。维生素 $B_1$ 广泛存在于各类食物中,含量丰富的食物有动物内脏(肝、心、肾和脑等)、瘦肉类、蛋类、豆类、坚果等,其中谷类是维生素 $B_1$ 的主要来源,而鱼类、蔬菜和水果中维生素 $B_1$ 含量不高。

(2) 维生素 $B_2$:又称为核黄素,由核糖醇与异咯嗪结合构成,是人体必需的 13 种维生素之一。在自然界中,维生素 $B_2$ 主要以磷酸酯的形式存在于黄素单核苷酸(FMN)和黄素腺嘌呤二核苷酸(FAD)两种辅酶中。维生素 $B_2$ 广泛存在于动物性和植物性食品中,如动物的肝、肾、心脏、奶类及其制品、蛋类、蔬菜、豆类、坚果等,而研磨过精的谷类含量较低。

(3) 维生素 $B_3$:又称为烟酸或维生素 PP(化学结构式见图 3 - 10),是一种水溶性维生素。烟酸具有很高的稳定性,在酸、碱、光或加热条件下不易破坏,是所有维生素中最稳定的,一般烹调方法对它影响极小。烟酸在动物肝脏、肾脏、肉类、奶、蛋、豆类、全谷、花生及有色蔬菜中较丰富。此外,人体能够以色氨酸为底物合成烟酸,因此食用富含色氨酸的食品也能提供烟酸。玉米、高粱等谷物含有的烟酸大多数为结合型,不能被哺乳动物吸收利用,因此以玉米等为主食的人群容易发生癞皮病。用碱处理玉米可释放使大量游离烟酸,易被机体吸收利用。

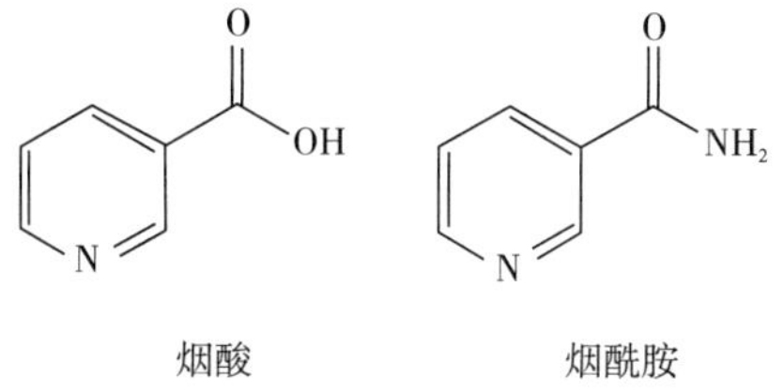

烟酸　　烟酰胺

图 3－10　烟酸和烟酰胺的化学结构

（4）维生素 $B_5$：又称为泛酸，是人体必需的 13 种维生素之一，易溶于水中，在中性溶液（pH 5～7）中稳定，在酸性或碱性溶液中不稳定，加热可加速分解。泛酸广泛存在于生物组织中，几乎全部用以组成辅酶 A（CoA）。辅酶 A 是酰基转移酶类的辅酶，起着转移酰基的作用，在物质代谢中具有极重要的作用。泛酸存在于所有的动植物食物中，如动物内脏、肉类、绿叶蔬菜、坚果、谷物等。除从食物摄入以外，人体肠道微生物也能够合成泛酸，因此泛酸缺乏现象比较少见。

（5）维生素 $B_6$：又称为抗皮炎维生素（化学结构式见图 3－11），主要包括吡哆醛、吡哆胺与吡哆醇。维生素 $B_6$ 普遍存在于动植物食品中，如肝脏、谷物、肉、鱼、蛋、豆类及花生等。动物组织中维生素 $B_6$ 多以吡哆醇和吡哆胺形式存在，而植物组织中维生素 $B_6$ 多以吡哆醛的形式存在，动物性食物中维生素 $B_6$ 的生物利用率高于植物性食物中的维生素 $B_6$。

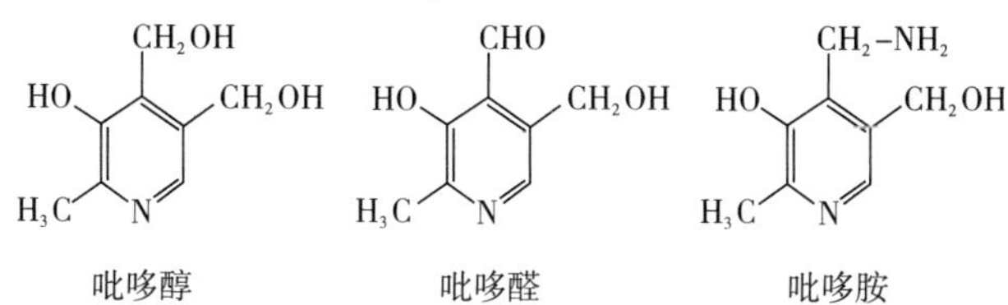


图 3－11　维生素 $B_6$ 的化学结构

（6）维生素 $B_7$：又称为生物素、维生素 H 等，存在 8 种异构体，只有 $D$－（＋）－生物素是天然存在且具有生物活性。维生素 $B_7$ 性质非常稳定，遇热、遇光、遇氧都不被破坏，在中等强度的酸性、碱性条件以及中性环境中也非常稳定。生物素广泛存在于动植物食品中，如动物的肝、肾、蛋黄、奶、植物种子、新鲜蔬菜和水果等。

（7）维生素 $B_9$：也称为叶酸（化学结构式见图 3－12），为深黄色或橙色晶体。叶酸缺乏可引起巨幼红细胞性贫血及白细胞减少症；在细胞分裂和生长过程（如婴儿发育、怀孕）中具有重要的作用，如果孕妇怀孕前 3 个月内缺乏叶酸，可导致胎儿神经管发育缺陷，从而增加裂脑儿、无脑儿的发生率。

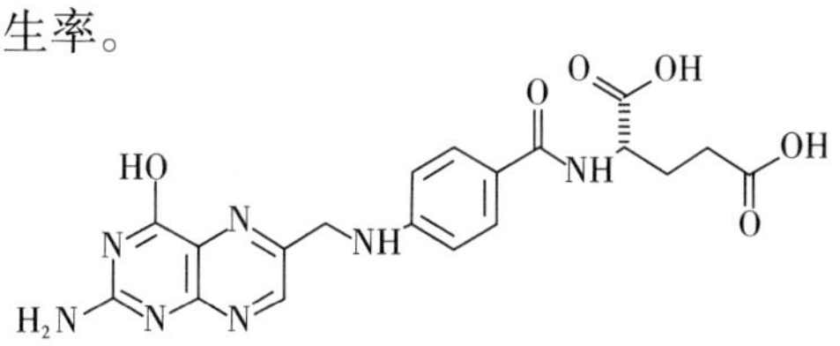

图 3－12　叶酸的化学结构

叶酸大量存在于各种食物中，如带叶蔬菜（菠菜、莴苣、白菜等）、水果（香蕉、草莓、猕猴桃等）、动物性食物（如肝脏、肾脏、禽肉、蛋类等）、豆类和坚果类（如豆制品、核桃、栗子等）和谷物（如全麦面粉、大麦、小麦胚芽等）。但由于天然的叶酸极不稳定和叶酸生物利用度较低等原因，人体真正能从食物中获得的叶酸并不多。

（8）维生素 $B_{12}$：又称钴胺素或抗恶性贫血维生素，是一类由含钴的卟啉类化合物组成的 B 族维生素。维生素 $B_{12}$的缺乏症为恶性贫血。维生素 $B_{12}$在自然界中都是由微生物合成的，所以只有动物性食物中才含有，尤以动物的肝脏、肉类、蛋类、牡蛎、乳制品、腐乳等食物中含量丰富。植物性食物不含维生素 $B_{12}$或含量极少。螺旋藻等含有类似维生素 $B_{12}$的物质，但是不能被人体利用。

（9）胆碱：是一种人类必需的维生素，是卵磷脂的组成成分，也存在于神经鞘磷脂之中。可在机体肝脏中合成胆碱，也能够从不同的食物中获得胆碱。胆碱广泛存在各种食物中，特别是动物的脑、心脏与肝脏、蛋类、麦芽、花生和大豆卵磷脂等食物。

**2. 维生素 C**

维生素 C 又名抗坏血酸（化学结构式见图 3－13），为高度水溶性维生素，具有酸性和强还原性。自然界中存在 L－型和 D－型两种形式的维生素 C，其中只有 L－型具有生理活性。在机体内，维生素 C 参与胶原蛋白三级结构的形成，有利于组织创伤伤口愈合；维生素 C 是一种重要的自由基清除剂，对 $O_2^-$ ·、OH · 等自由基具有清除作用，能分解皮肤中色素，防止发生黄褐斑等；此外，维生素 C 还具有参与体内氧化还原反应、改善铁、钙和叶酸利用、促进类固醇代谢、阻断亚硝胺形成等生理活性功能。

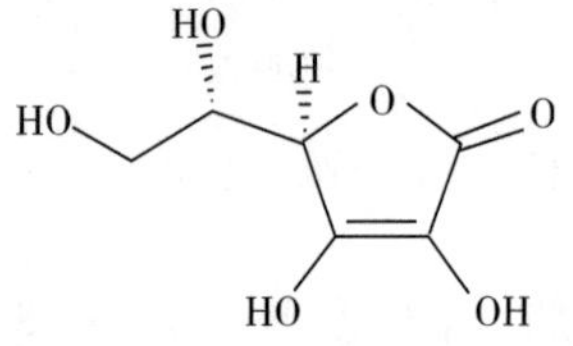

图 3－13　维生素 C 的化学结构

人体因缺乏古洛糖酸内酯氧化酶，自身不能合成维生素 C，必须从膳食中获取。维生素 C 广泛存在于新鲜的蔬菜、水果中及一些植物的叶片中，如菠菜、番茄、鲜枣、葡萄、猕猴桃、山楂等。由于维生素 C 本身性质不稳定，对氧气很敏感，光照、加热、碱性条件、氧化酶和金属离子（如 $Cu^{2+}$）等均可造成维生素 C 的氧化和破坏，在食品保藏和加工过程中需要注意采取措施避免维生素 C 的降解。

## 三、矿物质

人体组织中的各种元素，除碳、氢、氧和氮主要以有机化合物形式存在外，其余的统称为矿物质，也称为无机盐或灰分。人体已发现有 20 余种无机盐，占人体重量的 4%～5%。

### (一)矿物质的分类

#### 1. 从人体需要量的角度分类

从人体需要量的角度,矿物质可分为常量元素和微量元素。常量元素也称为宏量元素,是指体内含量占生物体总质量0.01%以上的化学元素,包括钙(Ca)、镁(Mg)、磷(P)、钾(K)、钠(Na)、硫(S)和氯(Cl)。微量元素是指在机体内含量小于体重0.01%的化学元素,如铁(Fe)、铜(Cu)、锌(Zn)、碘(I)、硒(Se)等。

#### 2. 从营养学的角度分类

1995年FAO、WHO和IAEP三个国际组织的专家委员会重新界定必需微量元素的定义,并按其生物学的作用将之分为三类。

(1)人体必需微量元素:共8种,包括铜(Cu)、钴(Co)、铬(Cr)、铁(Fe)、碘(I)、钼(Mo)、硒(Se)和锌(Zn)。

(2)人体可能必需微量元素:共5种,包括锰(Mn)、硅(Si)、镍(Ni)、硼(B)和钒(V)。

(3)具有潜在的毒性,但在低剂量时,可能具有人体必需功能的微量元素:共7种,包括氟(F)、汞(Hg)、砷(As)、铝(Al)、镉(Cd)、锡(Sn)和铅(Pb)。

**知识链接**

富硒乳酸菌

硒是人体和动物必需矿物质元素之一,具有增强免疫力、抗氧化等生理功能。硒的价态一般为元素硒、硒化物、亚硒酸盐和硒酸盐,其化学形式影响着功能的发挥。一些研究者通过生物富集法将有毒性的无机硒转化为有机硒,这样就降低无机硒的毒副作用,并提高了硒的生理活性和吸收率。乳酸菌作为人体内的益生菌,被诸多研究证实了具有硒富集及转化硒的能力,其富硒代谢产物具有多种生理功能。

乳酸菌富硒能力与多种环境因素有关,如硒浓度、加硒时间、培养时间、pH值、接种量和培养基等。富硒乳酸菌及其有机硒具有抗氧化、抗菌、提高免疫力、延缓衰老、促进生长等多种作用。

### (二)矿物质的特点

#### 1. 不能在体内合成,必须由外界环境供给

在人体新陈代谢过程中,每天都有一定量的矿物质通过特定途径(如肾脏、肠道、皮肤等)排出体外,因此机体必须不断从食物和饮水中补充矿物质。同时,除非被排出体外,矿物质不可能在体内经代谢而消失。

#### 2. 矿物质在体内分布极不均匀

矿物质在体内分布极不均匀,如钙、磷主要存在骨骼和牙齿中,铁集中在红细胞,碘集中存在于甲状腺,钴主要存在于造血器官,锌主要存在于肌肉组织,钒主要存在于脂肪组织

等。体内各种矿物质的含量随年龄增长而增加,但元素间比例变动不大。

#### 3. 矿物质相互之间存在协同或拮抗作用

在体内,各种矿物质元素在吸收、分布和利用方面存在着复杂的相互关系。如膳食摄入的过量镁能够在消化道内形成磷酸镁,从而抑制磷的吸收和利用;锌与铜的化学性质类似且吸收部位均在小肠,二者在肠黏膜或金属硫蛋白中可互相竞争结合部位,从而互相抑制吸收和利用。

#### 4. 某些微量元素易产生毒性作用

微量元素的摄入量是其生物效应作用的关键,具有明显的剂量反应关系。某些微量元素在体内需要量很少,但其生理剂量与中毒剂量范围较窄,摄入过多易产生毒性作用。例如,硒元素是人体必需的微量矿物质营养素,适量的硒能够促进人体健康,但摄入过量硒则能够引起中毒,因此对硒的强化应注意用量不宜过大。

### (三)矿物质的生理功能

#### 1. 构成机体组织的重要成分

如钙、磷和镁是骨骼和牙齿的主要成分,铁是血红蛋白的主要成分,磷是核酸的主要成分。如果食物中长期缺乏矿物质,会造成生长发育不良,身材矮小。

#### 2. 细胞内、外液的组成成分,对维持细胞内、外液的渗透压和物质交换起重要作用

在组织液中的各种矿物元素,特别是保持一定比例的钾、钠、钙、镁离子是维持神经、肌肉兴奋性、细胞膜通透性、正常的渗透压以及所有细胞正常功能的必要条件。

#### 3. 维持体液酸碱平衡

矿物质能促进无机盐中金属离子和非金属离子的相互配合以及重碳酸盐和蛋白质的缓冲作用,共同维持体液 pH 值的稳定。

#### 4. 构成体内具有特殊功能的物质

如血红蛋白和细胞色素系统含有铁元素,甲状腺素含有碘,谷胱甘肽过氧化物酶含有硒。

#### 5. 构成酶的辅基、激素、维生素、蛋白质和核酸的成分,参与酶的激活

矿物质是生物酶系统中的辅助因子和激活剂、如钙离子是凝血酶系统的激活剂等。

#### 6. 维持神经、肌肉的兴奋性

各种组织中的钠、钾、钙、镁离子浓度保持一定比例,是维持神经及肌肉兴奋性、细胞的通透性及细胞正常功能发挥的必要条件。

## 四、有机酸

食品中酸的种类很多,可分为有机酸和无机酸两类,但主要是有机酸,而无机酸含量很少。通常有机酸部分呈游离状态,部分呈酸式盐状态存在于食品中。果蔬中有机酸的含量取决于其品种、成熟度以及产地气候条件等因素,其他食品中有机酸含量取决于其原料种类、产品配方以及工艺过程等。

### (一)有机酸的种类

食品中常见的有机酸包括苹果酸、柠檬酸、酒石酸、草酸、琥珀酸、乳酸和醋酸等。这些有机酸有的是食品中的天然成分,如葡萄中的酒石酸、苹果中的苹果酸;有的是在食品加工中人为加入的,如配制型饮料中加入的柠檬酸;有的是在食品生产、加工、贮藏过程中产生的,如酸奶发酵过程中产生的乳酸和食醋发酵过程中产生的醋酸。

### (二)有机酸的性质与用途

#### 1. 柠檬酸

柠檬酸又名枸橼酸,是一种重要的有机酸。在室温下,柠檬酸为无色半透明晶体,易溶于水及乙醇,易潮解和风化。柠檬酸广泛存在于柠檬、柑橘、梨、无花果、葡萄等水果中。柠檬酸可从植物原料中提取,也可由糖进行发酵制得。柠檬酸有温和爽快的酸味,在食品工业中广泛用于各种饮料、糖果、点心、饼干、罐头等食品的生产。

#### 2. 苹果酸

苹果酸即2-羟基丁二酸,是一种重要的天然有机酸。苹果酸首先从苹果汁中分离出来,是苹果汁酸味的来源。自然界存在L-苹果酸、D-苹果酸和DL-苹果酸三种形式的苹果酸,其中L-苹果酸是生物体可以利用的形式。与柠檬酸相比,苹果酸产热量更低,是一种低热量的理想食品添加剂,具有酸度大、味道柔和、滞留时间长等特点。在食品工业中,苹果酸广泛用于加工和配制饮料、果汁,也用于糖果、果酱等的制造,对食品具有抑菌防腐作用。

#### 3. 乳酸

乳酸存在L-乳酸和D-乳酸两种旋光异构。乳酸具有很强的防腐保鲜功效和柔和的酸味,可作为防腐剂、酸味剂、pH调节剂、保湿剂和矿物质营养强化剂,广泛应用于发酵食品、乳制品、饮料和酒、肉禽类产品、面制品、果酱、腌制品、罐头和糖果等食品的生产。

#### 4. 酒石酸

酒石酸又名2,3-二羟基丁二酸,存在于葡萄等多种植物中,是葡萄酒中主要的有机酸之一。酒石酸具有3种旋光异构体,其中L-酒石酸最为常见,广泛存在于水果中。酒石酸广泛用于食品工业,如作为啤酒发泡剂、食品酸味剂、矫味剂,用于清凉饮料、糖果、果汁等的生产过程。

### (三)有机酸在食品中的作用

有机酸不仅是食品中重要的酸味成分,而且影响食品的加工和储藏过程。有机酸在食品中的作用主要包括以下三个方面:

#### 1. 显味剂

大多数有机酸具有很浓的水果香味,显著影响食品风味,并能刺激食欲,促进消化。此外,有机酸在维持人体体液酸碱平衡方面起着重要的作用。

#### 2. 保持颜色稳定

食品中的酸味物质的存在,即食品中pH值的高低,对保持食品颜色的稳定性起着一定的作用。选用 pH 6.5 ~ 7.2 的沸水热烫蔬菜,能很好地保持绿色蔬菜特有的鲜绿色;在水果加工过程中,如果加酸降低介质的 pH 值,可抑制水果的酶促褐变。

**3. 防腐作用**

有机酸在食品中还能起到一定的防腐作用。当食品的 pH < 2.5 时,一般除霉菌以外,大部分微生物的生长都受到了抑制;若将醋酸的浓度控制在 6% 时,可有效地抑制腐败菌的生长。

## 五、酶

各种动植物体中都含有多种酶,因此酶也是动植物食品的组成成分,对食品的质量有着非常重要的作用。但是,食品加工过程会破坏酶的催化活性。可以把酶看成一种蛋白质或结合蛋白质物质。食品中存在的酶分为内源酶和外源酶两类,内源酶指食品原料中固有的酶;外源酶是指非动植物体食品中所产生的酶或具有的酶,即是一种外加到食品中的酶物质或含酶制品,包括加入的商品酶和食品加工储藏中污染微生物产的酶。

### (一)淀粉酶

淀粉酶又称为淀粉分解酶,不仅能水解淀粉分子,也能催化糊精、低聚糖等淀粉水解产物发生水解作用。常见的淀粉酶主要包括 α - 淀粉酶、β - 淀粉酶、葡萄糖淀粉酶和异淀粉酶等。

**1. α - 淀粉酶**

α - 淀粉酶(EC 3.2.1.1.)能水解淀粉、糖原和环糊精分子中的 α - 1,4 - 糖苷键,将淀粉切断成长短不一的短链糊精和少量低分子糖类,从而使淀粉糊的黏度迅速下降,即起到降低稠度和“液化”的作用,所以此类淀粉酶又称为液化酶。α - 淀粉酶的最适宜作用温度为 60 ~ 70℃,最适 pH 值为 6.0,$Ca^{2+}$ 具有一定的提高淀粉酶活力和稳定性的能力。α - 淀粉酶广泛分布于动物、植物和微生物中,主要应用于淀粉糖浆、低聚糖、啤酒、烘焙食品、面制品等的生产过程。

**2. β - 淀粉酶**

β - 淀粉酶(EC 3.2.1.2.)又称外切型淀粉酶,从淀粉的非还原性末端以麦芽糖为单位顺次分解 α - 1,4 - 糖苷键,同时使切下的麦芽糖还原性末端的葡萄糖残基构型转变成 β 型,故称为 β - 淀粉酶。β - 淀粉酶不能水解淀粉分支处的 α - 1,6 - 糖苷键,淀粉的分解会在 1,6 键前的 2 ~ 3 个葡萄糖残基处停止,所以 β - 淀粉酶分解直链淀粉的产物主要是麦芽糖,分解支链淀粉的产物主要是麦芽糖和大分子的 β - 界限糊精。β - 淀粉酶主要存在于高等植物中,一般哺乳动物体中不含此酶,广泛应用于啤酒、饴糖、高麦芽糖浆、结晶麦芽糖醇等以麦芽糖为产物的制糖,主要作用是进一步提高麦芽糖的糖化率和产出率。

### (二)酯酶

酯酶是指能够水解酯键的酶类,主要包括脂肪酶和植酸酶。

**1. 脂肪酶**

脂肪酶(EC 3.1.1.3)也称脂肪水解酶,存在于所有的生物体中,能够催化油脂水解,生成脂肪酸、甘油和甘油单酯或二酯,广泛应用于油脂加工、食品、医药、日化等工业。

**2. 植酸酶**

植酸酶可以水解植酸生成肌醇和磷酸,同时释放出与植酸结合的其他营养物质,可分为3-植酸酶(EC 3.1.3.8)和6-植酸酶(EC 3.1.3.26)。在食品和饲料工业中,植酸酶能够通过分解植酸(盐)来解除植酸的抗营养作用,提高多种矿物元素和蛋白质、氨基酸的可利用性。

### (三)蛋白酶

蛋白酶是一类可以水解蛋白质或多肽中的酰胺键(肽键)的酶,主要来源于高等植物的种子和果实、动物的内脏和腺体以及酵母等微生物。蛋白酶广泛应用于食品工业中,包括肉类加工、以谷物为原料的酒精、酿酒和酿造醋生产、茶饮料、风味调料等。例如,木瓜蛋白酶(EC 3.4.22.2)是一种从木瓜乳液中提取的含巯基的肽链内切酶,在食品工作中广泛用作肉类嫩化剂、啤酒饮料澄清剂、饼干松化剂、面条稳定剂等,能够有效提高食品营养价值,有利于人体的消化和吸收。

### (四)氧化还原酶

氧化还原酶是能催化两分子间发生氧化还原作用的酶的总称,在食品中常见的氧化还原酶主要包括多酚氧化酶、抗坏血酸氧化酶、过氧化氢酶和磷酸化酶等。

**1. 多酚氧化酶**

多酚氧化酶(Polyphenol oxidase, PPO)是一类含铜金属酶,能有效催化多酚类化合物氧化形成相应的醌类物质,可分为酪氨酸酶(EC 1.14.18.1)、漆酶(EC 1.10.3.1)和儿茶酚氧化酶(EC 1.10.3.2)三大类。多酚氧化酶广泛存在于蔬菜、水果等植物性食物中,是导致蔬菜、水果发生酶促褐变的主要因素。

**2. 抗坏血酸氧化酶**

抗坏血酸氧化酶(EC 1.10.3.3)是一种含铜的氧化酶,广泛存在于蔬菜、水果等植物性食物的细胞质和细胞壁中。抗坏血酸氧化酶能够催化抗坏血酸氧化为脱氢抗坏血酸,在氧化还原系统中起重要作用。

**3. 过氧化氢酶**

过氧化氢酶(EC 1.11.1.6)是广泛存在于动植物体中的一种抗氧化酶,能够催化过氧化氢分解成氧和水的酶。在食品工业中,过氧化氢酶主要用于除去用于制造奶酪的牛奶中的过氧化氢,也用于食品包装,防止食物被氧化。

**4. 磷酸化酶**

磷酸化酶广泛存在于动物、植物及微生物中,如淀粉磷酸化酶。淀粉磷酸化酶(EC 2.4.1.1)是参与淀粉代谢的重要酶类之一,能够逐步水解直链或支链淀粉的非还原端上的$\alpha$-1,4-糖苷键,产物为葡萄糖-1-磷酸。

## 六、膳食纤维

### (一)膳食纤维的定义

膳食纤维一般指能抗人体小肠消化吸收的而在人体大肠中能部分或全部发酵的可食用的植物性成分、碳水化合物及其相类似物质的总和,包括多糖、寡糖、木质素以及相关的植物物质。2009 年,国际食品法典委员会对膳食纤维进行最新的定义:膳食纤维是指具有 10 个或以上单体链节的碳水化合物,不能够被人体小肠内生酶水解,且属于天然存在于食物中的可食用的碳水化合物,由食物原料经物理、酶或化学法获得的碳水化合物,对健康表现出有益的生理作用的人造碳水化合物的聚合物。

### (二)膳食纤维的分类

膳食纤维的成分复杂、来源广泛,因此分类方法众多。

#### 1. 根据溶解特性分类

根据溶解性能,膳食纤维可分为可溶性膳食纤维(soluble dietary fiber, SDF)和不溶性膳食纤维(insoluble dietary fiber, IDF)。

(1)可溶性膳食纤维:可溶解于水又可吸水膨胀,但不能被人体消化道所消化,包括水溶性果胶、魔芋葡甘聚糖、海藻胶、亲水性植物胶(如瓜尔豆胶、阿拉伯胶)、黏多糖、壳聚糖等。水果、蔬菜、海藻、豆类等食物中可溶性膳食纤维含量较高。

(2)不溶性膳食纤维:不溶于热水且不能被人体消化吸收,主要包括纤维素、半纤维素、木质素、不溶性果胶、壳聚糖和植物蜡等。不溶性膳食纤维是构成植物细胞壁的主要成分,主要来源于禾谷和豆类种子的外皮,以及植物的茎和叶。

#### 2. 根据被大肠菌群发酵程度来分类

根据被大肠菌群发酵程度的不同,膳食纤维可分为部分发酵类纤维和完全发酵类纤维。部分发酵类纤维包括纤维素、半纤维素、木质素、植物蜡和角质等,完全发酵类纤维包括 $\beta$ - 葡聚糖、果胶、瓜尔豆胶、阿拉伯胶、海藻胶和菊粉等。一般来说,完全发酵类纤维多属于可溶性膳食纤维,而部分发酵类纤维多属于不溶性膳食纤维。

#### 3. 根据来源分为五类

根据来源不同,可分为植物性来源的膳食纤维(纤维素、木质素、果胶等)、动物性来源的膳食纤维(甲壳素、壳聚糖等)、海藻多糖类膳食纤维(卡拉胶、琼脂等)、微生物多糖膳食纤维(真菌多糖、黄原胶等)及合成类膳食纤维(羧甲基纤维素等)。

### (三)膳食纤维的生理功能

#### 1. 延缓碳水化合物消化吸收,预防肥胖症

膳食纤维能够通过多种途径预防肥胖症。膳食纤维在肠胃中吸水膨胀并形成高黏度的溶胶或凝胶,具有填充剂的容积作用,易产生饱腹感并减慢胃排空,因而减少进食量;膳食纤维取代了食物中一部分营养量,从而减少食物总摄取量;膳食纤维具有低热能的特点,主要在大肠内发酵的方式进行代谢,提供的能量低于普通碳水化合物;膳食纤维能够与部

分脂肪酸结合，减少了机体对脂肪的吸收率。

**2. 改善肠道菌群，维持肠道微生态平衡**

肠道内存在着由不同细菌构成的各类菌群，其中的有益菌在提高机体免疫力和增强抗病能力方面有着显著的功效。膳食纤维在小肠不能被人体消化吸收而直接进入大肠。膳食纤维能在肠道中发酵，产生大量乙酸、醋酸、叶酸和乳酸等短链脂肪酸（SCFA），改变了肠道 pH 值，改善有益菌群的繁殖环境，选择性地促进肠道双歧杆菌、乳酸杆菌等有益菌的增殖并抑制腐败菌的生长，从而调节肠道微生态平衡。

**3. 预防和辅助性治疗糖尿病**

大量研究结果证实，增加膳食纤维的摄入有利于预防和控制糖尿病。膳食纤维能够延缓葡萄糖的吸收，推迟可消化性糖类如淀粉等的消化，从而抑制餐后血糖急剧升高和改善糖耐量；膳食纤维能够抑制胰高血糖素的分泌，增强机体对胰岛素的敏感性，改善血液中胰岛素的调节作用，有利于糖尿病的治疗和康复。

**4. 调节肠胃功能，促进肠道健康**

膳食纤维具有很强的持水性，吸水后使肠内容物体积增大，大便变松变软，通过肠道时会更顺畅更省力；作为肠内异物，膳食纤维及其产生的短链脂肪酸等物质能够刺激肠道的收缩和蠕动而加速排便，加快大便排泄，起到治便秘的功效；膳食纤维能够减少粪便中有害物质与肠道的接触，保持肠道清洁，从而减少和预防胃肠道疾病。

**5. 预防心血管疾病**

流行病学研究结果表明，增加膳食纤维的摄入能降低心血管疾病的发生风险并可延缓高危人群向心血管病转化的速度，其可能的机制包括调节血脂、降低血压、改善胰岛素敏感性和改善炎症等。膳食纤维素可吸附胆汁酸、脂肪等而使其吸收率下降，达到降血脂的作用；膳食纤维能与胃肠道中的 $Na^+$ 进行交换，使 $Na^+$ 随粪便大量排出，血液中 $Na^+/K^+$ 比例变小，从而产生降血压作用；膳食纤维还能够提高胰岛素敏感性和改善炎症。

**6. 降低重金属和有毒化学物质对人体的毒害作用**

膳食纤维分子中含有的一些羧基和羟基类侧链基团具有弱酸性离子交换树脂作用，在肠道内能够吸附 $Mg^{2+}$、$Pb^{2+}$、$Hg^{2+}$、$Cd^{2+}$ 等金属离子，从而延缓和减少重金属的吸收，起到解毒作用；同时，膳食纤维有利于减少黄曲霉毒素、亚硝胺、多环芳烃等有毒化学物质的吸收并促进其肠道排出，从而降低有毒化学物质对人体的毒害作用。

## 复习思考题

1. 简述碳水化合物、脂类和蛋白质的分类及生理功能。
2. 掌握必需氨基酸、膳食纤维的概念。
3. 简述维生素、酶、有机酸、膳食纤维的主要生理功能。

# 参考文献

[1]郝素娥,徐雅琴,郝璐瑜. 食品添加剂与功能性食品:配方、制备、应用[M]. 北京:化学工业出版社,2010.

[2]张卫明,肖正春,史劲松. 中国植物胶资源开发研究与利用[M]. 南京:东南大学出版社,2008.

[3]吴少雄,殷建忠. 营养学[M]. 北京:中国计量出版社,2012.

[4]中国营养学会. 中国居民膳食营养素参考摄入量[M]. 北京:中国轻工业出版社,2006.

[5]中国营养学会. 中国居民膳食营养素参考摄入量速查手册(2013 版) [M]. 北京:中国标准出版社,2014.

[6]孙长颢. 营养与食品卫生学[M]. 北京:人民卫生出版社,2007.

[7]姜忠丽. 食品营养与安全卫生学[M]. 北京:化学工业出版社,2010.

[8]黄文. 食品添加剂[M]. 北京:中国质检出版社,2013.

[9]王喜波,张英华. 食品检测与分析[M]. 北京:化学工业出版社,2013.

[10]焦璐,巨家升,周连玉,等. 乳酸菌富硒特性及生物活性的研究进展[J]. 食品研究与开发,2021, 42 (14): 178 -184.

[11]周中凯,杨艳,郑排云,等. 肠道微生物蛋白质的发酵与肠道健康的关系[J]. 食品科学,2014, 35 (1): 303 -309.

[12]沈建福,张志英. 反式脂肪酸的安全问题及最新研究进展[J]. 中国粮油学报,2005, 20 (4): 88 -91.

[13]张根义,柴艳伟,冷雪. 谷物膳食纤维与结肠健康[J]. 中国粮油学报,2012, 31 (2): 124 -133.

[14]中华人民共和国国家卫生和计划生育委员会. GB 5009.7—2016 食品安全国家标准 食品中还原糖的测定[S]. 北京: 中国标准出版社, 2016.

[15]中华人民共和国国家卫生和计划生育委员会. GB 5413.5—2010 食品安全国家标准 婴幼儿食品和乳品中乳糖、蔗糖的测定[S]. 北京: 中国标准出版社, 2010.

[16]中华人民共和国国家卫生和计划生育委员会. GB 5009.9—2016 食品安全国家标准 食品中淀粉的测定[S]. 北京: 中国标准出版社, 2016.

[17]中华人民共和国国家卫生和计划生育委员会. GB 5009.5—2016 食品安全国家标准 食品中蛋白质的测定[S]. 北京: 中国标准出版社, 2016.

# 第四章　食品加工原理

**本章学习目标**

1. 能综合评价不同的热处理方式对食品的影响和作用,并能根据具体的产品要求选择运用合适的热处理方式。
2. 能简要描述食品物料在低温冷藏中的变化,并能根据冷藏对象的特性选择合适的冷藏条件。
3. 能简要描述干制对微生物的影响。
4. 能认识到食品辐照处理的优缺点,能从环保、健康、法律等角度对辐照食品有正确的见解和评价。
5. 能简要描述微生物在发酵食品中的应用,并能结合中国特色传统发酵食品的特点,对传统发酵食品的创新和发展提出建议。

PPT 课件

讲解视频

## 第一节　食品高温加工技术

### 一、食品热处理的作用

热处理(thermal processing)是食品加工与保藏中用于改善食品品质、延长食品储藏期的最重要的处理方法之一。其作用主要是杀死微生物、钝化酶;改善食品的品质和特性,提高食品中营养成分的可消化性和可利用率;破坏食品中不需要或有害的成分,并带来令人满意的口感。食品工业中采用的热处理有不同的方式和工艺,不同种类的热处理所达到的主要目的和作用虽有不同,但热处理过程对微生物、酶和食品成分的作用以及传热的原理和规律却有相同或相近之处,热处理的作用效果见表 4-1。

**表 4-1　热处理的作用效果**

| | |
|---|---|
| 正面作用 | 杀死微生物,主要是致病菌和其他有害的微生物;钝化酶,主要是过氧化物酶、抗坏血酸酶等;破坏食品中不需要或有害的成分或因子,如大豆中的胰蛋白酶抑制因子;改善食品的品质与特性,如产生特别的色泽、风味和组织状态等;提高食品中营养成分的可利用率、可消化性等 |

续表

| | |
|---|---|
| 负面作用 | 食品中的营养成分,特别是热敏性成分有一定损失;食品的品质和特性产生不良的变化,如色泽、维生素 C 等;消耗的能量较大 |

## 二、食品热处理的类型

食品工业中热处理的类型主要有工业烹饪、热烫、热挤压和热杀菌等。

### (一)工业烹饪

工业烹饪一般作为食品加工的一种前处理过程,通常是为了提高食品的感官质量而采取的一种处理手段。烹饪通常有煮、焖(炖)、烘(焙)、炸(煎)、烤等几种形式。这几种形式所采用的加热方式及处理温度和时间略有不同。一般煮、炖多在沸水中进行;焙、烤则以干热的形式加热,温度较高;而煎、炸是在较高温度的油介质中进行。

烹饪处理能杀灭部分微生物、破坏酶、改善食品的色、香、味和质感、提高食品的可消化性,并破坏食品中的不良成分(包括一些毒素等),提高食品的安全性。烹饪处理也可使食品的耐储性提高。但也发现不适当的烧烤处理会给食品带来营养安全方面的问题,如烧烤中的高温使油脂分解可产生致癌物质。

### (二)热烫

热烫又称烫漂、杀青、预煮。热烫的作用主要是破坏或钝化食品中导致食品质量变化的酶类,以保持食品原有的品质,防止或减少食品在加工和保藏中由酶引起的食品色、香、味的劣化和营养成分的损失。热烫处理主要应用于蔬菜和某些水果,通常是蔬菜和水果冷冻、干燥或罐藏前的一种前处理工序。

除此之外,热烫还可以减少食品表面的微生物数量;可以排除食品组织中的气体,使食品装罐后形成良好的真空度及减少氧化作用;热烫还能软化食品组织,方便食品往容器中装填;热烫也起到一定的预热作用,有利于装罐后缩短杀菌升温的时间。

### (三)热挤压

挤压是将食品物料放入挤压机中,物料在螺杆的挤压下被压缩并形成熔融状态,然后在卸料端通过模具出口被挤出的过程。热挤压则是指食品物料在挤压的过程中还被加热。因此,热挤压也被称为挤压蒸煮,它结合了混合、蒸煮、揉搓、剪切、成型等几种单元操作的过程。

热挤压是一种高温短时的热处理过程,它能够减少食品中的微生物数量和钝化酶,但无论是热挤压或是冷挤压,其产品的保藏主要是靠其较低的水分活性和其他条件。挤压处理具有下列特点:挤压食品多样化,可以通过调整配料和挤压机的操作条件直接生产出满足消费者要求的各种挤压食品;挤压处理的操作成本较低;在短时间内完成多种单元操作,生产效率较高;便于生产过程的自动控制和连续生产。

### (四)热杀菌

热杀菌是以杀灭微生物为主要目的的热处理形式,根据要杀灭微生物的种类的不同可分为巴氏杀菌和商业杀菌。巴氏杀菌是一种较温和的热杀菌形式，巴氏杀菌的处理温度通常在100℃以下，典型的巴氏杀菌的条件是62.8℃，30 min，达到同样的巴氏杀菌效果可以有不同的温度、时间组合。

商业杀菌一般又简称为杀菌，是一种较强烈的热处理形式，通常是将食品加热到较高的温度并维持一定的时间以达到杀死所有致病菌、腐败菌和绝大部分微生物，使杀菌后的食品符合货架期的要求。热处理能钝化酶，但它同样对食品的营养成分破坏也较大。杀菌后食品通常也并非达到完全无菌，只是杀菌后食品中不含致病菌，残存的处于休眠状态的非致病菌在正常的食品储藏条件下不能生长繁殖，这种无菌程度被称为“商业无菌”，也就是说它是一种部分无菌。

商业杀菌是以杀死食品中的致病和腐败变质的微生物为准，使杀菌后的食品符合安全卫生要求、具有一定的储藏期。很明显，这种效果只有密封在容器内的食品才能获得（防止杀菌后的食品再受污染）。将食品先密封于容器内再进行杀菌处理通常是罐头的加工形式，而将经超高温瞬时（UHT）杀菌后的食品在无菌的条件下进行包装，则是无菌包装。

从杀菌的过程中微生物被杀死的难易程度看，细菌的芽孢具有更高的耐热性，它通常较营养细胞更难被杀死。另一方面，专性好氧菌的芽孢较兼性和专性厌氧菌的芽孢容易被杀死。杀菌后食品所处的密封容器中氧的含量通常较低，这在一定程度上也能阻止微生物繁殖，防止食品腐败。在考虑确定具体的杀菌条件时，通常以某种具有代表性的微生物作为杀菌的对象，通过这种对象菌的死亡情况来反映杀菌的程度。

## 三、食品加热的能源

食品热处理可使用几种不同的能源作为加热源，主要能源种类有电、气体燃料（天然气或液化气）、液体燃料（燃油等）、固体燃料（如煤、木、焦炭等）。

加热的方式有直接方式和间接方式两种。直接方式指加热介质（如燃料燃烧的热气等）与食品直接接触的加热过程，显然这种加热方式容易污染食品（如由于燃料燃烧不完全而影响食品的风味），因此一般只有气体燃料可作为直接加热源，液体燃料则很少使用。

从食品安全考虑，食品热处理中应用更多的是间接加热方式，它是将燃料燃烧所产生的热能通过换热器或其他中间介质（如空气）加热食品，从而将食品与燃料分开。间接方式最简单的形式是由燃料燃烧直接加热金属板、金属板以热辐射加热食品。而间接加热最常见的类型是利用热能转换器（如锅炉）将燃烧的热能转变为蒸汽作为加热介质，再以换热器将蒸汽的热能传递给食品或将蒸汽直接喷入待加热的食品。在干燥或干式加热时则利用换热器将蒸汽的热能传给空气。

间接加热常用的加热介质如表4－2所示。选择适当的加热介质，可降低食品的成本，提高质量，并可改善劳动条件。

表 4-2 食品热处理中常用的加热介质及其特点

| 加热剂种类 | 加热剂特点 |
|---|---|
| 蒸汽 | 易于用管道输送,加热均匀,温度易控制,凝结潜热大,但温度不能太高 |
| 热气 | 易于用管道输送,加热均匀,加热温度不高 |
| 空气 | 加热温度可达很高,但其密度小、传热系数低 |
| 烟道气 | 加热温度可达很高,但其密度小、传热系数低,可能污染食品 |
| 煤气 | 加热温度可达很高,成本较低,但可能污染食品 |
| 电 | 加热温度可达很高,温度易于控制,但成本高 |

## 第二节 食品低温加工技术

### 一、低温对食品成分的影响

#### (一)低温对植物性物料的影响

一般情况下,温度降低会使植物个体的呼吸强度降低,新陈代谢的速率放慢,植物个体内储存物质的消耗速率也会减慢,植物个体的储存期限也会延长,因此低温具有保存植物性食品原料新鲜状态的作用。但也应注意,对于植物性食品原料的冷藏,温度降低的程度应在不破坏植物个体正常的呼吸代谢作用的范围之内,温度如果降低到植物个体难以承受的程度,植物个体便会由于生理失调而产生冷害,那么食品原料也就难以继续储存下去。因此,在低温下储存植物性食品原料的基本原则,应是既降低植物个体的呼吸作用等生命代谢活动,又维持其基本的生命活动,使植物性食品原料处在一种低水平的生命代谢活动状态。

#### (二)低温对动物性物料的影响

对于动物性食品物料,在屠宰后对动物个体进行低温处理时,其呼吸作用已经停止,不再具有正常的生命活动。虽然在肌体内还进行着生化反应,但肌体对外界微生物的侵害失去了抗御能力。动物死亡后体内的生化反应主要是一系列的降解反应,肌体出现死后僵直、软化成熟、自溶和酸败等现象。达到"成熟"的肉继续放置则会进入自溶阶段,此时肌体内的蛋白质等发生进一步的分解,侵入的腐败微生物也开始大量繁殖。因此,降低温度可以减弱生物体内酶的活性,延缓自身的生化降解反应过程,并抑制微生物的繁殖。

### 二、食品的冷藏

食品的冷藏有两种普遍使用的方法,即空气冷藏和气调冷藏。前者适用于所有食品,后者则适用于水果、蔬菜等鲜活食品的冷藏。

#### (一)空气冷藏法

这种方法是将冷却(也有不经冷却)后的食品放在冷藏库内进行保藏,其效果主要取决于下列各种因素。

**1. 冷藏温度**

大多数食品的冷藏温度是在 -1.5 ~10℃之间，通常动物性食品的冷藏温度低些，而水果、蔬菜的冷藏温度则因种类不同而有较大的差异。例如葡萄适宜的冷藏温度是 -1 ~ 0℃，而香蕉适宜的冷藏温度却是 12 ~13℃。

合适的冷藏温度是保证冷藏食品质量的关键，但在储藏期内保持冷藏温度的稳定也同样重要。有些产品储藏温度波动 ±1℃就可能对其储藏期产生严重的影响。例如苹果、桃和杏子在 0.5℃下的储藏期要比 1.5℃下延长约 25%。因此，长期冷藏的食品，温度波动应控制在 ±1℃以内，而对于蛋、鱼以及某些果蔬等，温度波动应在 ±0.5℃以下，否则，就会引起这些食品的霉变或冷害，严重损害冷藏食品的质量，显著缩短储藏期。

**2. 相对湿度**

食品在冷藏时，除了少数是密封包装，大多是放在敞开式包装中，这样食品中的水分就会自由蒸发，引起减重、皱缩或萎蔫等现象。如果提高冷藏间内空气的相对湿度，就可抑制水分的蒸发，在一定程度上防止上述现象的发生。但是，相对湿度太高，可能会有益于微生物的生长繁殖。

温度的波动很容易导致高相对湿度的水汽在食品表面凝结水珠，从而引起微生物的生长。因此，如果能维持低而稳定的温度，那么高相对湿度是有利的。尤其是对于甘蓝、芹菜、菠菜等特别易萎蔫的蔬菜，相对湿度应高于 90%，否则就应采取防护性包装或其他措施以防止水分的大量蒸发。

**3. 空气循环**

空气循环的作用一方面是带走热量，这些热量可能是外界传入的，也可能是由于蔬菜、水果的呼吸而产生的；另一方面是使冷藏室内的空气温度均匀。

空气循环可以通过自由对流或强制对流的方法产生，目前的大多数情形下采用强制对流的方法。空气循环的速度取决于产品的性质、包装等因素。循环速度太小，可能达不到带走热量、平衡温度的目的；循环速度太快，会使水分蒸发太多而严重减重，并且会消耗过多的能源。一般最大的循环速度不超过 0.3 ~0.7 m/s。

**4. 通风换气**

在储存某些可能产生气味的食品物料如各种蔬菜、水果、干酪等时，必须通风换气。但在大多数情形下，由于通风换气可通过渗透、气压变化、开门等途径自发地进行，因此，不必专门进行通风换气。

通风换气的方法有自由通风换气和机械通风换气两种，前者即将冷库门打开，自然地进行通风换气，后者则是借助于换气设备进行通风换气。不论采用何种换气方法，都必须考虑引入新鲜空气的温度和卫生状况。只有与库温相近的、清洁的、无污染的空气才允许引入库内。

**5. 包装及堆码**

包装对于食品冷藏是有利的,这是因为包装能方便食品的堆垛,减少水分蒸发并能提供保护作用。常用的包装有塑料袋、木板箱、硬纸板箱及纤维箱等。包装方法可采用普通包装法,也可用真空包装及充气包装法。

**6. 产品的相容性**

食品在冷藏时,必须考虑其相容性,即存放在同一冷藏室中的食品,相互之间不允许产生不利的影响。例如,某些能释放出强烈而难以消除的气味的食品如柠檬、洋葱、鱼等,与某些容易吸收气味的食品如蛋、肉类及黄油等存放在一起时,就会发生气味交换,影响冷藏食品的质量。因此,上述食品如无特殊的防护措施,不可在一起储存。

**(二)气调冷藏法**

气调冷藏法也叫 CA(controlled atmosphere)冷藏法,是指在冷藏的基础上,利用调整环境气体成分来延长食品货架期的方法。气调冷藏技术早期主要在果蔬保鲜方面的应用比较成功,但这项技术如今已经发展到肉、禽、鱼、焙烤产品及其他方便食品的保鲜,而且正在推向更广的领域。

**1. 气调冷藏法的原理**

气调技术的基本原理是:在一定的封闭体系内,通过各种调节方式得到不同于正常大气组成(或浓度)的人工气体,以此来抑制食品本身引起品质劣变的生理生化过程或抑制作用于食品的微生物活动。

通过对食品储藏规律的研究发现,引起食品品质下降的食品自身生理生化过程和微生物作用过程多数与 $O_2$ 和 $CO_2$ 有关。新鲜果蔬的呼吸作用、脂肪氧化、酶促褐变、需氧微生物生长活动都依赖于 $O_2$ 的存在。另外,许多食品的变质过程要释放 $CO_2$,$CO_2$ 对许多引起食品变质的微生物有直接抑制作用。因此,各种气调手段多以这两种气体作为调节对象。所以气调冷藏技术的核心是改变食品环境中的气体组成,使其组分中的 $CO_2$ 浓度比空气中的 $CO_2$ 浓度高,而 $O_2$ 的浓度则低于空气中 $O_2$ 的浓度,配合适当的低温条件,来延长食品的寿命。

应指出的是,有些水果、蔬菜对 $CO_2$ 浓度和 $O_2$ 浓度两者中的某一种的变化更为敏感。一般地说,两者同时变化往往能产生更大的抑制作用。不同果蔬品种 CA 储藏时,对气体成分的要求有所不同,特别要注意各种果蔬的“临界需氧量”,保证 CA 储藏室内的氧气浓度不低于临界需氧量,同时,也要注意防止 $CO_2$ 浓度过高而引起果蔬伤害。

**2. 气调冷藏的特点**

与一般空气冷藏条件相比,气调冷藏优点多、效果好,能更好地延长商品的储藏寿命。CA 储藏能抑制果蔬的呼吸作用,阻滞乙烯的生成,推迟果蔬的后熟,延缓其衰老过程,从而显著地延长果蔬的保鲜期;能减少果蔬的冷害,从而减少损耗(在相同的储藏条件下,气调储藏的损失不足 4%,而一般空气冷藏为 15% ~20%);能抑制果蔬色素的分解,保持其原有色泽;能阻止果蔬的软化,保持其原有的形态;能抑制果蔬有机酸的减少,保持其原有的风味;能阻止昆虫、鼠类等有害生物的生存,使果蔬免遭损害。另外,气调储藏由于长期受

低 $O_2$和高 $CO_2$的影响,解除气调后,仍有一段时间的滞后效应。在保持相同品质的条件下,气调储藏的货架期是空气冷藏的 2 ~3 倍。气调储藏中所用的措施都是物理因素,不会造成任何形式的污染,完全符合绿色食品标准,有利于推行食品绿色保藏。

CA 储藏法的主要缺点是一次投资较大、成本较高及应用范围有限,目前仅在苹果、梨等水果中有较大规模的应用。

**3. CA 储藏的方法**

CA 储藏有很多方法,根据达到 CA 气体组成的方式不同,分成以下四类。

(1)自然降氧法:即利用果蔬在储藏过程中自身的呼吸作用使气调库内空气中 $O_2$浓度逐渐降低,$CO_2$浓度逐渐升高,并根据库内 $O_2$浓度、$CO_2$浓度的变化,及时除去多余的 $CO_2$和引入新鲜空气,补充 $O_2$,从而维持所需的 $O_2/CO_2$比例。除去多余 $CO_2$的方法有消石灰洗涤法、活性炭洗涤法、氢氧化钠溶液洗涤法及膜交换法等。

使用自然降氧法获得适当的 $O_2/CO_2$浓度比例的时间过长,且难以控制 $O_2/CO_2$之比例,保藏效果不佳。

(2)机械降氧法:是利用人工调节的方式,在短时间内将大气中的 $O_2$和 $CO_2$调节到适宜浓度,并根据气体组成的变化情况经常调整使其保持不变,误差控制在 1% 以内。快速降氧的方式通常有两种,一种是利用催化燃烧装置降低储藏环境中空气含氧量,用二氧化碳脱除装置降低燃烧后空气中二氧化碳的含量。另一种是利用制氮机(或氮气源)直接向储藏室充入氮气,把含氧高的空气排除,以造成低氧环境。这种方法能迅速达到 CA 气体组成,且易精确控制 CA 气体组成,因此保藏效果极佳。缺点是所需设备较多,成本较高。

目前,已有成套的专用气调设备,可以按照要求预先将适宜比例的人工气体制备好,再引入气调库。

(3)气体半透膜法:气体半透膜法即利用硅胶或高压聚乙烯膜作为气体交换扩散膜,使储藏室内的 $CO_2$与室外的 $O_2$交换来达到 CA 储藏的方法。通过选择不同厚度的半透膜,即可控制气体交换速率,维持一定的 $O_2/CO_2$比例。该法简便易行,但效果较差。

(4)减压降氧法:减压降氧法是利用真空泵,将储藏室进行抽气,形成部分真空,室内空气各组分的分压都相应下降。例如,当气压降低至正常的 1/10,空气中的 $O_2$、$CO_2$、乙烯等的分压也都降至原来的 1/10,$O_2$的含量将下降到 2. 1% 。一个减压系统包含的内容可概括为减压、增湿、通风、低温。这里除低温外,其余都是普通气调储藏所不具备的。减压储藏具有特殊的储藏条件,是在精确严密的控制之下。总压力一般可控制在 266. 4Pa 的水平,氧含量的水平可以调节至 ±0. 05% 的精度,因而,可以获得最佳储藏所需要的低氧水平,为储藏易腐产品提供最好的环境,取得良好的保藏效果。

## 三、食品在冷却、冷藏过程中的变化

### (一)水分蒸发

水分蒸发也称干耗,在冷却和冷藏过程中均会发生。对于果蔬而言,通常水分蒸发会抑制果蔬的呼吸作用、影响果蔬的新陈代谢，当水分蒸发大于5%，会对果蔬的生命活动产生抑制；水分蒸发还会造成果蔬的凋萎、新鲜度下降，果肉软化收缩、氧化反应加剧，水分蒸发还导致果蔬产生重量损失。肉类在冷却和冷藏过程中的水分蒸发会在肉的表面形成干化层，加剧脂肪的氧化。水分蒸发在冷却初期特别快，在冷藏过程的前期也较多。影响水分蒸发的因素主要有冷空气的流速、相对湿度、食品物料的摆放形式、食品物料的特性以及有无包装等。

### （二）低温冷害与寒冷收缩

低温冷害（chilling injury）是指当冷藏的温度低于果蔬可以耐受的限度时，果蔬的正常代谢活动受到破坏，使果蔬出现病变，果蔬表面出现斑点、内部变色（褐心）等。寒冷收缩是畜禽屠宰后在未出现僵直前快速冷却造成的。其中牛肉和羊肉较严重，而禽类肉较轻。冷却温度不同、肉体部位不同，寒冷收缩的程度也不相同。寒冷收缩后的肉类经过成熟阶段后也不能充分软化，肉质变硬，嫩度变差。

### （三）组分发生变化

果蔬的成熟会使果蔬的成分发生变化，对于大多数水果来说，随着果实由未熟向成熟过渡，果实内的糖分、果胶增加，果实的质地变得软化多汁，糖、酸比更加适口，食用口感变好。此外，冷藏过程中果蔬的一些营养成分（如维生素 C 等）会有一定的损失。肉类和鱼类的成熟是在酶的作用下发生的自身组织的降解，肉组织中的蛋白质、腺嘌呤核苷三磷酸（ATP）等分解，使得其中的氨基酸等含量增加，肉质软化、烹调后口感鲜美。

### （四）变色

果蔬的色泽会随着成熟过程而发生变化，如果蔬的叶绿素和花青素会减少，而胡萝卜素等会显露。肉类在冷藏过程中常会出现变色现象，如红色肉可能变成褐色肉、白色脂肪可能变成黄色。肉类的变色往往与自身的氧化作用以及微生物的作用有关。肉的红色变为褐色是由于肉中的肌红蛋白和血红蛋白被氧化生成高铁肌红蛋白和高铁血红蛋白，而脂肪变黄是由于脂肪水解后的脂肪酸被氧化的结果。

### （五）脂类劣变

冷藏过程中，食品中所含的油脂会发生水解，脂肪酸会发生氧化、聚合等复杂变化，产生的低级醛、酮类等物质会使食品的风味变差、味道恶化，使食品出现变色、酸败、发黏等现象。这种变化严重时称为油烧。

### （六）淀粉老化

老化的淀粉不易被淀粉酶作用，因此也不易被人体消化吸收。淀粉老化作用的最适宜温度是2～4℃。例如，面包在冷却贮藏时淀粉迅速老化，味道就变得很不好；土豆放在冷藏陈列柜中贮存时，也会发生淀粉老化。当贮藏温度低于－20℃或高于60℃时，均不会发生淀粉老化，因为低于－20℃时，淀粉分子间的水分迅速冻结，形成了冰晶，阻碍了淀粉分子间的相互靠近而不能形成氢键，所以不会发生淀粉老化。

### （七）微生物繁殖

在冷却冷藏状态下，微生物特别是低温微生物的繁殖和分解作用并没有被充分抑制，只是繁殖和分解速度缓慢了一些，其总量还在不断增加，如时间较长，就会使食品发生腐败。低温细菌的繁殖在0℃以下变得缓慢，如果要使它们停止繁殖，一般需要将温度降低到－10℃以下。对于个别低温细菌，在－40℃的低温下仍有繁殖现象。

## 四、食品的冻藏

### （一）冻结方法

#### 1. 空气冻结法

空气冻结法所用的冷冻介质是低温空气，冻结过程中空气可以是静止的，也可以是流动的。静止空气冻结法在绝热的低温冻结室进行，冻结室的温度一般在－40～－18℃。冻结所需的时间为3 h～3 d，视食品物料及其包装的大小、堆放情况以及冻结的工艺条件而异。用此法冻结的食品物料包括牛肉、猪肉（半胴体）、箱装的家禽、盘装整条鱼、箱装的水果、5 kg以上包装的蛋品等。

鼓风冻结法也属于空气冻结法之一，主要利用低温和空气高速流动，使食品快速散热，达到快速冻结的目的。冷冻所用的介质也是低温空气，但采用鼓风，使空气强制流动并和食品物料充分接触，增强制冷的效果，达到快速冻结目的。冻结室内的空气温度一般为－46～－29℃，空气的流速为10～15 m/s。冻结室可以是供分批冻结用的房间，也可以是用小推车或输送带作为运输工具进行连续隧道冻结。鼓风冻结法中空气的流动方向可以和食品物料总体的运动方向相同（顺流），也可以相反（逆流）。

#### 2. 间接接触冻结法

板式冻结法是最常见的间接接触冻结法。它采用制冷剂或低温介质冷却金属板以及和金属板密切接触的食品物料。这是一种制冷介质和食品物料间接接触的冻结方式，其传热的方式为热传导，冻结效率跟金属板与食品物料接触的接触状态有关。该法可用于冻结包装和未包装的食品物料，外形规整的食品物料由于和金属板接触较为紧密，冻结效果较好。小型立方体型包装的食品物料特别适用于多板式速冻设备进行冻结，食品物料被紧紧夹在金属板之间，使它们相互密切接触而完成冻结。冻结时间取决于制冷剂的温度、包装的大小、相互密切接触的程度和食品物料的种类等。厚度为3.8～5.0 cm的包装食品的冻结时间一般在1～2 h。该法也可用于生产机制冰块。

#### 3. 直接接触冻结法

直接接触冻结法又称为液体冻结法。它是用载冷剂或制冷剂直接喷淋或（和）浸泡需冻结的食品物料。该法可用于包装的和未包装的食品物料。

由于直接接触冻结法中载冷剂或制冷剂等不冻液直接与食品物料接触，这些不冻液应该无毒、纯净、无异味和异样气体、无外来色泽和漂白作用、不易燃、不易爆等，和食品物料接触后也不能改变食品物料原有的成分和性质。常用的载冷剂有盐水、糖液和多元醇—水混合物等。所用的盐通常是 NaCl 或 $CaCl_2$，应控制盐水的浓度使其冻结点在 -18℃以下。当温度低于盐水的低共熔点时，盐和水的混合物会从溶液中析出，所以实际上盐水有一个最低冻结温度（如 NaCl 盐水的最低冻结温度为 -21.13℃）。盐水可能对未包装食品物料的风味有影响，目前主要用于海鱼类。盐水的特点是黏度小、比热容大和价格便宜等优点，但其腐蚀性大，使用时应加入一定量的防腐蚀剂。常用的防腐蚀剂为重铬酸钠和氢氧化钠。

蔗糖溶液是常用的糖液，可用于冻结水果，但要达到较低的冻结温度所需的糖液浓度较高，如要达到 -21℃所需的蔗糖浓度为62%（质量分数），而这样的糖液在低温下黏度很高，传热效果差。

丙三醇—水混合物曾被用来冻结水果，67%（体积分数）的丙三醇—水混合物的冻结点为 -47℃。60%（体积分数）的丙二醇—水混合物的冻结点为 -51.5℃。丙三醇和丙二醇都可能影响食品物料的风味，一般不适用于冻结未包装的食品物料。

用于直接接触冻结的制冷剂一般有液态氮（$N_2$）、液态二氧化碳（$CO_2$）和液态氟利昂等。当采用制冷剂直接接触冻结时，由于制冷剂的温度都很低（如液氮和液态 $CO_2$ 的沸点分别为 -196℃和 -78℃），冻结可以在很低的温度下进行，故此时称为低温冻结。此法的传热效率高、冻结速率极快、冻结食品物料的质量高、干耗小，而且初期投资也很低，但运转费用高。

### （二）食品在冻结、冻藏过程中的变化

#### 1. 食品在冻结过程中的物理变化和化学变化

（1）体积的变化：0℃纯水冻结后体积约增加8.7%。食品物料在冻结后也会发生体积膨胀，但膨胀的程度较纯水小。但也有一些例外情况，如高浓度的蔗糖溶液冻结后体积会出现很小的收缩。影响这一变化包括如下几点因素。①组成成分，主要是物料的水分质量百分含量和空气体积百分含量。水分的减少使冻结时物料体积的膨胀减小；空气可为冰结晶的形成与长大提供空间，会减小体积的膨胀。②冻结时未冻结水分的比例。冻结前后物料的体积在不同温度段的变化规律不同，这些温度段可以分为：冷却阶段（收缩）、冰结晶形成阶段（膨胀）、冰结晶的降温阶段（收缩）、溶质的结晶阶段（收缩或膨胀，视溶质的种类而定）、冰盐结晶的降温阶段（收缩）、非溶质如脂质的结晶和冷却（收缩）。多数情况下，冰结晶形成所造成的体积膨胀起主要作用。③冻结的温度范围。

（2）水分的重新分布：冰结晶形成还可能造成冻结食品物料内水分的重新分布，这种现象在缓慢冻结时较为明显。因为缓冻时食品物料内部各处不是同时冻结，细胞外（间）的水分往往先冻结，冻结后造成细胞外（间）的溶液浓度升高，细胞内外由于浓度差而产生渗透压差，使细胞内的水分向细胞外转移。

（3）机械损伤：机械损伤又称冻结损伤，一般认为，冻结时的体积变化和机械应力是食品物料产生冻结损伤的主要原因。机械损伤对脆弱的食品组织，如果蔬等植物组织的损伤较大。机械应力与食品物料的大小、冻结速率和最终的温度有关。小的食品物料冻结时内

部产生的机械应力小些。对于一些含水较高、厚度大的物料，表面温度下降极快时可能导致物料出现严重的裂缝，这往往是由于物料组织的非均一收缩所导致（物料外壳首先冻结固化，而内部冻结膨胀时导致外壳破裂）。

（4）非水相组分被浓缩：由于冻结时物料内水分是以纯水的形式形成冰结晶，原来水中溶解的组分会转到未冻结的水分中而使剩余溶液的浓度增加。浓缩的程度主要与冻结速率和冻结的终温有关，缓慢冻结会导致连续、平滑的固—液界面，冰结晶的纯度较高，溶质的浓缩程度也较大；反之，快速冻结导致不连续、不规则的固—液界面，冰结晶中会夹带部分溶质，溶质的浓缩程度也就较小。冻结—浓缩现象可以用于液态食品物料的浓缩。

冻结浓缩现象也会导致未冻结溶液的相关性质，如 pH、酸度、离子强度、黏度、冻结点（和其他依数性性质）以及表面张力和界面张力、氧化—还原势等的变化。此外，冰盐共晶混合物可能形成，溶液中的氧气、二氧化碳等可能被驱除。水的结构和水—溶质的相互作用也可能发生变化。冻结浓缩对食品物料产生一定的损害，如生化反应和化学反应加剧、大分子物质由于浓缩使分子间的距离缩小而可能发生相互作用使大分子胶体溶液的稳定性受到破坏等。一般来说，动物性物料组织所受的影响较植物性的大。研究品物料冻结后 pH 的变化，结果发现高蛋白质的食品物料（如鸡、鱼）冻结后 pH 会增加（特别是当初始 pH 低于 6 时），而低蛋白质的食品物料（如牛奶、绿豆）冻结后 pH 会降低。

**2. 食品在冻藏过程中的物理变化和化学变化**

（1）重结晶：是指冻藏过程中食品物料中冰结晶的大小、形状、位置等都发生了变化，主要表现为冰结晶的数量减少和体积增大的现象。人们发现，将速冻的水果与缓冻的水果同样储藏在 -18℃下，速冻水果中的冰结晶不断增大，几个月后速冻水果中冰结晶的大小变得和缓冻的差不多。这种情况在其他食品原料中也会发生。

一般认为，导致重结晶的原因可能有几种。①同分异质重结晶。任何冰结晶表面（形状）和内部结构上的变化有降低其本身能量水平的趋势，表面积/体积比大、不规则的小结晶变成表面积/体积比小、结构紧密的大结晶会降低结晶的表面能。②迁移性重结晶。在多结晶系统中，当小结晶存在时，大结晶有“长大”的趋势，这可能是融化—扩散—重新冻结过程中冰结晶变大的原因。这主要与冻藏中温度的波动以及与之相关的蒸气压梯度变化相关。③连生性重结晶。指冰结晶相互接触使结晶数量减少，体积增大，导致整个结晶相表面能的降低的结晶现象。

（2）冻干害：冻干害又称为冻烧、干缩，这是由于食品物料表面脱水（升华）形成多孔干化层，物料表面的水分可以下降到 15% 以下，使食品物料表面出现氧化、变色、变味等品质明显降低的现象。冻干害是一种表面缺陷，多见于动物性的组织。减少干缩的措施包括减少冻藏间的外来热源及温度波动，降低空气流速，改变食品物料的大小、形状、堆放形式和数量等，采取适当的包装等。

（3）脂类的氧化和降解：冻藏过程中食品物料中的脂类会发生自动氧化作用，结果导致食品物料出现油喇味。此外脂类还会发生降解，游离脂肪酸的含量会随着冻藏时间的增加而增加。冰激凌中脂肪含量在39.5%以上时，-18℃冻藏3个月不会发生变味，而脂肪含量低则易发生。脂类的氧化受少量的铜、铁催化，如冰激凌中1.25 μg/g的铜即会导致氧化味的产生。乳和乳制品在冷冻前的加热和均质对抑制氧化有作用。加热对氧化的抑制主要是由于硫氢基化合物的形成，均质的抑制效应与其可减少金属离子浓度有关。抗氧化剂对脂类氧化有抑制作用。此外冻藏的温度对稳定性也有一定的影响。

(4)蛋白质溶解性下降：冻结的浓缩效应往往导致大分子胶体的失稳，蛋白质分子可能会发生凝聚，溶解性下降，甚至会出现絮凝、变性等。冻藏时间延长往往会加剧这一现象，而冻藏温度低、冻结速率快可以减轻这一现象。

(5)其他变化：冻藏过程中食品物料还会发生其他一些变化，如pH、色泽、风味和营养成分等。pH的变化一般是由于食品物料的成熟和未冻结部分溶质的浓缩所导致的，pH的变化所引起的质量变化并不明显，但理论上可知pH会影响酶的活性和细胞的通透性。果蔬在冻藏过程中会出现由叶绿素的减少而导致的褪色。

## 第三节　食品的干燥技术

### 一、水分和微生物的关系

#### (一)食品中水分的存在形式

食品中水分的存在形式主要包括结合水分和自由(游离)水分。

**1. 结合水分**

食品中亲水基团、带电离子与水分子发生水合作用，使水分子受到一定的束缚，这部分被束缚的水分称为结合水。水分子是极性分子，其中的氢原子带有正电荷，如果遇到电负性大的、带有孤对电子的原子，氢就会被该原子的电子云所吸引，使水分子与该原子形成氢键。如食品中的糖类、蛋白质和氨基酸等成分，含有大量的亲水性官能团，如—OH、$—NH_2$、$—CONH_2$、—COOH等。这些基团的氧原子和氮原子的电负性很大，并带有孤对电子，与水分子形成氢键，发生水合作用。结合水具有不能作为溶剂，难以通过干燥排除，无法被微生物、酶和化学反应所利用等特点。

**2. 自由水分**

食品中的水分，除了结合水外，统称为自由水。自由水主要包括细胞内可自由流动的水分，细胞组织结构中的毛细管水分，生物细胞器、膜所阻留的滞化水。自由水的特点是可作为溶剂，易蒸发排除，能被微生物、酶和化学反应所利用。

#### (二)食品水分的表示方法

根据水分在食品中的结构、性质和对食品储藏性能的影响，采用水分含量和水分活度两种表示方法。

**1. 食品的水分含量**

根据热力学原理,食品内部的水蒸气压总是要与外界空气中的水蒸气压保持平衡状态,如果不平衡,食品就会通过水分子的蒸发或吸收达到平衡状态。当食品内部的水蒸气压与外界空气的水蒸气压在一定温、湿条件下达成平衡时,食品的含水量保持一定的数值,这一数值即为食品的含水量或食品的平衡水分,一般用百分数来表示。食品的含水量通常用干基和湿基两种方法表示:干基是指水分占食品干物质质量的百分比;湿基是指水分占含水食品质量的百分比。

**2. 水分活度**

食品所含的水分有结合水和游离(自由)水,但只有游离水分才能被微生物、酶和化学反应所利用,可称之为有效水分。食品中的水分,无论是结合水还是自由水,都受到不同程度的束缚,被束缚的程度越大,则水从溶液中逃逸出来形成水蒸气的趋势就越小。为了定量说明水分子在食品中被束缚的程度,通常用水分活度($A_w$)表示。

### (三)$A_w$与微生物活动的关系

各种微生物生长所需的最低 $A_w$ 值各不相同,多数细菌在 $A_w$ 值低于 0.91 时不能生长,而嗜盐菌生长则可能在 $A_w$ 低于 0.75 才被抑制;霉菌耐旱性优于细菌,多数霉菌在 $A_w$ 值低于 0.80 时停止生长,一般认为 0.70 ~ 0.75 是其最低 $A_w$ 限值;除耐渗酵母外,多数酵母在 $A_w$ 低于 0.65 时生长被限制。

致病性微生物,其生长最低 $A_w$ 与产毒素 $A_w$ 不一定相同,通常产毒素 $A_w$ 高于生长 $A_w$。如金黄色葡萄球菌,在水分活性 0.86 以上才能生长,但其产生毒素需要 $A_w$ 值 0.87 以上;黄曲霉菌生长最低 $A_w$ 为 0.78 ~ 0.80,而产黄曲霉素最低 $A_w$ 为 0.83 ~ 0.87。因此通过控制致病性微生物的生长 $A_w$ 即可控制其毒素的生成。

环境因素会影响微生物生长所需的 $A_w$ 值,如营养成分、pH、氧气分压、二氧化碳浓度、温度和抑制物等因素越不利于生长,微生物生长的最低 $A_w$ 值越高,反之亦然。金黄色葡萄球菌在正常条件下,$A_w$ 值低于 0.86 生长即被抑制。若在缺氧条件下,抑制生长 $A_w$ 为 0.90;在有氧条件下,抑制生长的 $A_w$ 值为 0.80。水分活性条件又可改变微生物对热、光和化学物的敏感性。一般来说,在高水分活性下微生物最敏感,在中等水分活性(0.4 左右)中最不敏感。

### (四)降低食品中水分活度的方法

降低食品中水分活度的方法主要有两种:加入破坏食品中水分子之间的氢键键合产生的连续相结构的物质,如糖、盐、蛋白质等,尽管食品的总水量没有变化,但自由水所占的比例下降,从而水分活度降低;另外以加热或非加热的方式使食品脱水,降低其自由水含量,如食品的干燥、食品的浓缩及烟熏等。当然,食品的稳定性不仅与其水分活度有关,还与微生物、食品本身的理化性质及环境因素等紧密相关。

## 二、干制对微生物的影响

在食品干燥过程中，原料带来的以及干燥过程污染的微生物也同时脱水。干燥完毕后，微生物就处于完全(半)抑制状态，也称为休眠状态。一旦环境条件改变，食品物料吸湿，微生物也会重新恢复活动。仅靠干燥过程并不能将微生物全部杀死，因此干燥制品并非无菌，遇到温暖潮湿气候，也会腐败变质。食品干制过程仍需加强卫生控制，减少微生物污染，降低其对食品的腐败变质作用。某些食品物料若污染有病原菌，或导致人体疾病的寄生虫(如猪肉旋毛虫)存在时，则应在干燥前设法将其杀死。

在食品干藏过程中微生物的活动，取决于干藏条件(如食品的温度、湿度和包装)、水分活性和微生物的种类等。葡萄球菌、肠道杆菌、结核杆菌在干燥状态下能保存活力几个月；乳酸菌能保存活力 1 年以上；干酵母可保存活力达 2 年之久；干燥状态的细菌芽孢、菌核、厚膜孢子、分生孢子可存活 1 年以上；黑曲霉孢子可存活达 10 年以上。因此，脱水干燥(尤其是冷冻干燥)，常常是较长时间保持微生物活性的有效办法，而常用于菌种保藏。

# 第四节　食品辐照技术

## 一、概述

### (一)食品辐照保藏的发展史

自 19 世纪末(1895 年)伦琴发现 X 射线后，Mink(1896)就提出了 X 射线的杀菌作用。但直到第二次世界大战以后，射线辐射保藏食品的研究和应用才有了实质性的开始。此后 30 年，研究不断扩大深入，它尤其在许多发展中国家受到很大的重视。在一些国际组织如联合国粮农组织(FAO)、国际原子能机构(IAEA)、世界卫生组织(WHO)等国际组织的支持和组织下，进行了种种国际协作研究，召开了多次国际专业会议。到 1976 年，有 25 种辐照处理的食品在 18 个国家和地区得到无条件批准或暂定批准，允许作为商品供一般食用。这些批准的食品包括马铃薯、洋葱、大蒜、蘑菇、芦笋、草莓及其他动植物食品和调料等。

目前全世界已有 500 多种辐照食品投放市场，有中国、芬兰、韩国、波兰、墨西哥、英国等 52 个国家和地区批准允许 1 种以上辐照食品商业化，超过 33 个国家和地区允许辐照食品国际贸易。其中马铃薯、洋葱、大蒜、冻虾、调味品等十几种已经实现大型商业化，取得明显的经济效益与社会效益。辐照抑制马铃薯发芽有 28 个以上国家和地区获得批准，洋葱、天然香料等也是获较多国家批准食用的产品。其他获批准食用的产品有鳕鱼片、虾、去内脏禽肉、谷类、面粉、杧果、草莓、蘑菇、芦笋、大蒜等新鲜果蔬和调味品等品种。

根据我国《食品安全国家标准　食品辐照加工卫生规范》(GB 18524—2016)规定，辐照食品种类应在 GB 14891 规定的范围内，不允许对其他食品进行辐照处理，具体见表 4－3。

表 4－3　中国允许辐照食品种类及辐照剂量

| 种类 | 允许辐照剂量(kGy) | 辐照目的 |
|---|---|---|
| 熟畜禽肉类(熟猪肉、熟牛肉、熟羊肉、熟兔肉、盐水鸭、烤鸭、烧鸡、扒鸡等) | ≤8 | 延长保质期 |
| 花粉(玉米、荞麦、高粱、芝麻、油菜、向日葵、紫云英的蜜源的纯花粉及混合花粉) | 8 | 保鲜、防霉、延长储存期 |
| 干果果脯类食品(花生仁、桂圆、空心莲、核桃、生杏仁、红枣、桃脯、杏脯、山楂脯及其他蜜饯类食品) | 0.4～1.0 | 杀菌、杀虫 |
| 香辛料类(八角等) | ≤10 | 杀菌、防霉、提高卫生质量 |
| 新鲜水果、蔬菜类 | ≤1.5 | 抑止发芽、贮藏保鲜或推迟后熟延长货架期 |
| 猪肉 | 0.65 | 灭活猪肉中的旋毛虫 |
| 冷冻包装畜禽肉类(猪、牛、羊、鸡、鸭等) | ≤2.5 | 杀灭家畜、家禽肉中沙门氏菌 |
| 豆类、谷类及其制品 | 豆类≤0.2,谷类0.4～0.6 | 杀虫 |

根据美国联邦法规《食品生产、加工和处理中的辐照》(21 CFR PART 179)规定,允许辐照食品种类及辐照剂量见表4－4。

表 4－4　美国允许辐照食品种类及辐照剂量

| 种类 | 允许辐照剂量(kGy) | 辐照目的 |
|---|---|---|
| 新鲜、未加热处理过的猪肉 | 0.3～1 | 控制旋毛虫 |
| 新鲜食物 | ≤1 | 抑制生长和成熟 |
| 干燥或脱水酶制剂(包括固定化酶) | ≤10 | 微生物消毒 |
| 干燥或脱水香料 | ≤30 | 微生物消毒 |
| 新鲜,冷藏或未冷藏或冷冻的生禽肉 | 非冷冻产品≤4.5<br>冷冻产品≤7.0 | 控制食源性病原体 |
| 冷藏或冷冻的生肉制品 | 冷藏产品≤4.5<br>冷冻产品≤7.0 | 控制食源性病原体,延长保质期 |
| 冷冻包装肉(仅美国国家航空航天局) | ≥44 | 灭菌 |
| 新鲜蛋类 | ≤3.0 | 控制沙门氏菌 |
| 种子 | ≤8.0 | 控制微生物致病体 |
| 新鲜或冷冻的软体甲壳类动物 | ≤5.5 | 控制弧菌类和其他食源性病原体 |
| 新鲜卷心莴苣和菠菜 | ≤4.0 | 控制食源性病原体,延长保质期 |
| 未冷藏(以及冷藏)未加工的肉类,肉类副产品和某些肉类食品 | ≤4.5 | 控制食源性病原体,延长保质期 |
| 冷冻或冷冻生的,熟的或部分熟的甲壳类动物或干燥的甲壳类动物(水分活度小于0.85) | ≤6.0 | 控制食源性病原体,延长保质期 |

### (二)辐照食品的优缺点

利用辐照对食品进行保藏有以下优缺点。

**1. 优点**

(1)杀死微生物效果显著,剂量可根据需要进行调节。

(2)一定的剂量( <5 kGy)辐照不会使食品发生感官上的明显变化。

(3)即使使用高剂量( >10 kGy)辐照,食品中总的化学变化也很微小。

(4)没有非食品物质残留。

(5)产生的热量极少,可以忽略不计,可保持食品原有的特性。在冷冻状态下也能进行辐照处理。

(6)放射线的穿透能力强、均匀、瞬间即逝,而且对其辐照过程可以进行准确控制。

(7)食品进行辐照处理时,对包装无严格要求。

**2. 缺点**

(1)经过杀菌剂量的照射,一般情况下,酶不能完全被钝化。

(2)经辐照处理后,食品所发生的化学变化从量上来讲虽然是微乎其微的,但敏感性强的食品和经高剂量照射的食品可能会发生不愉快的感官性质变化。这些变化是因游离基的作用而产生的。

(3)有些专家认为,辐照会诱发食品产生致突变、致畸形、致癌和有毒因子。后来的研究则认为这是没有根据的。

(4)辐照这种保藏方法不适用于所有的食品,要有选择性地应用。

## 二、辐照的基本概念

### (一)辐射定义

辐射是一种能量传输的过程,主要包括电波、微波、红外、可见光、紫外线、X 射线、γ 射线和宇宙射线。根据辐射对物质产生的不同效应,辐射可分为电离辐射和非电离辐射,其中在食品辐照中采用的是电离辐射。在电离辐射中,仅有两种电离辐射,即电磁辐射(尤其是 γ 射线和 X 射线)和电子束辐射用于食品辐照。电磁辐射是波动形式的能量,而电子束辐射是粒子辐射,也就是说,它由物质粒子即电子组成,能加速到很高的速度,并在运动中传递能量。

### (二)辐照量单位与吸收剂量

**1. 放射性强度**

放射性强度也称辐射性活度,是度量放射性强弱的物理量,国际单位为可勒尔(Bq)。

**2. 放射性比度**

一个放射性同位素常附有不同质量数的同一元素的稳定同位素,此稳定同位素称为载体,因此将一个化合物或元素中的放射性同位素的浓度称为“放射性比度”,也用以表示单位数量的物质的放射性强度。

**3. 照射量**

照射量是用来度量 X 射线或 γ 射线在空气中电离能力的物理量,以往使用的单位为伦琴

(R)，现改为SI单位库仑/千克(C/kg)，$1\ R=2.58\times10^{-4}\ C/kg$。在标准状态下(101325 Pa，0℃)，$1\ cm^3$的干燥空气(0.001293g)在X射线下或γ射线照射下，生成正、负离子电荷分别为1静电单位(esu)时的照射量即为1 R。一个单一电荷离子的电量为$4.80\times10^{-10}$ esu，所以1 R能使$1\ cm^3$的空气产生$2.08\times10^{-9}$离子对。

**4. 吸收剂量**

(1)吸收剂量单位：被照射物质所吸收的射线能量称为吸收剂量，其单位为戈瑞(Gray，简称Gy)，1 Gy是指辐照时，1 kg食品吸收的辐照能为1 J(Joule)。曾使用拉德(rad)作为吸收剂量。

(2)吸收剂量测量：食品辐照过程物质吸收剂量是将剂量计暴露于辐射线之下而测得的，然后从剂量计所吸收的剂量来计算被食品所吸收的剂量。常用的剂量测量体系有量热计、液体或固体化学剂量计及目视剂量标签。

## 三、食品常用的辐照射线及其基本原理

### (一)γ射线和X射线

γ射线和X射线是电磁波谱的一部分，位于波谱中短波长的高能区，具有很强的穿透能力。电磁辐射具有波粒二相性。不同类型的电磁辐射根据其能量大小按下式加以区别：

$$E=h\upsilon=hc/\lambda \tag{4-1}$$

式中：$E$——光子能量；

$h$——普朗克常数，$6.63\times10^{-34}$ J·s；

$\upsilon$——辐射频率，Hz；

$c$——光速，$3\times10^8$ m/s；

$\lambda$——波长。

γ射线是放射性核素由高能的激发态跃迁到较低的能态或基态发出的射线。在食品辐照中采用的放射性核素为$^{60}Co$和$^{137}Cs$。X射线由X射线机产生，通常光子能量分布范围宽。不同频率范围的辐射具有不同的能量。X射线和γ射线有非常高的频率($10^{16}\sim10^{22}$ Hz)，能量也很大，具有较强的穿透能力。

### (二)电子束辐射

电子束辐射由加速到很高速度的电子组成，因而能量很高。电子是组成原子的一种亚原子粒子，带一单位的负电荷。电子加速器把电子加速到足够的速度时，电子就获得了很高的动能。高能电子束的穿透能力不如γ射线和X射线，因此适于进行小包装或比较薄的包装食品的辐照。事实上，其他的基本粒子在加速器的作用下也能达到很高的能量水平，但在食品辐照中应用的粒子辐射只有电子束辐射。

### (三)激发和电离

激发和电离是辐射与被辐射的物质相互作用的结果。能量足够大的辐射一旦被物质所吸收，便产生激发或电离。不管原子是作为自由原子存在还是作为分子的一部分存在，

激发或电离均发生在原子水平上，其关键是辐射载带的能量转移给吸收体。

原子由带正电荷的原子核和带负电的电子组成。在正常情况下，原子核的正电荷被电子的负电荷总数所中和。靠近原子核的电子处于高度束缚状态，而离原子核越远的电子束缚力越弱。当原子吸收足够的辐射能时，部分能量可转移给一个或多个轨道电子。当能量低于某一临界值时，可引起电子从其正常位置运动到离核更远的新轨道。在这种情况下，该原子即具有超过其本身正常的能量值，使原子处于激发状态。处于激发状态的原子称为激发原子，产生这种条件的过程称为激发。当能量从辐射转移给电子的能量大于临界值时，电子便离开原子带有负电荷，留下的原子带有正电荷。每个带电荷的实体称为离子。产生离子的过程称为电离。能够导致电离作用的辐射称为电离辐射。当辐射的能量高于一次激发或电离的能量时，它可以连续与吸收物质的其他原子相互作用，因而产生多级激发和电离。激发和电离的效应属于化学变化。带电粒子在物质中进行多次激发和电离作用后，不断损失能量，速度也随之降低，与物质相互作用的概率也增大。

激发和电离作用在食品辐照中发生时，仅仅涉及原子的外层电子，也就是那些受核束缚不太紧密的电子。但当入射光子和电子的能量足够高时，可使受到核束缚力很强的电子、内层电子，甚至核本身受到作用，从而引起原子核变化，导致生成另一种不同的原子。在某些情况下，这些新形成的原子是放射性的。因此，如果采用过高的能量辐射处理食品，就可能使食品产生感生放射性。在食品辐照中，不期望也不允许生产高于食品中的天然成分的放射性，所以必须对食品辐照中所用的电离辐射能量设定保守的限值。

## 四、辐照的安全卫生与法规

### (一)辐照食品的安全性

安全性试验是整个辐照保藏食品研究得最早且研究最深入的问题。辐照食品可否食用，有无毒性，营养成分是否被破坏，是否致畸、致癌、致突变等所涉及的毒理学、营养学、微生物学和辐照分解许多学科领域的研究广度和深度是任何其他食品加工方法所没有的。研究结果已确认，只要用合理要求的剂量和在确能实现预期技术效果的条件下对食品进行辐照的辐照食品是安全的食品。

食品经电离辐射处理后，能否产生感生放射性核素取决于：辐照的类型、所用的射线能量、核素的反应截面、引起放射性的食品核素的丰度及产生的放射性核素的半衰期。

为了确保辐照食品的品质，人们一直研究探讨辐照食品的检测方法。2001 年，CAC 第 24 届会议上批准了国际标准“辐照食品鉴定方法”。该标准提出了五种辐照食品的鉴定方法，利用脂质和 DNA 对电离辐射特别敏感的特性，对于含脂肪的辐照食品，可采用气相色谱测定碳水化合物或用气质联用检测 2 - 烷基—环丁酮(是一种成环化合物，蒸煮条件下难形成)，其检测率达 93%。DNA 碱基破坏、单链或双链 DNA 破坏及碱基间的交联是辐照的主要效应，可检测并量化这些 DNA 变化；对于含有骨头以及含纤维素的食品，采用电子自旋共振仪(ESR)分析方法；对于可分离出硅酸盐矿物质的食品，采用热释光方法。

20世纪90年代中期，世界卫生组织（WHO）回顾了辐照食品的安全与营养平衡的研究，并得出如下结论：①辐照不会导致对人类健康有不利影响的食品成分的毒性变化。②辐照食品不会增加微生物学的危害。③辐照食品不会导致人们营养供给的损失。联合国粮农组织、国际原子能机构与世界卫生组织在50多年的研究基础上也得出结论：在正常的辐照剂量下进行辐照的食品是安全的。2003年CAC在辐照处理的安全剂量修订稿中规定，在能解释说明10 kGy以上的辐照是安全而且合理的情况下，可以使用10 kGy以上的辐照剂量进行食品辐照处理。我国赞同此意见，但日本、韩国等国不同意去掉10 kGy辐照剂量上限。

**（二）辐照食品的管理法规**

尽管目前有许多国家在其法规中有条款允许一些特定的产品在无条件或有条件的基础上采用辐照技术，然而这一些条款在不同国家是有差异的，这使得辐照食品的国际贸易遇到困难。1983年FAO/WHO国际食品法规委员会采纳了“辐照食品的规范通用标准（世界范围标准）”和“食品处理辐照装置运行经验推荐规范”。许多国家都将上述标准作为本国辐照食品立法的一种模式，将其条款纳入国家法规之中，既可以保护消费者的权益，又有利于促进国际贸易的发展。

为了继续加强国际开发合作和使食品辐照商业化，在FAO/WHO资助下于1984年5月成立了食品辐照国际咨询小组（ICGFI）（原IFIP于1981年停止其职能），其职能为评价全球食品辐照领域的发展；为成员国和上述国际组织提供食品辐照的建议要点；在需要时，通过上述国际组织向FAO/IAEA/WHO辐照食品安全卫生联合专家委员会以及国际食品法规委员会提供信息。

根据FAO/IAEA与荷兰农业与渔业部达成的协议，自1979年以来，国际食品辐照工艺装置（IFFIT）一直致力于为FAO和IAEA成员国的科学家提供培训和技术经济可行性研究，IFFIT与ICGFI已成为目前为各国食品辐照提供技术咨询的国际性机构。2001年，ICGFI制定了“世界贸易中食品和农产品认证导则”，以检疫为目的的辐照食品的认证将纳入国际植物保护协定（IPPC）认证系列。

我国为了加强对辐照加工业的监督管理，先后发布了有关法规和标准，使辐照加工业逐步走向法治化和国际化。卫生部负责放射卫生的监管。凡从事放射工作的单位都应当经卫生许可，放射源退役时，放射工作单位应当及时送交放射性废物管理机构处置或者交原供货单位回收，对闲置的放射源，也要建立档案，严格管理。对已处置或回收的放射源，卫生部门应当办理注销手续，并及时通报同级环保、公安部门。凡购买放射性同位素及含放射性同位素设备的单位，应当按规定向当地省级卫生行政部门申请办理准购批件。

我国发布的食品辐照相关的标准有：《操作非密封源的辐射防护规定》（GB 11930—2010）、《电离辐射防护与辐射源安全基本标准》（GB 18871—2002）、《辐射加工剂量学术语》（GB/T 15446—2008）、《食品安全国家标准 食品辐照加工卫生规范》（GB 18524—2016）等。截至2020年，我国有关辐照的相关法规和标准已逾百个，还在不断完善和增加，使辐照加工也逐步走向法制化和国际化。辐照处理的产品种类也在逐渐增多,如香辛料、谷物、果蔬、肉制品等。辐照食品在包装上必须有统一制定的辐照食品标识。

## 第五节 食品生物技术

### 一、发酵食品微生物的种类

#### (一)发酵乳制品

酸奶中的主要菌种是乳酸杆菌和乳酸球菌,乳酸杆菌包括嗜酸乳杆菌、德氏保加利亚乳杆菌、嗜热乳杆菌、干酪乳杆菌等;乳酸球菌包括嗜热链球菌、乳酸链球菌、乳脂链球菌、丁二酮乳酸链球菌、葡聚糖明串珠菌等。

奶酪发酵剂分为细菌发酵剂和霉菌发酵剂两大类。细菌发酵剂以乳酸菌为主,其作用是产酸和相应的风味物质。常用作奶酪发酵剂的乳酸菌有乳酸乳球菌、乳油链球菌、嗜酸乳杆菌、嗜热链球菌、丁二酮链球菌、保加利亚乳杆菌、干酪乳杆菌、瑞士乳杆菌、噬柠檬酸明串珠菌、蚀橙明串珠菌、嗜热乳杆菌和植物乳杆菌等,有时为了使奶酪形成特有的组织状态,还要使用丙酸菌。霉菌发酵剂主要是用对脂肪分解强的卡门倍尔奶酪青霉、奶酪青霉、娄地青霉等。某些酵母,如解脂假丝酵母等也在一些奶酪中得到应用。

#### (二)发酵肉制品

在发酵香肠中,微生物是生产的关键。传统的发酵肉制品是依靠原料肉中天然存在的乳酸菌与杂菌的竞争作用,乳酸菌作为优势菌群,很快产生乳酸抑制其他杂菌的生长。在香肠的自然发酵过程中,起发酵作用的微生物主要有三类:细菌、霉菌和酵母。随着商业化肉品发酵剂的开发,用于肉类发酵的发酵剂品种日益丰富。目前,商业化香肠发酵剂主要包括乳酸菌、微球菌、葡萄球菌、放线菌、酵母及霉菌等。

发酵火腿中的微生态系统是由乳酸菌、微球菌、葡萄球菌、酵母菌、霉菌等微生物菌群构成的,它们在肉制品的发酵和成熟过程中发挥了各自独特的作用。乳酸菌包括清酒乳杆菌、弯曲乳杆菌、乳酸片球菌和戊糖片球菌。清酒乳杆菌能分泌蛋白酶和脂肪酶,并含有极为丰富的细菌素,对改善发酵肉制品的风味,提高产品的储藏性能具有重要作用。乳酸片球菌具有较强的食盐耐受性,最适生长温度 35 ~ 42℃,能还原硝酸盐和发酵糖类物质产生双乙酰等风味物质。金华火腿现代化工艺发酵过程中内部的优势细菌是乳酸菌,其次是葡萄球菌。经鉴定乳酸菌主要是戊糖片球菌、马脲片球菌和戊糖乳杆菌等,葡萄球菌主要是马胃葡萄球菌、鸡葡萄球菌和木糖葡萄球菌等。

微球菌和葡萄球菌在肉制品的发酵过程中通常会发生有益的反应,如分解过氧化物,降解蛋白质和脂肪。

#### (三)蔬菜发酵制品

近年来国内学者相继对泡菜中乳酸菌区系和泡菜中乳酸菌的分离、菌种特性以及乳酸菌纯菌种发酵等进行了研究。从传统四川泡菜中分离出的乳酸菌有肠膜明串珠菌、植物乳杆菌、干酪乳杆菌、短乳杆菌、植物乳链球菌等。酵母菌对泡菜的风味、质地以及发酵后的储藏有着重要影响,在利用可发酵糖方面也起着有益作用,酵母菌发酵生成的乙醇对后熟阶段的酯化反应和芳香物质的生成很重要。但如果对酵母菌的酒精发酵不加控制,酒精度过高也会损害泡菜的正常风味。此外,一些产膜酵母的大量繁殖会使泡菜表面生花、长白膜,并产生不愉快的酸臭味。从四川泡菜中分离得到的酵母菌有酿酒酵母、黏红酵母、粗状假丝酵母、异变酒香酵母、汉逊酵母等。对四川民间优质泡菜汁的研究结果显示,在分离得到的多株酵母菌中,粗状假丝酵母和近平滑假丝酵母符合四川泡菜发酵要求。目前具有较好的发酵性能。

## 二、发酵食品微生物应用

### (一)发酵乳制品

#### 1.酸奶

酸奶属于乳酸菌发酵乳,起源于保加利亚,是以鲜牛奶为主要原料,经加热处理和加入乳酸菌培养物发酵后,乳糖变为乳酸,蛋白质遇酸凝固而制得的一类发酵乳制品。

在传统酸奶生产中,涉及的微生物菌群非常复杂。研究发现,酸奶发酵中起主导作用的是保加利亚乳杆菌和嗜热链球菌,其他如嗜温乳球菌和明串珠菌在风味成分及抑制物的产生上起到辅助作用,而广泛分布的酵母,如糙醭假丝酵母、克鲁斯假丝酵母、热带假丝酵母等,则主要是一些腐败菌。

乳酸菌大量存在于环境中,种类多,目前已知的乳酸菌类群至少可以包含23个属,分别为乳杆菌属、肉食杆菌属、双歧杆菌属、链球菌属、肠球菌属、乳球菌属、明串珠菌属、片球菌属、气球菌属、奇异菌属、漫游球菌属、利斯特氏菌属、芽孢乳杆菌属、芽孢杆菌属的少数种、环丝菌属、丹毒丝菌属、孪生菌属、糖球菌属、四联球菌属、酒球菌属、乳球形菌属、营养缺陷菌属和魏斯氏菌属。

#### 2.奶酪

奶酪是另一类重要的以乳酸菌发酵为主的传统发酵食品。奶酪起源于中东,是以牛奶等动物乳为主要原料,经凝乳并分离出乳清而制得的新鲜或发酵成熟的乳制品。成熟的干酪,被誉为“奶黄金”。

奶酪中除存在细菌类的乳酸菌群外,还有丙酸菌和丝状菌。常见的细菌类乳酸菌有乳酸乳球菌、嗜热链球菌、保加利亚乳杆菌、干酪乳杆菌、瑞士乳杆菌、噬柠檬酸明串珠菌、嗜热乳杆菌、植物乳杆菌等。

奶酪中的次生菌群包括霉菌、酵母、细菌的一些种类。其中,霉菌类主要有青霉属的沙门柏干酪青霉、酪生青霉、娄地青霉以及地霉属的白地霉等;酵母类主要与蛋白质及脂类的降解及风味物质的形成有关;细菌类(如扩展短杆菌)与涂抹和去皮干酪的橘红色及含硫氨基酸的特征风味有关;弗氏微球菌具高蛋白、脂类水解能力,在干酪成熟中起重要作用;

弗氏丙酸杆菌能转化乳酸为风味成分丙酸、乙酸以及能产生导致干酪孔眼形成的 $CO_2$ 等，其他的如干酪乳杆菌及其亚种、植物乳杆菌、弯曲乳杆菌、短乳杆菌等也发挥着一定作用。

### （二）发酵肉制品

发酵肉制品是指在自然或人工控制条件下，利用微生物或酶的作用，使原料肉发生一系列生物化学变化及物理变化，而形成具有特殊风味、色泽、质地以及较长保存期的肉制品。发酵肉制品以发酵灌肠制品为主，也包括部分火腿。发酵肉制品常见分类方法如下。

（1）按产地：可分为德国、美国、意大利、匈牙利等产品，如塞尔维拉特香肠、黎巴嫩大香肠、萨拉米香肠等。

（2）按加工过程中水分散失程度和水分蛋白含量比例：可分为半干发酵肉制品和干发酵肉制品。半干发酵肉制品的含水量为 40% ~45%，干发酵肉制品的含水量为25% ~40%。

（3）按发酵程度及成品的 pH：可分为低酸发酵肉制品和高酸发酵肉制品。前者是指在 0 ~25℃低温下进行腌制、发酵、干燥，产品 pH 在 5.5 以上的发酵肉制品，如各种发酵火腿、萨拉米等干制发酵香肠；而后者是指在 25℃以上进行发酵、干燥，产品 pH 值在 5.5 以下的发酵肉制品，如各种美式半干发酵香肠。

（4）按发酵加工温度：可分为低温发酵产品和高温发酵产品。

（5）按产品加工与食用肉制品形态：可分为块状发酵肉制品、馅状发酵肉制品与可食发酵副产品。

### （三）豆类发酵食品

#### 1. 豆豉

豆豉是一种以大豆为原料，经微生物发酵而制成的传统发酵食品，源于我国先秦，距今已有两千多年的历史，其风味物质主要是氨基酸、有机酸和酯类等，挥发性风味物以脂肪酸和酯类为主。

根据豆豉制作工艺的不同，参与豆豉发酵的微生物优势菌分别有霉菌类的根霉、毛霉、曲霉以及细菌类的纳豆杆菌、小球菌等类别。由不同优势菌系发酵而成的豆豉，其形态外观和风味特征各不相同。例如，永川豆豉属毛霉型豆豉；广东阳江豆豉和浏阳豆豉属曲霉型豆豉；印尼天培属根霉型豆豉；我国云南、贵州、山东一带民间制作的家常豆豉和日本纳豆属细菌型豆豉。

永川豆豉和浏阳豆豉是典型的中国豆豉代表，采用自然发酵制曲和厌氧发酵成熟的制作方式，大都局限于冬春季生产。毛霉豆豉曲中的微生物以总状毛霉为主，兼有产纤维素酶活力高的绿色青霉及少量酵母以及乳酸菌等细菌类微生物。曲霉豆豉曲中的微生物以米曲霉为主，也包括毛霉、青霉、酵母以及乳酸菌。

#### 2. 豆腐乳

豆腐乳是将豆腐坯自然接种或纯种接种制曲后，经盐浸、调味和后熟而制成的。后熟过程属于厌氧发酵，各种酶类和酵母、厌氧细菌等促进蛋白质和淀粉等大分子物质降解，形成氨基酸、酒精、有机酸和酯类等风味物质。而制曲过程则属于好氧自然发酵,空气、原料、工具中的各种微生物都有可能侵入并参与发酵,因而成品豆腐乳及其发酵过程中检出的微生物种类繁多。豆腐乳发酵生产用微生物多为丝状真菌,包括毛霉属、根霉属的一种。

### (四)蔬菜发酵制品

蔬菜发酵是利用有益微生物的作用,控制一定生产条件对蔬菜进行加工的一种方式。

#### 1. 泡菜中的细菌菌群

细菌类微生物以乳酸菌群为主,包括链球菌属、明串珠菌属、乳杆菌属、片球菌属、肠球菌属的一些种以及嗜盐四联球菌等。

肠膜明串珠菌、乳酸片球菌一般在发酵前期出现,短乳杆菌则在主发酵的中后期占优势,尤以植物乳杆菌最常见。在德国酸白菜的发酵中,发酵初期以肠膜明串珠菌的异型乳酸发酵为主,大量产气,随着酸度的增加,乳酸菌的同型乳酸发酵逐渐占优势,产气较少,短乳杆菌、植物乳杆菌类逐步取代肠膜明串珠菌得以大量生长繁殖。另外,其他的一些乳酸细菌,如弯曲乳杆菌、米酒醋杆菌、粪肠球菌、融合乳杆菌、醋酸片球菌、啤酒片球菌等,也能从发酵酸白菜中分离得到。

#### 2. 泡菜中的酵母菌群

酵母类微生物主要出现于主发酵期,其中发酵酵母是引起二次发酵的因素。主要包括球拟酵母属、酵母菌属、汉逊酵母属的一些种以及球形酒香酵母等。

后发酵阶段,主要的氧化酵母除膜醭德巴利酵母、奥梅尔拟内孢霉、盐膜接合酵母和克鲁斯氏假丝酵母外,其他发酵和氧化酵母很少出现。

#### 3. 泡菜中的霉菌菌群

霉菌类微生物主要出现于发酵糖逐步耗尽的后发酵期,局限于与空气接触的盐水表面,是微生物制备中不受欢迎的微生物类群,尤其是溶解果胶能力较强的菌株的生长,是蔬菜软化腐败的重要因子。

### (五)发酵调味品

调味品包括天然调味品、化学调味品、复合调味品和风味调味品等类别,是人们日常生活中不可缺少的一大类食品。酱油、食醋、酱类以及各民族的传统风味调味品,由于均通过微生物发酵而产生,因而又被称为发酵调味品。发酵调味品历史悠久,种类繁多,深受世界各国人民喜爱。

#### 1. 酱油

在酱油制备中,发酵初期利用曲霉制成酱油,淀粉酶首先将原料淀粉转化为糖,再经曲霉、酵母和细菌的协同作用而产生诸如乙醇、有机酸、醛等风味物质。另外,在曲霉分泌的蛋白酶作用下,原料中的蛋白质被分解成多种氨基酸并形成盐类物质。同时,乙醇与有机酸生成酯类而产香,糖分解产物与氨基酸结合产生褐色。

在酱油酿造过程中,一系列的生物化学反应形成了酱油独特的色、香、味、体,这主要体现在制曲和酱醪(酱醅)发酵这两个重要阶段。在制曲过程中,米曲霉分泌并积累大量的蛋白酶、淀粉酶等,将蛋白质和淀粉分解为氨基酸和糖等;微生物分泌和积累的酶对酱醪的发酵速度、色素和鲜味成分的生成量以及原料的利用率等都有直接关系;在发酵阶段,酵母菌、乳酸菌的发酵产物对酱油的风味形成也有重要作用。除产酶的各种优势霉菌外,与酱醪发酵直接相关的细菌主要就是酱油乳酸菌等耐盐的乳酸菌群。在高盐稀态发酵酱醪中生长并参与发酵的耐盐性乳酸菌包括酱油片球菌、酱油四联球菌、植物乳杆菌以及嗜盐片球菌等乳酸菌种。

**2. 醋**

食醋是以含有淀粉、糖类、酒精的粮食、果实、酒类等为原料,经微生物酿造而成一种液体酸性调味品。根据原料不同,食醋可分为水果醋和粮食醋,水果醋大多采取液态发酵方式,糖类物质能直接被酵母和细菌利用,发酵过程主要由糖化酵母和醋酸杆菌先后完成。粮食醋由于大多采用固态发酵的传统方式,淀粉质原料需经传统曲或糖化发酵剂水解糖化后才能被用于发酵,因而发酵醪中的微生物类群更为复杂。

传统工艺的固态法食醋酿造是利用野生菌自然接种制曲发酵,由曲中的霉菌代谢提供淀粉、蛋白质等降解酶类并参与酯化反应,自然发酵过程涉及的微生物包括霉菌、酵母和细菌等菌种。

### (六)葡萄酒

葡萄酒是指以鲜葡萄或葡萄汁为原料,经全部或部分发酵酿制而成的、含有一定酒精度的发酵酒。葡萄或葡萄汁能转化为葡萄酒主要是靠酵母的作用,酵母菌可将葡萄浆果中的糖分解为乙醇、$CO_2$和其他副产物。

**1. 与葡萄酒酿造有关的酵母菌群**

葡萄酒酿造所需的酵母,必须具有良好的发酵力,通常把葡萄酒酿造中具有良好发酵力的酵母统称为葡萄酒酵母,把对葡萄酒酿造无用甚至有害的酵母,统称为野生酵母。

从葡萄浆果上分离出的酵母菌种类有限,主要是红酵母属中进行严格氧化代谢的和少量发酵力弱的酵母菌种。在发酵力弱的种中,主要有尖端酵母(即柠檬形克勒克酵母)及有性世代的孢汉逊氏酵母。数量很小的其他酵母包括美极梅奇酵母、无名假丝酵母、星形假丝酵母、膜醭毕赤氏酵母、发酵毕赤氏酵母和异常汉逊氏酵母等。

**2. 葡萄酒中的乳酸菌种类**

乳酸菌存在于所有葡萄醪(汁)和葡萄酒中。在苹果酸—乳酸发酵结束时,葡萄酒中的乳酸菌群体可达 $10^7$ CFU/mL。它们主要归类于乳酸杆菌科和链球菌科的四个属。其中,属于乳酸杆菌科的乳酸菌仅有乳酸杆菌属,该属细菌细胞呈杆状,革兰氏阳性。属于链球菌科的有三个属,即酒球菌属、片球菌属和明串珠菌属,这三个属的乳酸菌细胞呈球形或球杆形,革兰氏阳性。以上乳酸菌都能把存在于葡萄酒中的天然 L–苹果酸变成 L–乳酸。按照乳酸菌对糖代谢途径和产物种类的差异,可以把它们分为同型乳酸发酵细菌和异型乳酸发酵细菌,分别进行同型和异型乳酸发酵。在同型乳酸发酵中,葡萄糖经发酵后产物中只生成乳酸和 $CO_2$;在异型乳酸发酵中,产生乳酸、乙醇(或乙酸)和 $CO_2$等多种发酵产物。

# 复习思考题

1. 掌握食品热处理的类型。
2. 了解低温对不同食品物料的影响。
3. 掌握食品在冷冻和冷藏过程中发生的物理变化和化学变化。
4. 掌握食品冻结的方法及常用的冻结剂。
5. 掌握干耗、冷害、重结晶的概念。
6. 掌握食品的气调冷藏方法。
7. 理解食品辐照的基本原理及食品辐照的优缺点。
8. 了解微生物在发酵食品中的应用。

# 参考文献

[1]曾庆孝. 食品加工与保藏原理[M]. 2 版. 北京:化学工业出版社,2007.
[2]曾名湧. 食品保藏原理与技术[M]. 北京:化学工业出版社,2007.
[3]赵晋府. 食品技术原理[M]. 北京:中国轻工业出版社,2002.
[4]汪勋清,哈益明,高美须. 食品辐照加工技术[M]. 北京:化学工业出版社,2004.
[5]董全,黄艾祥. 食品干燥加工技术[M]. 北京:化学工业出版社,2007.

# 第五章　食品加工单元操作

**本章学习目标**

1. 能简要描述食品加工单元中的预处理、分离与混合、浓缩与干燥、加热与冷冻、成型与包装的原理及常用方法。
2. 能正确理解食品加工单元操作之间的关系，并能在具体的工程实践环节中，选择、设计适宜的单元操作并将其联合、集成，最终成为有机的加工系统或工艺流程。
3. 能初步认识和理解食品专业的复杂工程问题。

由于食品原材料的性状千差万别，以及不同风俗、文化、地域、气候影响而导致对食品要求的多样性，食品生产的工艺过程和加工方法也是多种多样。随着人民生活水平的不断提高，以现代科技支撑的加工技术手段、加工设备不断涌现，这使生产厂家和工程师们难以选择。如果没有对食品的加工技术从加工原理和性能有一个较系统的了解、分类和研究，很可能在选择时花费大量时间，甚至走许多弯路。于是，人们提出了单元操作的概念。所谓单元操作，就是从各种不同的加工工艺中根据功能而分出的常用操作过程，如物料输送、粉碎、筛分、浓缩、干燥、分离、结晶、混合、乳化、均质、制冷、包装、杀菌等。

食品加工从某种程度上说就是在了解各基本单元操作的基础上，选择适宜的单元操作并将其联合、集成最终成为有机的加工系统，从而生产出理想的产品。本章重点介绍在食品加工过程中常用的单元操作。

PPT 课件

讲解视频

## 第一节　预处理

### 一、物料输送

在食品生产过程中，从原料进厂到成品出厂，以及生产单元各工序间，存在大量物料（如：食品原料、辅料、半成品、成品、废料、物料载盛器等）的运输问题，为了提高生产率，减轻劳动强度，均须采用各式各样输送机械来完成物料的输送任务。因此，合理地选择和使用输送机械,对生产的连续性,提高生产率和产品质量,减轻工人劳动强度等都有着重要意义。尤其是采用了先进的技术设备和实现单机自动化后,更需要将单机之间有机地衔接起来,组成自动生产流水线,特别是大工业规模化生产情况下,输送机械和设备就更必不可少。

食品工厂输送机械的作用是在一台单机中或一条生产线中,将物料按工艺要求从一个工序传送到另一个工序,有时在传送过程中对物料进行工艺操作,同时也能保证食品的卫生。因此,将食品工厂中需要的物料按生产工艺的要求从一个工作地点传送到另一个工作地点的食品输送机械是食品工厂化生产中必不可少的一类设备。

### (一)食品原辅材料的输送

运输是实现产品从原料生产领域到加工或消费领域的转移过程。食品原料大多属于鲜活易腐产品,在运输过程中,容易受到污染或发生腐败变质,从而给企业造成损失,给人们的健康带来危害。例如,鲜果鲜菜,往往具有后熟性能,在装运这些产品时,应根据其类型、特性、运输季节、距离以及产品保质储藏的要求合理选择运输工具。

苹果或柑橘等水果通常采用厢式货车从原料产地运到果汁加工企业,这时应考虑厢式货车的大小、运输时间和货车内的温度等,并对其加以控制,以保证水果在运输中温度控制在一个合理范围内。若不考虑这一点,在一个封闭的装满水果车厢内,温度很可能由于水果的呼吸作用而上升,从而导致水果的严重腐败。运载鱼、肉等易腐烂食品原辅材料时,最好采用冷藏车,鲜切果蔬和冷却肉应实行冷链运输。香料的输送应采用封闭的管道系统气流输送,可以防止芳香性物质的逸散或不同香料之间的串味。

### (二)食品加工过程中的输送

在食品加工过程中所要输送的物料种类繁多,而且各物料的性质差异很大,因此,为了达到良好的输送效果,应该根据物料性质(如:固体物料的组织结构、形状、表面状态、摩擦因数、密度、粒度大小;液体物料的黏度、成分构成等)、工艺要求、输送路线及运送位置的不同来确定适宜的输送设备。

输送机械的类型在不同场合有不同的分类方法。按传送过程的连续性分为连续式和间歇式两大类;按传送时的运动方式分为直线式和回转式,按驱动方式不同可分为机械驱动、液压驱动和电磁驱动等,按所传送的物料形态分为固体物料输送机械和流体物料输送机械。本节仅介绍其中部分典型设备在食品工厂中的应用。

#### 1. 固体物料输送机械

在食品工厂中,固体物料可能以个体(如:箱、袋、瓶、罐等)或群体(如:粉状、粒状等)形式进行输送。在输送过程中,应能够保持自身稳定的形状,在一定的压力下不会造成破损,但过大的压力可能会对物料造成损害。目前,应用较多的固体物料输送设备有带式输送机、螺旋式输送机、斗式提升机、振动输送机、悬挂输送机、电瓶车等。

带式输送机是食品工厂中应用最广泛的一种连续输送机械,用于块状、颗粒状物料及整件物料的水平方向或倾斜方向的运送,常用于清洗和预处理的操作台、连续分选、检查、包装等工序中。基本结构如图 5－1 所示。

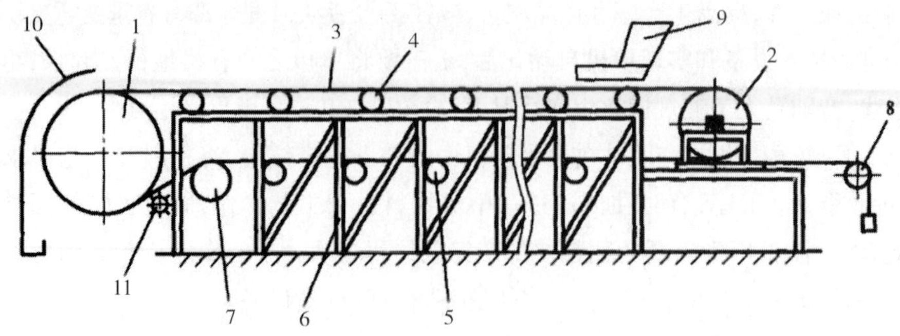


图5-1 带式输送机(肖旭霖2006)

1—驱动滚筒 2—张紧滚筒 3—输送带 4—上托辊 5—下托辊 6—机架 7—导向滚筒 8—张紧装置 9—进料斗 10—卸料装置 11—清扫装置

(1)带式输送机的工作原理:利用一根封闭的环形带,由鼓轮(驱动滚筒)带动运动,物料放在带上,靠摩擦力随带进行,输送到带的另一端(或规定位置)靠自重(或卸料器)卸下。

(2)带式输送机的主要构件:①输送带:输送带既是牵引构件,又是承载构件。它应该具备以下条件:强度高、自重轻、挠性好、吸水性小、延伸率小、输送物料的适应能力强、使用寿命长等。常用的输送带有:橡胶带、塑料带、尼龙带、各种纤维编织袋、强力锦纶带、板式带、网状钢丝带等。②驱动装置:一般由一个或若干个驱动滚筒、电机、减速器、联轴器等组成,在倾斜式输送机上还设有制动装置。驱动滚筒是传递动力的主要部件,除板式带的驱动滚筒为表面有齿的滚轮外,其他输送带的驱动滚筒通常为直径较大、表面光滑的空心滚筒,其长度略大于带宽。驱动滚筒通常为腰鼓形,即中部直径比两端直径稍大,用于自动纠正输送带的跑偏。③张紧装置:在带式输送机中,输送带具有一定的延伸性,为稳定传递动力,输送带与滚筒间需要足够的接触压力,避免出现打滑现象。张紧装置的作用就是通过保持输送带足够的张力,从而确保输送带与驱动滚筒间的接触压力,防止输送带在鼓轮上打滑。常见的张紧装置有重锤式、螺旋式和压力弹簧式等。④托辊:用于承托输送带及其上面的物料,避免作业时输送带产生过大的挠曲变形。托辊分为上托辊和下托辊,上托辊(即载运托辊)有直形和槽形(即空载托辊)两种,下托辊仅用直形。为了防止和克服输送带跑偏,每隔5~6组托辊,安装一个调整托辊,即将两侧的辊柱沿运输带运动方向前倾2°~4°安装,在带与托辊之间产生相对的滑动运动,促使输送带回复到中心位置,但是这样操作会加速输送带的磨损。⑤卸料装置:带式输送机有途中和末端卸料两种方式。末端卸料只用于松散的物料;中途卸料可用挡板,常用犁式卸料挡板,成件物品一般采用单侧卸料挡板,颗粒物料采用双侧卸料挡板。挡板与输送带纵向中心线的倾斜角通常取30°~45°,角度太大,侧向推移力小,物料不易卸出;角度太小,会增加挡板所占位置。

(3)带式输送机在食品工厂的应用:在食品工厂中,许多食品加工过程的设备,如拣选操作线、灌装线、连续干燥机、连续速冻机等,均采用带式输送装置。它结构简单,自重轻,便于制造;输送路线布置灵活,适应性强,可输送多种物料;输送强度高,输送距离长,输送能力大,能耗低;工作平稳,操作简单,安全可靠,保养检修容易,维修管理费用低。

**2. 流体物料输送设备**

液体物料输送在食品工厂各生产过程中起着重要作用,通常用泵来完成输送任务。由于食品工厂被输送的液体物料性质千差万别,如:果蔬汁液具有不同程度的腐蚀性,牛乳容易滋长微生物,糖浆黏度大,清洗环节的酸碱等。因此,为了保证食品的卫生安全,要求输送液体的管道和输送泵接触物料液的部分须采用耐腐蚀的不锈钢材料。根据不同的作用原理,输送泵可分为离心式、旋转式和往复式三类。本节介绍使用范围最广的离心泵。

(1)离心泵的结构及工作原理:离心泵属于流量泵,是目前使用范围最广的液体输送泵。它可以输送中、低黏度的溶液,也可以输送含悬浮物或有腐蚀性的溶液。离心泵主要由泵壳、叶轮、轴封装置和电动机 4 部分组成,见图 5－2。泵壳由活动与固定部分组成,两者由一个不锈钢快拆箍连接,以便快拆清洗。

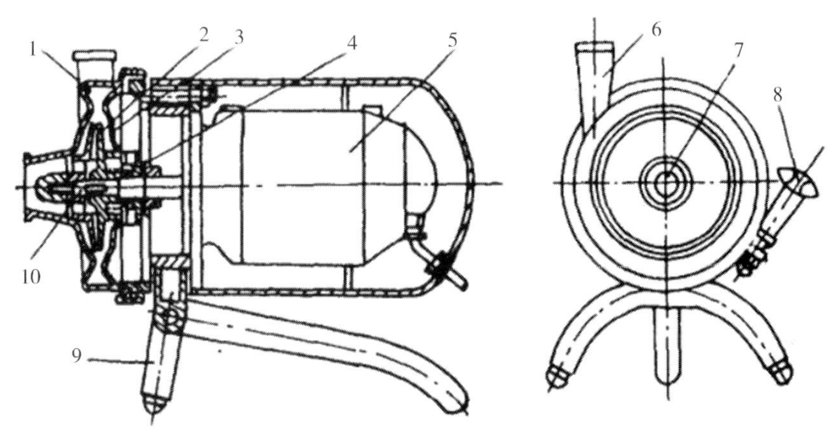


图 5－2　离心泵结构(肖旭霖　2006)

1—前泵腔　2—叶轮　3—后泵腔　4—密封装置　5—电动机　6—出料管　7—进料管　8—泵体锁紧装置　9—支承　10—主轴

离心泵启动后,当电动机带动泵轴和叶轮旋转时,叶片流道中的液体一方面随叶轮做圆周运动旋转,一方面在离心力作用下,使液体在叶片间从叶轮中心沿径向连续高速甩向叶轮外缘。液体从旋转的叶轮获得了静压能和速度能,并以较高的流速进入蜗壳形泵腔内,泵壳中流道逐渐加宽,使进入其中的液体流速逐渐降低,动能转变为静压能,使出口处压强提高后从排出口输出。与此同时,在叶轮中心处形成一定真空度,使液体不断从吸入口进入泵内,并连续将液体排出。需特别注意的是,离心泵在启动前应先向泵壳内注满被输送液体,不能空转。

(2)离心泵的主要构件:①叶轮:叶轮可将电机的机械能传给液体,以提高液体的静压能和动能。叶轮通常有 3 种类型,第一种封闭式:叶轮两侧有前盖板和后盖板,液体从叶轮中间入口进入经两盖板与叶轮片之间的流道流向叶轮边缘。该泵效率高，广泛用于输送清洁液体。第二种半封闭式：吸口侧无前盖板。第三种开式：叶轮两侧不装盖板，小型泵多采用开式叶轮。叶片少，叶片流道宽，但效率低，适合输送含杂质的液体。②轴封装置：是防止高压液体从泵壳内沿轴向外漏出，或外界空气从相反方向渗入泵壳内。常用的轴封装置有填料密封和机械密封。与填料密封相比，机械密封具有液体泄漏量小、使用寿命长、消耗功率少、结构紧凑、密封性能好的优点，对于输送食品物流的泵，采用机械密封比填料密封更好，但是机械加工复杂、精度高，安装技术严格，成本高。

## 二、净化

食品加工原料在其成熟阶段以及运输、储藏过程中可能混入了泥、砂、石、杂草及微生物等污染，因此，在加工前必须对原料进行一些预处理，否则将会影响成品质量，损害人体健康，同时净化后的原料也便于下道工序加工。

### （一）原料的分级

原料加工前，首先进行粗选，剔除霉烂及病虫害果实，对残、次及机械损伤类原料要分别加工利用。然后再按大小、成熟度及色泽等进行分级，以保证产品质量合格，均匀一致。

### （二）原料的清洗

食品原料的清洗不仅能有效去除表面的泥土、肥料、排泄物和异物等，而且可以大量去除蔬菜表面的微生物。目前，生产中常采用清洗机械来完成对原料的清洗，既提高了劳动生产率，也保证了食品原料的安全。常见的有鼓风式清洗机械、滚筒式清洗机械、刷淋式清洗机械、桨叶式清洗机械、螺旋式清洗机械、组合式清洗机等。

#### 1. 鼓风式清洗机

利用鼓风机把空气送入洗槽中，使清洗原料的水产生剧烈的翻动，空气对水的剧烈搅拌使湍急的水流冲刷物料表面将污物洗净。利用空气进行搅拌，即可加速将污物洗掉，又能使原料在剧烈的翻动下不致损伤，从而保持其完整性。因此，这类设备适合于软质原料如果蔬原料的清洗。鼓风式清洗机主要由洗槽、喷水装置、鼓风与清洗装置、物料输送机构、动力与传动机构、机架等部件组成。

#### 2. 滚筒式清洗机

借助圆形滚筒的转动，使原料在其中不断地翻转，使物料与滚筒表面、物料与物料表面之间产生相互摩擦。同时，喷射的高压水冲洗翻动的原料，以达到清洗目的。物料在清洗过程中，由于滚筒的倾斜，受重力作用从高处向低处缓慢移动，最后从出料口排出。污水和泥沙通过滚筒的网孔流入清洗机底槽，从排污口排出。该机适合清洗苹果、柑橘、橙、马铃薯等质地较硬的果蔬类物料。滚筒式清洗机主要由进料斗、出料斗、滚筒、水槽、喷水装置、传动装置和机架等组成。

**3. 刷淋式清洗机**

通过浸泡、刷洗和喷淋作用能够有效地提高清洗效果。工作时，物料从进料口进入清洗槽内，在装有毛刷的一对刷辊相对、向内旋转作用下，使物料在水的搅动而形成的涡动环境中得到清洗。同时，由于刷辊之间水流压力差作用，物料随刷辊转动而自动流入刷辊之间的间隙，实现刷洗。刷洗后的物料向上浮起，经出料翻斗沿圆弧面移动，再经过高压水喷淋冲洗，最后由出料口输出。另外，水槽中的水还能采用蒸汽直接加热。

**4. 组合式清洗机**

一个好的清洗设备通常集浸泡、喷淋、刷洗等多种功能于一体。组合式清洗机涵盖了浸泡、喷淋、脱水、干燥等这几种功能。清洗作业时，可在设备下方的浸泡槽中加入杀菌药品，用于去除农药等残留物；也可加入仲丁胺等保鲜剂。同时，也可为其他目的而进行联合作业。对于水果来说，清洗后的果实可在该设备上进行表面涂膜（又称上蜡）处理。水果经过表面涂膜处理后，在一定时期内可以减少水果的水分损耗，保持新鲜，增加光泽。涂膜方法分为浸涂法、刷涂法和喷涂法。浸涂法最简单，将涂料配成一定浓度的溶液，将果实浸入一定时间，取出晾干即可。刷膜法即用细软毛刷，蘸上涂料液或粉末涂料，然后将果实在刷子之间辗转擦刷。喷涂法是在果实清洗干燥后，借助喷雾头喷雾。

### （三）果蔬的去皮、剥壳

**1. 果蔬去皮及其设备**

水果及块根、块茎类蔬菜在加工之前，大多需要去除表皮。由于原料的种类、皮层与果肉结合的牢固程度和生产的产品不同，对原料的去皮要求也各异。果蔬去皮的基本要求是尽量做到去皮完全、彻底、原料损耗少。制造果蔬罐头时常常对果蔬表面及形状也有一定的要求，目前，果蔬加工中常用的去皮方法有机械去皮和化学去皮。

（1）机械去皮：机械去皮应用较广，按去皮原理不同可分为机械切削去皮、机械磨削去皮和机械摩擦去皮。①机械切削去皮：采用锋利的刀片削除果蔬表面皮层。它的特点是去皮速度较快，但往往不完全，且果肉损失较多，一般需用手工加以修整，难以实现完全机械化作业。适用于果大、皮薄、肉质较硬的果蔬。目前，苹果、梨、柿等常常采用机械切削去皮，常用的形式为旋皮机。旋皮机是将待去皮的水果插在能旋转的插轴上，靠近水果一侧安装（或手持）一把弯口刀，并使刀口贴在果面上。插轴旋转时，刀就从旋转的水果表面将皮削除。旋皮机插轴的转动有手摇、脚踏和电动几种动力形式。②机械磨削去皮：利用覆有磨料的工作面除去果蔬表面皮层。可高速作业，易于实现完全机械操作，所得碎皮细小，便于用水或气流清除，但去皮后表面较粗糙，适用于质地坚硬、皮薄、外形整齐的果蔬。例如，胡萝卜、马铃薯等块根类蔬菜原料的去皮。③机械摩擦去皮：利用摩擦因数大、接触面积大的工作构件产生的摩擦作用使表皮发生断裂破坏而被除去。所得产品表面质量好，碎片尺寸大，去皮死角少，但作用强度差，适用于果大、皮薄、皮下组织松散的果蔬。常见的机械摩擦去皮机是以橡胶板作为工作构件的干法去皮机。

（2）化学去皮：又称碱液去皮，即将果蔬在一定温度的碱液中处理适当的时间，果皮即被腐蚀，取出后，立即用清水冲洗或搓擦，外皮即脱落，并洗去碱液。此法适用于桃、李、杏、梨等的去皮以及橘瓣脱囊衣。桃、李、苹果等的果皮由角质、半纤维素等组成，果肉由薄壁细胞组成，果皮与果肉之间为中胶层，富含原果胶及果胶。当果蔬与碱液接触时，果皮的角质、半纤维素被碱腐蚀而变薄乃至溶解，果胶被碱水解而失去胶凝性，但果肉薄壁细胞膜具有抗碱性。因此，用碱液处理后的果实，不仅果皮容易去除，而且果肉的损伤较少，可以提高原料的利用率。但是，碱液去皮存在许多不足之处，比如，去皮后的原料营养成分发生变化，以及碱液去皮产生的废水多，尤其是产生大量含有碱液的废水。

**2. 水果去核除梗及其设备**

桃、杏、李、山楂、枣等核果类原料产量较大，这类水果加工时，去核是一项重要的预处理工序。去核工作中，要求去核后果肉损失率低、果肉完整性好。若果肉与果核分离不彻底、果肉去净率不理想，必然造成果肉损失率高；而如果去核后果肉成碎块状，则只能用于果汁饮料的加工，不能满足罐头、果脯等产品的生产要求。因此，这类原料去核时，要根据产品的最终用途，选择合适的去核机械和设备。

水果去核机按结构特点和工作部件的不同分为：切半式去核机、捅杆式去核机、打浆去核机等。体积较大的水果如桃、杏、李等，常采用切半式去核机；对于种核较小的水果如山楂、枣、樱桃等，常采用穿孔冲核的方法除核。

**3. 剥壳**

剥壳是带壳的物料如坚果、油料、谷物在加工之前的一道重要工序，壳主要由木质素、纤维素和半纤维素组成。大多数坚果、油料、谷物的壳重量占的比重较大，其营养素含量较低，加工可取成分很少，壳的存在严重地阻碍了加工过程中有效组分的提取。比如，用带壳的油料压榨或浸出取油，会降低出油率，壳中的色素和胶质转移到油中，会影响油的品质，造成精炼的困难。

**知识链接**

复杂工程问题的特征及含义

工程教育认证标准中对复杂工程问题具备的特征进行了详细描述。复杂工程问题必须具备下述特征(1)，同时具备下述特征(2)～(7)的部分或全部：

(1)必须运用深入的工程原理，经过分析才可能得到解决；

(2)涉及多方面的技术、工程和其他因素，并可能相互之间有一定的冲突；

(3)需要通过建立合适的抽象模型才能解决，在建模过程中需要体现出创造性；

(4)不是仅靠常用方法就可以完全解决的；

(5)问题中涉及的因素可能没有完全包含在专业工程实践的标准和规范中；

(6)问题相关各方利益不完全一致；

(7)具有较高的综合性，包含多个相互关联的子问题。

由上述复杂工程问题的特征可以看出，培养学生解决复杂工程问题能力的核心是对学生的工程知识提出了“学以致用”的要求。这不仅对学生本科阶段需要学习的知识结构有了明确要求，更重要的是对学生利用所学知识进行工程运用提出了更高的要求。

# 第二节　分离与混合

## 一、分离

依据食品原料的某些物理化学性质，将一种中间产品中的不同组分进行分离。表5－1为食品工业中一些常见的分离方法，本节仅讨论压榨、过滤、吸附等几种重要的分离方法。

表5－1　食品工业中常见的分离方法

| 分离方法 | 分离因子 | 分离原理 | 举例 |
|---|---|---|---|
| 机械分离 | | | |
| 沉降 | 重力 | 密度差 | 水处理 |
| 离心 | 离心力 | 密度差 | 牛奶脱脂 |
| 过滤 | 过滤介质 | 粒子大小 | 除菌、果汁澄清 |
| 压榨 | 机械力 | 压力下液体流动 | 油脂生产 |
| 平衡分离 | | | |
| 蒸发 | 热 | 蒸汽压差 | 液体浓缩 |
| 蒸馏 | 热 | 蒸汽压差 | 香气回收 |
| 结晶 | 冷却或蒸发 | 溶解度或熔点 | 冷冻食品 |
| 干燥 | 热 | 水蒸发 | 食品脱水干制 |
| 冻干 | 热 | 冻结/升华 | 食品干燥 |
| 反渗透 | 压力/膜 | 膜渗透性 | 果汁浓缩、水处理 |
| 超滤 | 压力/膜 | 膜渗透性 | 果汁澄清 |
| 浸提 | 溶剂 | 溶解度 | 油提取 |
| 吸附 | 固体吸附剂 | 吸附势 | 油脂脱色 |
| 离子交换 | 固体树脂 | 离子亲和力 | 水软化 |

### (一)压榨

压榨是通过机械压缩力将液相从液固两相混合物中分离出来的一种单元操作,在压榨过程中,液相流出而固相保留在压榨面之间。在果汁和油脂生产中,需采用压榨工艺来获得产品,或从糟粕、滤饼中将残留液体进一步分离出来。压榨过程主要包括加料、加压、保压、卸压、卸渣等工序,有时为了提高压榨效率,需对物料进行必要的预处理,如破碎、热烫、打浆、加热、酶解等。

### (二)吸附

吸附是使气体或液体流动相与多孔固体颗粒相接触,使流动相中一种或多种组分被吸附于固体表面,从而达到分离的目的。工业中多采用单位比表面积大的多孔固体颗粒作为吸附剂,比如活性炭、硅胶、吸附树脂等。

### (三)离心

离心是利用离心惯性力实现物料中固液或液液两相间以及液液固三相间的分离,常使用的是离心机。比如,从牛奶中分离奶油和植物油的精炼等都需要采用离心操作。

### (四)过滤

过滤是以某种多孔物质为介质,在外力作用下,使悬浮液中的液体通过介质的孔道,而固体颗粒被截留下来,从而实现固、液分离得到澄清液体的一种单元操作。它是分离悬浮液最普通、最有效的单元操作之一,也可用于气—固体系的分离。含有悬浮固体颗粒的液体系统称为悬浮液,含有液体微粒的液体系统称为乳浊液。过滤所用的多孔物质称为过滤介质,通过介质孔道的液体称为滤液,被截留在上游的物质称为滤饼或滤渣。过滤的操作过程一般包括过滤、洗涤、干燥、卸料四个阶段。过滤与膜分离的区别在于被分离粒子的大小不同。通常过滤用于果汁加工中的澄清工序。

### (五)膜分离

用天然或人工合成的高分子膜,以外加压力或化学位差为推动力,对双组分或多组分的溶液进行分离、分级、提纯或富集的方法,统称为膜分离法。目前,膜分离技术种类较多,主要包括渗透、反渗透、超滤、透析、电渗析等方法。反渗透主要应用于海水淡化,番茄汁、蔬菜汁、糖浆等浓缩,从酒中除去酒精,生产去离子水等方面。超滤既有筛分过滤的作用,又有选择性渗透的作用。实际上,超滤过程与反渗透过程原理相似,差异在于超滤膜孔径稍大,而反渗透的操作压力较高。

## 二、粉碎

### (一)粉碎的目的

粉碎作为食品加工前处理的一种手段,常用于制取一定粒度的制品,如盐、砂糖、咖啡等;将固体物料破碎成细小颗粒,以备进一步加工使用,如将薯类、玉米、小麦等粉碎再分离得到淀粉;将两种或两种以上的固体原料粉碎后均匀混合,制作调味粉;将固体原料经粉碎处理后,便于干燥或易于溶解。

### (二)粉碎的定义与分类

粉碎是用机械力克服固体物质内聚力使固体物料破碎的过程。简单而言,它是一种将物料颗粒尺寸变小的加工技术。在一定的粒度范围内,粉碎仅仅是改变物料的尺寸及与其他物料的混合性能。粉碎既可以使大颗粒物质变小,也能增加固体颗粒的比表面积,利于化学反应及有关单元操作的进行,对某些食品(如面粉、巧克力等的生产)的品质具有重要意义。按照颗粒的粒度变化,可将粉碎分为四类:①粗粉碎:将40~1500 mm的大颗粒物质破碎为5~50 mm的小颗粒物质。②中粉碎:将10~100 mm的较大颗粒物质磨碎为5~10 mm的细粉。③微粉碎:将5~10 mm的细粉研磨成100 μm以下的微细粉。④超微粉碎:将0.5~5 mm的微细粉研磨到10~25 μm以下的粉体。

### (三)粉碎方法

粉碎物料的过程中,所施作用力主要有挤压力、冲击力、剪切力(摩擦力)3种;按照所施力的种类和方式又可分为:①压碎:物料置于两平面间,被缓慢增加的压力粉碎。②劈开:物料在楔状刀具作用下,沿压力作用线方向劈裂。③剪切:物料在利刃剪切力(斩切)作用下被切断。④研磨:物料受运动表面的压力和摩擦力的综合作用而被研磨成细粒。⑤击碎:物料在瞬间受外加冲击力作用而被粉碎。

实际生产过程中,任何一种粉碎机都不是单纯利用某一种粉碎方式,而是综合利用两种或两种以上的粉碎方式来实现物料的粉碎。但具体类型的粉碎机,有其主要的粉碎力。

### (四)食品工业中常用的粉碎方法

#### 1. 切割粉碎

切割粉碎是利用切刀锋利的刃口,对物料做相对运动来达到切断、切碎的目的。常用于肉类、果蔬等的加工中。机械切割可使切割物料的粒(或块)度均匀,切面较光滑,能耗较少。生产中,为了使物料有一定的形状,切割机配备有对物料定位的装置。例如,为得到水果的楔形切片,常将水果强制通过沿管长作径向排列的固定刀片;为得到一定厚度的水果切片,常采用旋转切割刀将水果切成一定厚度的薄片。

绞肉机也是利用切割粉碎的一种粉碎机,见图5-3。多用于香肠、火腿肠、鱼丸、鱼酱等生产中制馅。其主要工作构件是由料斗、螺旋供料器、十字切刀、格板、固紧螺帽、电动机、传动系统及机架等组成。绞肉机的生产能力取决于十字切刀的切割能力。其工作过程是,料斗内的物料依靠重力落到变节距推送螺旋内。由于螺旋本身产生的挤压力,使得总的通道面积变小,肉料前方阻力增加,而后方又受到螺旋推挤,迫使肉料变形从格板孔眼中前移。这时旋转的十字切刀紧贴格板把进入格板孔眼中的肉料切断。被切断的肉料由于后面肉料的推挤,从格板孔眼中挤出。

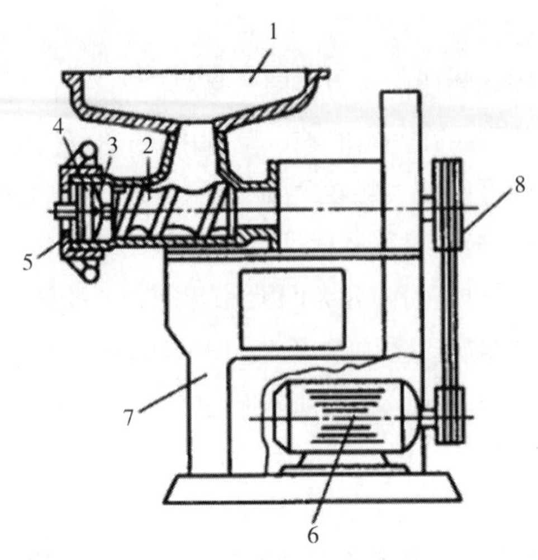


图 5-3 绞肉机(肖旭霖 2006)

1—料斗 2—螺旋供料器 3—十字切刀 4—格板 5—紧固螺帽 6—电机 7—机身 8—传动系统

**2. 磨介式粉碎**

磨介式粉碎是借助研磨介质在运转中产生冲击、研磨、摩擦等作用力,使物料粉碎的过程。典型的设备是传统的球磨机。按照筒轴线方向可分为立式行星磨和卧式行星磨两种形式。其工作原理是:在旋转的圆周上,装有 4 个既随转盘公转又做高速自转的球磨罐。球磨罐被安装在一竖直平面放置的大盘上作行星运动。在这种运动过程中,球磨罐没有固定的底面,罐内磨球和磨料在竖直平面内受到公转离心力、自转离心力、重力三个力的共同作用。在球磨罐高速公转加自转的作用下,球磨罐内研磨球在惯性力的作用下对物料形成很大的高频冲击、摩擦力,对物料进行快速细磨。在机器旋转时,罐内各点所受力的大小与方向都在不断变化,运动轨迹杂乱无章,这就使得磨球与磨料在高速运转中相互之间猛烈碰撞、挤压,大大提高了研磨效率和研磨效果。

## 三、混合

混合是使两种或两种以上不同的物质从不均匀状态通过搅拌或其他手段达到相对均匀状态的过程,它是食品加工工艺过程中不可缺少的单元操作之一。混合也常作为吸附、溶解、离子交换等分离操作单元的辅助工序,其目的在于使物料之间有充分的接触,便于下个工序的操作。所得混合料通常由固体与固体、固体与液体、液体与液体等物料构成。例如饮料、乳制品的配制,糖果、糕饼原料的配制,属于固—固混合;将某些成分如维生素、糖、矿物质等添加到食品中的操作则为固—液混合,比如婴儿配方奶粉的生产。一般而言,以液体为主的物料的混合叫作搅拌,以干物料为主的固体物料的混合称为混合,以黏稠团块物料为主的混合称为捏合。混合的目的包括获得均匀的混合料、强化热交换过程、增强物理和化学反应等。

### (一)混合原理

搅拌混合的原理可归纳为以下三类。

#### 1. 对流混合

对流混合又称体积混合或移动混合,用于互不相容组分的机械混合,使得物料从一处向另一处做相对群体流动,位置发生转移。对流混合的作用区域大,混合速度快,但是混合的均匀度和精度较低,一般粉料和液料大都属于这种混合方式。

#### 2. 剪切混合

剪切混合是指物料群体中的粒子因对流形成剪切面的滑移和在此剪切面上的冲撞和嵌入作用,引起局部混合,称为剪切混合。主要存在于高黏稠度物料如面团和糖蜜等的混合过程中。在剪切混合中,物料组分被拉成越来越薄的料层,使料层表面出现裂纹,产生层流流动,达到局部混合。挤压膨化机和绞肉机中的物料在螺杆作用下产生强烈的剪切混合。这种混合方式的作用区域较小,只发生于剪切面上及其附近,因此混合精度高,但是混合的速度较慢。

#### 3. 扩散混合

扩散混合是指互溶组分(固体与液体、液体与气体、液体与液体等)中存在的以扩散为主的混合现象。在混合过程中,物料有一个由对流混合到扩散混合的过渡,主要取决于分散尺度的大小。事实上,物料在混合机中往往以上三种混合机理同时存在,但是由于设备不同、物料组分不同以及混合阶段不同,常常是某一种混合方式占主导地位。

### (二)混合机械设备

#### 1. 液体搅拌器

对物料进行搅拌的目的:一是获得多种液体成分构成的均匀混合液;二是加速溶解或分散的过程;三是使受加热或冷却处理的液体内形成对流和涡流,强化热交换过程并避免局部过热。在食品加工中最常用的是机械式搅拌器,是由搅拌器、贮液槽、电动机及其他辅助部件组成的搅拌机。

#### 2. 粉体混合机

颗粒或粉状固体的混合主要靠其流动性,粉体混合机是将两种或两种以上的粉料通过其流动作用,使之成为组分浓度均匀的混合物的机械。在食品加工中,粉体混合机常用于谷物的混合、面粉的混合、汤粉的制造及速溶饮料的制造中等。在粉体混合过程中,基本存在对流、剪切和扩散三种混合方式。混合的方法通常有两种,一种是容器本身旋转,使容器内的混合物料产生翻滚达到混合的目的;另一种是利用容器和一个或一个以上的旋转混合元件,利用混合元件把物料从容器底部移送到上部,而物料被移送后的空间又能够由上部物料自身的重力降落来补充,以此达到混合的目的。常见的有卧式螺旋环带混合机和行星锥形混合机等。

#### 3. 均质机

均质机属于食品的精细加工机械,往往和物料的混合、搅拌及乳化机械配套使用。食品工业中常采用的均质机械有胶体磨和高压均质机。它是将两种通常互不相溶的液体(颗粒比较粗大的乳浊液或悬浮液)进行密切混合,使一种液体或胶体颗粒粉碎成为小球滴而后分散在另一种液体中,获得粒子很小且均匀一致的混合料液(颗粒细微的稳定的乳浊液或悬浮液)的过程。均质即可作为最终产品的加工手段,又可作为中间的处理单元。例如,均质处理可以防止液体乳中的脂肪上浮、获得质地细腻的冰激凌和提高浑浊果汁的稳定性等。其原理包含冲击、剪切、空穴等学说。

### 四、乳化

乳化是将两种通常不互溶的液体进行密切混合的一种特殊的液体混合操作,它包含了混合和均质。理论上讲,它是一种液体以微小球滴或固型微粒子均匀分散在另一种液体之中,这种现象称为乳化,所得到的产品称为乳化液。

将油和水搅拌时,由于剪切等作用,使得界面被不断分裂破坏,界面面积急剧增大,界面能形成极大的力,聚结的速度也急剧加快。由于乳化剂具有表面活性,它向油—水界面吸附,使界面能降低,防止油或水恢复原状。此外,因乳化剂分子膜将液滴包住,可防止碰撞的液滴彼此又合并,同时形成表面双电层,当两个液滴相互接近时,因电的相斥作用防止凝聚。乳化剂的这种作用使原热力学不稳定体系的乳液可以保持相对稳定的状态。

乳化液形成有两种方法:①凝聚法:是将呈分子状态分散的液体凝聚成适当大小的液滴的方法。②分散法:是将一种液体加到另一种液体中同时进行强烈搅拌而生成乳化分散物的方法。食品工业中,一般使用分散法,除了使用强烈的机械微粒化外,一般还需配合添加乳化剂和稳定剂。

乳化剂是指能够改善乳化体系中各种组分之间的表面张力,从而提高整个体系稳定性的一种食品添加剂。乳化剂的亲水亲油值(HLB 值)不同,其作用也不同。HLB 值在 1.0 ~ 3.0 的乳化剂,在水中不分散,具有消泡作用;HLB 值在 3.0 ~ 6.0 的乳化剂为油溶性乳化剂,在水中稍可分散;HLB 值在 7.0 ~ 9.0 的乳化剂,具有湿润作用;HLB 值在 8 ~ 10 的乳化剂为水溶性乳化剂,搅拌下分散于水成乳状液;HLB 值在 13 ~ 15 的乳化剂,具有清洗作用;HLB 值在 15 ~ 18 的乳化剂,具有助溶作用,可用作增溶剂。在实际应用中,应该选择合适的乳化剂,并与增稠剂等配合使用,以提高稳定作用。

## 第三节　浓缩与干燥

### 一、浓缩

#### (一)浓缩原理及目的

浓缩是从溶液中除去部分溶剂的单元操作,使溶质和溶剂达到分离的过程。从原理上可分为平衡浓缩和非平衡浓缩,前者是利用两相在分配上的某种差异而获得溶质和溶剂分离的方法,比如蒸发、结晶和冷冻浓缩。

食品进行浓缩的目的在于,除去食品中的水分,减少包装、运输和储藏的费用;提高制品的浓度,延长货架期;作为干燥或结晶操作的前处理过程。

### (二)浓缩方法

#### 1. 蒸发

蒸发是食品工业中应用最为广泛的浓缩方法之一。蒸发是液体表面汽化的过程,可在任何温度下发生。在工业生产中,一般需要加热,可以在低于沸点时蒸发,也可以在沸点时进行沸腾蒸发。然而,有的液体在沸点或低于沸点时会氧化或分解,需要进行减压蒸发(即真空蒸发)。真空蒸发有利于热敏性物质的保存,但是要求蒸发系统配置减压装置,使系统的投资和操作费用增加。

#### 2. 结晶

(1)结晶过程:是溶质从溶液中析出的过程,可分为晶核生成和晶体生长两个阶段。①晶核生成:晶核的生产有三种形式,即初级均相成核、初级非均相成核及二次成核。在过饱和溶液中,溶液自发产生晶核的过程,称为初级均相成核;溶液在外来物(如大气中的微尘)的诱导下生成晶核的过程,称为初级非均相成核;在已有晶体存在的条件下产生晶核的过程,称为二次成核。二次成核也属于非均相成核过程,它是在晶体之间或晶体与其他固体(器壁、搅拌器等)碰撞时所产生的微小晶粒的诱导下发生的。②晶体成长:在过饱和溶液中已有晶体形成或加入晶体后,以过饱和度为推动力,溶质质点会继续一层层地在晶体表面有序排列,晶体将长大,此过程称为晶体成长。一般分为三个步骤:首先,带结晶溶质借扩散作用穿过靠近晶体表面的静止液层,从溶液中转移至晶体表面;然后,到达晶体表面的溶质嵌入晶面,使晶体长大,同时放出结晶热;最后,放出来的结晶热传导至溶液中。

(2)结晶方法与设备:结晶的方法一般有两种:①蒸发溶剂法:是以蒸发方式造成溶液过饱和的结晶方法,适用于温度对溶解度影响不大的物质,所用的设备称为蒸发式结晶器。比如沿海地区的“晒盐”就是利用这种方法。②冷却热饱和溶液法:可分为直接冷却法和真空冷却结晶法两种。直接冷却法是指用单纯的冷却方式造成溶液过饱和的结晶方法,此法没有明显的蒸发,适用于溶解度随温度的升高而显著增大的物质,采用设备为冷却式结晶器。比如,北方地区的盐湖,夏季温度高,湖面上无晶体出现;而到冬季,气温降低,石碱、芒硝等物质就从盐湖里结晶出来。真空冷却结晶法是使溶剂在真空下闪蒸而使溶液绝热冷却的方法,此法适用于具有正溶解度特性而溶解度随温度变化中等的物质,采用设备为真空式结晶器。

(3)影响结晶过程的因素:对结晶操作的要求是制取纯净而又有一定粒度分布的晶体。因此,晶核生成速率、晶体生长速率及晶体在结晶器中的平均停留时间对晶体产品的粒度及其分布具有重要的影响。另外,结晶溶剂的选择、冷却温度的控制及搅拌过程的控制等都会对结晶产生影响。

**3. 冷冻浓缩**

是近年来发展迅速的一种浓缩方式，是在低温常压下利用冰与水溶液之间的固液相平衡原理的一种浓缩方法，较适用于热敏性食品的浓缩。具有可阻止不良化学变化和生物化学变化及风味、香气和营养损失小等优点。然而，由于冷冻浓缩本身不具有杀菌灭酶的作用，因此浓缩制品必须冻藏或再加热处理，才能保藏。

（1）冷冻浓缩原理：当水溶液中所含溶质浓度低于共溶浓度时，溶液被冷却后，水（溶剂）便形成冰晶析出，剩余溶液的溶质浓度则由于冰晶数量和冷冻次数的增加而大大提高，其过程包括如下三步：结晶（冰晶的形成）、重结晶（冰晶的成长）、分离（冰晶与液相分开）。

（2）冷冻浓缩方式：①直接接触冷冻浓缩：冷冻溶液产生冰晶的最简单和最有效的一种方法是让制冷剂（如氟利昂、$CO_2$、液氮等）在通过被浓缩食品时直接汽化。制冷剂直接接触所引起的制冷效果会促使冰晶形成。但是，制冷剂会直接扩散到食品中，导致食品风味的损失，因此，采用直接接触冷冻浓缩获得的食品内在质量不好。②间接接触冷冻浓缩：要求制冷剂在金属壁的一侧汽化或流动，使另一侧或热交换表面的食品被冷冻。采用这种浓缩方式，可保持食品原有的风味和香味，但是，必须小心控制冷凝速度，以使冰晶的形成和生长达到最佳。

## 二、干燥

### （一）干燥作用及原理

食品原料或半成品中含水分过多不仅增加运输费，且因使微生物活跃引发腐败或缩短保存期，故常要经干燥降低水分。水分活度是直接关系食品保藏性能的指标，是指食品表面的水蒸气压与同温度下纯水的饱和蒸汽压之比。当水分活度大于0.95时，微生物繁殖很快，低于此值，繁殖就会受到抑制；等于或低于0.7，微生物的繁殖或其他生命活动几乎停止。

物料中的水分根据其在物料中与非水物的结合程度通常分为：构成水、邻近水、多层水和体相水。构成水和邻近水之和总称为单分子水，其蒸发、冻结、转移和溶剂能力均可忽略，也不能被微生物利用。它不可能用一般的干燥方法除掉，要除去这部分水分不但需耗用很大的能量，而且当这种水分被脱除后，必然会引起物料物理性质的变化。因此干燥时不需要也不应该除去这部分水。多层水可被蒸发，但蒸发时需吸收较多热量，且用一般的干燥方法难以完全脱除。体相水也称之为自由水，蒸发时吸收的热量与纯水近似，和普通水一样，可作为溶剂，用一般的干燥方法去除的主要就是这部分水。

干燥是指在自然条件或人工控制条件下脱除物料中水分的过程，是一种古老的单元操作之一，广泛应用于农业、食品、化工、医药等众多领域。干燥过程实质上就是物料的失水过程。干燥是利用物料内部水分不断向外表面扩散和表面水分不断蒸发来实现的。一般来说，内部扩散与外部蒸发同时发生，但两者的速度不一定时时相等。当扩散速度大于蒸发速度时，蒸发速度的快慢对干燥过程起着控制作用；反之，当蒸发速度大于扩散速度时，扩散速度的大小对干燥过程起着控制作用,称内部控制。合理的干燥工艺应该是使内部扩散速度等于或接近等于外部蒸发速度。

### (二)干燥方法

干燥在食品工业中应用普遍,例如果蔬的干制、奶粉、酵母、麦芽、砂糖等的生产都离不开干燥。现代食品物料的干燥方法很多,常见的有热风干燥、喷雾干燥、真空干燥、冷冻干燥、红外干燥、微波干燥等,还有相继出现的两种或多种干燥技术相联合的组合干燥等。在实际生产过程中,常根据物料及其水分的性质、干燥介质的性质及其与物料的接触方式等因素来选择适宜的干燥方法。

#### 1. 热风干燥

热风干燥是最常见的食品干燥方法,以热空气为干燥介质,自然或强制地对流循环的方式与食品进行湿热交换,物料表面上的水分被汽化,使得物料内部和表面之间产生水分梯度差,使得物料内部的水分以气态或液态的形式向表面扩散。由于干燥介质是采用大气压下的空气,其温湿度容易控制,只要控制进口空气的温度,就可使食品物料免遭高温破坏的危险。采用这种干燥方法时,许多食品都会出现恒速干燥阶段和降速干燥阶段。热风干燥分为气流干燥法、流化床干燥法、喷雾干燥法等。

#### 2. 冷冻干燥

冷冻干燥是在高真空条件下,将冻结物料内的冰不经过融化直接升华为蒸汽,故冷冻干燥又称为冷冻升华干燥。

食品物料冷冻干燥时首先要将食品冻结,在冷冻过程中形成的冰晶体大小对干燥的影响很大。缓慢冻结时形成的冰晶体大,当升华时,就会立即留下多孔性通道,使水蒸气容易扩散,干燥速度快,但大冰晶会引起细胞膜和蛋白质变性,降低物料干制品的弹性和持水性。因此,冻结速度越快,物料内形成的冰晶体越小,升华时,空隙越小,干制品具有较好的复原性,但是干燥时不利于水蒸气的扩散,花费干燥时间长。冷冻干燥设备与一般常见的真空干燥机类似,但配有在真空度极低条件下保证冻结物料顺利地进行干燥的特殊设施,如制冷机及其冷凝器。因此,冻干技术更适合加工高附加值的食品原料、需要保持活性物质、高品质的食品,如水果、蔬菜、菇类、花粉等。

### (三)食品干燥方法的选择

生产过程中,选择干燥方法时,通常要综合考虑干燥物料的种类、干制品的品质要求及干燥加工的成本并结合物料的形状以及它的分散性、水分含量、表面张力、黏附性能、热敏性以及其在干燥过程中的主要变化等来决定。干燥方法不同,最终的干制品质量相差较大。因此,干燥品的质量要求通常是选择干燥方法的主要依据。一般而言,所采用的干燥方法应具有干燥时间尽量最短、生产过程能耗低、生产费用少而产品品质最好、对原有营养成分损失少等优势。比如,水果橙汁和淀粉干制所选择的干燥方法不一样,橙汁粉的价格昂贵,而且干燥过程中易受热损害,所以橙汁粉的干燥应采用低温或真空干燥。

### (四)物料在干燥过程中的变化

物料在干燥过程中,由于温度的升高、水分的去除,必然引发一系列的物理和化学变化。这些变化直接关系到干制品的质量和对储藏条件的要求,而且不同的干燥工艺变化程度也有差别。

#### 1. 物理变化

食品物料在干燥过程中发生的物理变化主要有:

(1)体积减小、重量减轻:一般新鲜原料干制后体积为原来的20% ~35%,重量为原来的6% ~20%,利于保藏和运输。

(2)表面变形:物料在干燥过程中不对称收缩引起变形翘曲、干缩、干裂。干缩是物料失去弹性的一种表现,是食品干制时最常见、最显著的变化之一。

(3)硬化、难以复水:表面硬化是物料表面收缩和封闭的一种特殊现象。尤其是一些含有高浓度糖分和可溶性物质的食品中最容易出现表面硬化,是由于干燥过程中,物料表面温度很高,导致内部水分未能及时转移至物料表面,从而使表面迅速形成一层干燥薄膜或干硬膜。这种干硬膜的出现使得大部分残留水分保留在食品内,同时也降低了干燥速率。

(4)多孔性:食品物料在快速干燥时,伴随物料表面的硬化,其内部蒸汽压也迅速升高,促使物料形成多孔性的结构。膨化马铃薯片正是利用外逸的蒸汽来促使其发生膨化。多孔性的食品具有能迅速复水或溶解的优越性。

(5)溶质的迁移:在食品物料所含的水分中,一般都有溶解于其中的溶质如糖类、盐、酸、可溶性含氮物等。在干燥过程中,物料内部水分在向外部迁移时,可溶性溶质也随之向表面迁移。当溶液到达表面后,水分汽化逸出,溶质的浓度增加。在干燥速率较快时,溶质有可能堆积在物料表面,出现结晶析出的现象,或者成为干胶状导致形成干硬膜,堵塞毛孔而降低脱水速度。如果干燥速率较低,当靠近表层的溶质浓度升高时,溶质借助浓度差的推动力又可重新向物料的中心层扩散,使溶质在物料内部重新趋于均布。因此,可溶性溶质在干燥物料中的均匀分布程度与干燥工艺条件相关。

#### 2. 化学变化

物料在干燥过程中化学变化复杂,这些变化对干制品及其复水后的品质如色泽、风味、质地、黏度、复水率、营养价值和储藏期都有影响,其中最重要的变化是颜色变化、营养成分损失和风味的改变。

(1)颜色变化:食品的色泽随物料本身的物化性质而改变,干燥会改变食品的物化特性,使其反射、散射、吸收、传递可见光的能力发生变化,从而改变食品的色泽。食品中的天然色素包括花青素、类胡萝卜素、叶绿素、血红素等,这些色素对光、热等条件不稳定,易受加工条件的影响而发生变化,从而使食品色泽发生改变。比如发生在果蔬的干燥过程中的褐变现象,可分为酶促褐变和非酶褐变。

酶促褐变:是由于被切分后的果蔬,组织细胞被打破,其中含有的酚类化合物,在氧化酶和过氧化物酶的作用下发生氧化反应,生成醌类物质,再经一系列变化最后生成褐色物质(黑色素)。这种酶促褐变给干制品外观品质带来了不良后果,生产中常采用热烫、添加化学物质、抽空等预处理方法来解决。

非酶褐变:果蔬干燥过程中也会发生非酶褐变反应,主要包括以下三种。

a.美拉德反应:主要指还原糖和游离氨基酸或蛋白质链上氨基酸残基的游离残基发生的化学反应,故简称羰氨反应。该反应是食品在加热或长期储存时发生褐变的主要原因,反应产物中除了色素变化之外,还有风味和香气物质的改变。参加美拉德反应的只有还原糖,果蔬中氨基酸含量越高,反应生成的类黑色素越多。

b.糖的焦糖化:指糖分首先分解成各种羰基中间产物,然后再聚合反应生成褐色聚合物。

c.色素变色:果蔬中大都含有色彩丰富的色素物质,主要包括4类色素,即叶绿素、胡萝卜素、叶黄素和花青素。其中叶绿素和花青素不稳定,容易变色,如绿色果蔬在酸性和加热条件下,其富含的叶绿素容易脱镁,生成暗褐色的脱镁叶绿素;胡萝卜素和叶黄素较稳定,不易变色。

(2)营养成分损失:食品干燥去除水分,每单位质量干制食品中营养成分如蛋白质、脂肪和碳水化合物等的含量反而增加。食品物料在干燥过程中,矿物质和蛋白质则较相对比较稳定;糖类和维生素损失较多,其中维生素C被破坏最快。

蛋白质:蛋白质对高温敏感,高温下易变性降解,促使氨基酸和还原糖发生美拉德反应,形成褐色物质。另外,干燥过程中的高温,可能破坏蛋白质空间结构稳定的氢键、二硫键、疏水相互作用等,引起蛋白质的变性,产生硫味。

脂肪:高温干燥时脂肪氧化比低温时严重得多,因此,干燥含脂肪较多的物料时,应考虑添加一定量的抗氧化剂。比如,方便面加工中,事先添加抗氧化剂可以有效抑制脂肪的氧化。

糖类:果蔬中含有较多的碳水化合物,高温下这些物料易发生焦化,也会影响果蔬干制品的质地。而且,葡萄糖、果糖等不稳定,在高温长时间的条件下,易分解发生损失。

维生素类:水溶性维生素如维生素C和部分B族维生素容易发生氧化而损失掉,干制前的物料预处理条件及选用的脱水干燥方法对物料中维生素的含量有密切关系。例如,乳制品中维生素含量取决于其在原料乳内的含量及其在加工中可能保存的量。采用滚筒或喷雾干燥可较好地保存维生素A,但维生素C对热不稳定又易氧化,故在干制中会全部损失掉。如果选用升华和真空干燥,则可较好地保存维生素C。

(3)风味:在干燥过程中,食品物料中的挥发性成分比水更易发生逸散损失,因为醇类、酯类、醛类等的沸点更低。因此,干制品的风味物质比新鲜制品要少,而且可能还会产生一些特殊的蒸煮味。迄今为止,要完全阻止风味物质的逸散是几乎不现实的,通常采用三种方法来防止挥发性物质的损失:一是芳香物质的回收,即通过在干燥设备中增加冷凝回收装置,回收或冷凝外逸的蒸汽,再添加到干制食品中,从而尽可能地保存其原有的风味。也可从其他来源取得香精或风味制剂以弥补成品中风味的损耗,比如浓缩苹果汁生产线的浓缩环节,常配备有香气物质的回收精馏塔。二是采用低温干燥以减少香气物质的挥发。三是在干燥前预先添加包埋物质如树胶等(微胶囊技术),首先将风味物质包埋、固定,从而减少挥发性物质的逸散。

## 第四节　加热与冷冻

### 一、加热

在食品生产过程中,常常采用加热处理。其主要目的是降低微生物和酶的活性,达到对食品进行杀菌的目的,称之为保藏热处理;其二是转化热处理,比如加热过程中出现的物理特性变化(面团转化为面包)。

#### (一)热杀菌原理

热处理杀菌是食品工业最有效、最经济、最简便,也是使用最广泛的杀菌方法,同时也成为用其他杀菌方法评价杀菌效果的基本参照。一般来说,达到杀菌要求的热处理强度足以钝化食品中的酶活性。但是,热处理也会造成食品的色香味、质构及营养成分等质量因素的不良变化。因此,生产中要求热杀菌处理既要达到杀菌及钝化酶活性的要求,又要尽可能减少食品的质量因素发生变化。

#### (二)热杀菌温度

在微生物生长温度以上的温度就可以导致微生物的死亡。显然,微生物的种类不同,其最低热致死温度也不同。对于规定种类、规定数量的微生物,确定某一个温度后,微生物的死亡就取决于在这个温度下维持的时间。如对枯草杆菌的试验数据表明,提高温度可以减少致死时间(表5-2)。

**表5-2　杀菌温度与致死时间**

| 温度/℃ | 100 | 105 | 110 | 115 | 120 | 125 |
|---|---|---|---|---|---|---|
| 致死时间/min | 124 | 110 | 80 | 70 | 40 | 30 |

#### (三)热杀菌技术

**1. 商业杀菌**

经过商业杀菌的产品俗称“罐头”,采用罐头来保藏的食品称为罐藏食品。是把食品置于罐、瓶或复合薄膜袋中,密封后加热杀菌,借助容器防止外界微生物的入侵,达到在自然温度下长期存放的一种保藏方法。

罐头食品的生产过程由预处理(包括拣选、清洗、去皮核、修整、预煮、漂洗、分级、切割、调味、抽空等工序)、装罐、排气、密封、杀菌、冷却和后处理(包括保温、擦罐、贴标、装箱、仓储、运输)等工序组成。预处理的工序组合可根据产品和原料而有所不同,但是排气、密封和杀菌是罐藏食品必需和特有的工序。

(1)排气:即密封前将罐内空气尽可能除去的处理措施。主要的目的在于降低杀菌时罐内压力,防止罐体变形、裂罐、胀袋等现象;同时也起到防止好氧性微生物的生长。常见的排气方法有热灌装法、加热排气法、喷蒸汽排气法和真空排气法。

(2)密封:根据罐的材质不同,采取的密封方式也不尽相同。对金属罐密封时,在封口机械的作用下,罐盖和罐身的边沿分别形成罐盖钩和罐身钩,并相互钩合和贴紧,形成的卷边结构称为“二重卷边”。对于玻璃瓶罐进行密封时,将瓶口和适当的瓶盖进行旋紧配合,借此形成良好的密封。按照瓶口和瓶盖的结合情况,玻璃瓶的密封有卷封、旋封和套封。复合薄膜袋进行密封时,采用热熔密封原理,通过电加热及加压、冷却,是塑料薄膜之间熔融黏结而密封,两层透明袋的热熔封口温度为160～180℃,三层或四层不透明袋设定为180～220℃。

(3)杀菌:常采用的杀菌方式有常压水杀菌、高压蒸汽杀菌、高压水杀菌、无菌装罐等。商业杀菌系统有很多不同的类型,主要的有间歇式或静止式杀菌锅、连续式杀菌锅系统、无笼杀菌锅、常压连续回转式杀菌锅、静水压杀菌器等。

**2. 巴氏杀菌**

巴氏杀菌是一种温和的热处理过程,主要用于液体食品,最经典的巴氏杀菌过程是液体乳的热处理。进行巴氏杀菌的目的:钝化可能造成产品变质的酶类物质,杀灭食品物料中可能存在的致病菌营养细胞。

**3. 热烫**

热烫应用于水果和蔬菜等固体食品物料,主要目的是钝化食品中的酶类,也可减少残留在产品表面的微生物营养细胞,驱除水果或蔬菜细胞间的空气。热烫通常采用两种类型的加热介质,热水和热蒸汽,现在也有采用组合式热烫的处理技术。

### (四)热杀菌与产品质量

一般认为任何热杀菌过程都会降低食品的营养价值和质量特性。强烈的商业杀菌过程会造成产品质量特性的显著改变,并且这些变化通常弊大于利。

**1. 商业杀菌对产品质量的影响**

首先,商业杀菌对食品的色泽造成一定的影响,因为这些色素是热敏性物质,其色度会因热杀菌过程而降低。其次,热杀菌过程会对食品的风味造成负面影响,通常涉及产品中蛋白质结构的变化、淀粉或其他碳水化合物的变化以及脂肪成分的变化。热杀菌对这些产品组分的影响有时会产生消费者难以接受的异味。此外,商业杀菌也影响到食品的质构或黏度,果蔬组织因热处理造成的细胞破裂,使得组织质地发生软化。质构上的这些变化在有些情况下是有利的,但在多数情况下不利于产品质量。热杀菌对质构产生的积极例子如肉类加工,热处理使肉制品更加软嫩,口感更好。热杀菌对液体食品的黏度影响取决于食品的组成,多数情况下,高温可降低产品黏度,而对于富含淀粉的食品,热杀菌可导致产品的黏度增加。

### 2. 巴氏杀菌与产品质量

巴氏杀菌属于相对温和的热杀菌方式，但也会对芳香风味物质造成影响，对牛乳、果汁等产品中热敏性维生素的损失影响显著。目前，在乳制品行业普遍采用的“超高温瞬时（UHT）”技术（用喷射蒸汽加热液态食品物料，使温度迅速上升到120℃甚至更高，经过少于1 min的恒温，再闪蒸冷却到较低的温度）进行巴氏杀菌处理，不仅对食品成分影响小，还可以显著减少微生物的数量，延长货架期。

### 3. 热烫与食品质量

热烫对产品质量的影响与巴氏杀菌相似。果蔬中的芳香物质是热敏性的，在热烫后会有损失，其中的呈味物质如糖和酸等，虽是低热敏性的，但极易在热烫过程中流失到加热的介质中。果蔬中的大多数色素是热敏性的，因此在热烫后色度会降低，质构也会受到热烫处理的影响而发生软化效果。

## 二、冷冻

冷冻是采用降低温度的方式对食品进行加工和保藏的过程。一般而言，将温度在0～8℃的加工称为冷却或冷藏，温度在－1℃以下的加工称为冻结或冻藏。经过冷冻加工的食品统称为冷冻食品。在现代的食品工业中，从食品原料、成品、运输到消费，几乎所有的食品都会有一到两个环节需要冷却或冷冻的步骤。

### （一）食品冷冻保藏原理

食品冷冻保藏是利用低温控制微生物生长繁殖和酶活动的一种方法。微生物的繁殖和生长都有一定的温度范围，温度越低，它们的活动能力也越弱，所以低温就能减缓微生物生长和繁殖的速度。当温度降低到其最低生长点时，微生物就表现出停止生长，并出现死亡。低温对微生物的这种抑制作用可用于延长食品的货架期，达到保藏的目的。但是，也有一些微生物的生命功能旺盛，当其处于比它们的最低生长温度还要低的温度时，仍然保持缓慢的新陈代谢，可维持生存，当温度一旦恢复到适宜条件后，则微生物就再度生长并恢复正常代谢活动。

低温对酶的活性也有很大影响，大多数酶的适应活动温度为30～40℃，低温可抑制酶的活性。但是，低温对酶并不起完全的抑制作用，酶仍能保持部分活性，因而酶的催化活性并未停止，只是进行得非常缓慢而已。

### （二）食品的冷藏

影响冷藏食品品质的主要因素有冷藏温度、相对湿度和空气流速等。这些冷藏参数与食品种类、储藏期的长短和包装形式密切相关。

#### 1. 影响冷藏的因素

（1）冷藏温度：冷藏温度不仅指冷库内的空气温度，更重要的是指食品温度。比如鲜梨的适宜冷藏温度为1.1℃，如果将冷库内的温度提高到4℃并保持10 d，则它的储藏期将缩短7～10 d；如果将冷库内的温度降低到－2.2℃以下，鲜梨就会发生冷害，因冻结而不宜食用。因此，在保证食品物料不至于冻结的情况下，冷藏温度越接近冻结温度则储藏期就越长。但是，对于那些会发生冷害的果蔬，比如香蕉、番茄、黄瓜、马铃薯等，它们的冷藏温度必须按各自情况而定。所以，食品物料的冻结温度对选择合适的冷藏温度至关重要。以葡萄为例，过去采用 1.1℃的冷藏温度，自从发现其冻结温度为 −2.8℃后，就普遍采用更低一点的冷藏温度保鲜，使得葡萄的储藏期约延长了 2 个月的时间。

(2)空气相对湿度及其流速：冷库中空气相对湿度对食品的储藏期有直接的影响，既不能过干也不宜过湿。当空气湿度较高时，在低温的食品表面就会产生冷凝水分，冷凝水过多，会造成食品发霉，容易腐烂。当空气湿度较低时，食品中的水分会迅速蒸发，导致失水萎缩。大多数水果的适宜相对湿度应保持在 85% ~90%，蔬菜类的适宜相对湿度可高至 90% ~95%，而坚果类在 70% 的相对湿度条件下就可保存完好。干态颗粒食品(如奶粉、蛋粉、水果粉、咖啡等)的低温冷藏必须在非常干燥的空气中储藏，如果没有采用不透蒸汽的包装材料包装，并在大于 50% 相对湿度中储藏时，这些食品水分在大于 5% 时就会结块。

冷库中的空气流速也极为重要，空气流速越大，食品和空气间的蒸汽压差就随之增大，食品水分的蒸发率也相应增大。只有在相对湿度较高和空气流速较低时，才会使水分的损耗降到最低的程度。为了及时将食品产生的热量(呼吸作用或生化反应生产的热量)和外界渗入库内的热量带走，并维持库内温度均匀分布，冷库仍应保持有最低速度的空气循环，这样冷藏中食品的脱水干缩现象就可能降至最低。

**2. 食品冷藏时的变化**

由于植物性原料、动物性原料及各类加工制品的性质不同，组分不同，导致食品在冷藏时所发生的变化也不一样。所发生的变化除了肉类在冷藏过程中的成熟作用外，其他的变化均会使食品的品质下降。生产中对于易发生变化的新鲜果蔬及鲜活鱼类，常采用合适的包装或冷藏结合气调等方式来进行储藏。

(1)水分蒸发：食品在冷藏时，温度下降，食品中所含汁液的浓度增加，表面水分蒸发，出现干燥现象。当食品中水分减少后，不仅造成干耗，而且使果蔬类食品失去新鲜饱满的外观，出现明显的凋萎；肉的表面会出现收缩、硬化，形成干燥皮膜，影响肉的外观品质。

(2)冷害：是指某些果蔬类原料在冷藏时，虽然库内温度在冻结点以上，但当储藏温度低于某一温度界限时，果蔬的正常生理机能受到障碍，失去平衡的现象。比如香蕉的适宜储藏温度为 12℃左右，如果储藏温度低于该界限温度时，就会发生果皮变黑的现象。

(3)脂类变化：冷藏过程中，食品中所含的油脂类成分会发生水解，脂肪酸会发生氧化、聚合等复杂的变化，同时使食品的风味变差，出现酸败、变色、发黏等现象。

(4)淀粉老化：普通的淀粉约由 20% 直链淀粉和 80% 支链淀粉组成，在足够的水中吸水溶胀分裂形成均匀糊状的溶液，从晶体状态向不规则的无定形状态转变，这一过程称为糊化作用。它实质上是淀粉分子间的氢键断开，水分子与淀粉形成氢键，借此形成胶体溶液。糊化的淀粉在接近 0℃的低温条件下，又自动排序，形成致密的高度晶化的不溶性淀粉分子,发生了淀粉的老化。淀粉老化在2~4℃最易发生,例如面包在冷藏时淀粉迅速老化,口感变差。

(5)微生物繁殖:在冷藏条件下,果蔬逐渐衰老或有创伤时,就会引发霉菌繁殖。鱼类、肉类在冷藏时,表面会出现黏湿现象,引发微生物繁殖。特别是一些低温微生物的繁殖分解,会造成食品的腐败变质。

### (三)食品的冻结和冻藏

#### 1. 食品的冻结

是将常温食品的温度下降到冷冻状态的过程,是食品冻藏前的必经阶段。冻结技术对冻藏品质量及其耐藏性有很大的影响。

(1)食品的冻结点:水的冰点是0℃,当水中溶入糖、盐等非挥发性物质时,冰点就会降低。食品一般是由动植物来源的原料制成,而且在加工过程中也会添加盐类、糖类、油脂等等一些辅料,使食品体系更为复杂。因此,食品的冻结点低于纯水的冰点。

(2)冻结速度:食品在冷冻过程中的冻结速度不仅决定冻结时间,而且影响最终的冻结食品的品质。根据冻结速度的快慢,可将冻结分为速冻或缓冻两种。① 按时间划分:速冻是指在30 min之内能将食品中心温度从-1℃降到-5℃;超过30 min则成为缓冻。之所以定为30 min,是因为在这样的冻结速度下,冰晶对肉质的影响最小。② 按距离划分:在单位时间内(h),-5℃的冻结层从食品表面伸向内部的距离(cm),因此,冻结速度$v$的单位为cm/h。根据此种划分将冻结速度划分为三类:快速冻结($v>5\sim20$ cm/h)、中速冻结($v=1\sim5$ cm/h)和缓慢冻结($v=0.1\sim1$ cm/h)。

(3)冻结前对原料的要求:① 果蔬:冻结前一般先进行清洗和热烫。热烫常采用85~100℃的热水,或者采用蒸汽将物料加热到100℃,目的是灭酶,避免在冻藏过程中感官质量(如风味、色泽和维生素等)的损失。很多研究也表明,热烫处理后的果蔬,在冻藏过程中的营养素损失比未处理的要少。但是,水果类原料不宜采用高温热烫处理,因为会破坏新鲜水果的质构,影响口感。因此,冻制水果加工前,为了防止褐变的发生,常添加化学试剂(如柠檬酸、抗坏血酸、次氯酸钠、过氧化氢、EDTA和钙盐等)来抑制褐变发生。然而,在一些绿色蔬菜的热烫过程中,通常会发生叶绿素的降解现象,从而导致绿色蔬菜的褪绿。另外,热烫过程也会导致一些水溶性物质的损失。② 其他食品:肉制品一般在冻制前并不需要特殊加工处理。

(4)冷冻对食品品质的影响:冷冻会使食品原料发生组织瓦解、质地改变、蛋白质变性以及其他物化反应等现象,大致分为以下几个方面。①食品物性变化:食品冻结后比热容下降,导热系数增加,热扩散系数增加,体积增大。②冷冻浓缩的危害性:大多数的冻藏食品,只有全部或几乎全部冻结才能保持良好的品质。如果食品内尚有未冻结的地方,就极易出现色泽、质地和其他性质的变化。浓缩导致的危害主要有:一是溶液中若有溶质结晶或沉淀,口感会出现沙砾感;二是蛋白质因盐析而变性;三是解冻后组织难以恢复原有的饱满度。③速冻与缓冻:一般而言,速冻食品的质量高于缓冻食品。速冻的优势表现在:一是速冻形成的冰晶体颗粒小，对细胞的破坏性也比较小；二是冻结时间短，可迅速抑制微生物的生长，降低浓缩的危害性。

(5)食品的冷冻方法：速冻方法主要分为三类，即鼓风冻结、平板冻结，以及浸渍和喷雾冻结。

鼓风冻结：即空气冻结法，是利用低温和空气高速流动，促使食品快速散热，以达到迅速冻结的目的。鼓风冻结的主要优点是用途的多面性，适用于具有不规则形状、不同大小和不易变形的食品物料，对于单体速冻制品非常有利，包括各种水果、蔬菜及附加值高的肉制品等。

平板冻结：是采用制冷剂或低温介质(如盐水)冷却的金属板和食品密切接触下使食品冻结的方法。目前，平板采用挤压过的铝制作，这种平板的截面上有通道可供液态制冷剂在其中流动，热传递在平板的上下表面发生，通过冷却面与产品直接接触来完成冷冻。这种方法常用于机制冰块、冻制鱼类等。

浸渍和喷雾冻结：散态或包装食品和低温介质或超低温制冷剂直接接触下进行冻结的方法，分为浸渍冷冻和喷雾冷冻两种。浸渍冷冻通常采用 NaCl 盐水，其低共熔点为 -21.2℃，因此，在冷冻过程中采用 -15℃左右的盐水温度。水果冷冻一般采用甘油—水混合液冻结，67%甘油—水溶液的温度可降低到 -46.7℃。60%的丙二醇—水溶液也可降低到 -50℃左右，但一般用于冻结包装食品。喷雾冷冻通过将未包装或仅薄层包装的制品暴露在具有低沸点、温度极低的制冷剂中，取得极快的冷冻速率，采用 $CO_2$ 或液氮作为制冷剂。

**2. 冻制品的包装和储藏**

未包装的食品在冷冻和冻藏时会严重失水，而且在冻藏时容易氧化和遭受微生物污染。合理的包装能显著减少冷冻食品的脱水干燥、控制食品氧化和微生物引起的腐败变质。

(1)包装：一般要求速冻产品的包装必须用能在 -40～50℃的环境中保持柔软，不致发脆、破裂的材料制成，比如尼龙薄膜，其具有良好的耐低温性能，并具有较高的抗弯强度和冲击韧性，非常适合制作冷冻包装。双向拉伸聚丙烯/聚乙烯的复合薄膜，价格低，在冷冻产品的包装中也有使用。对耐破损和阻气性要求较高的品种，如蘑菇、笋、蒜薹等，可采用尼龙薄膜为主体的薄膜包装(尼龙/聚乙烯复合膜)。冻鱼包装常采用聚酯/聚乙烯复合膜。

(2)储藏：冻藏食品储运中的温度应保持在 -18℃以下，这是对质地变化、酶和非酶反应、微生物腐败变质以及储运费用等所有因素进行全面考虑后所得的结论。如果贮藏温度波动大，冻藏食品的重结晶发生就越剧烈，重复解冻和重结晶，就会促使冰晶体颗粒迅速增大，严重破坏食品的质地。

(3)冻藏过程中食品质量的变化：①干耗：冷冻食品的干耗主要是由于食品表面的冰晶体升华，表面出现干燥现象，并造成质量损失，俗称“干耗”。为了避免和减少冻藏期间的干耗，一定要注意防止外界热量的传入，并提高冷库外围结构的隔热效果。如果冷冻食品的温度和冷冻室内温度一致的话,可减少干耗的出现。②变色:在冻藏过程中,除了因制冷剂泄露时会造成食品变色(例如,氨泄漏时,胡萝卜会变蓝,莲子和洋葱会变黄色)外,其他凡是在常温下所发生的变色现象,在长期的冻藏过程中也会发生,只是速度比较缓慢而已。例如,冻藏过程中,冷冻鱼肉的绿变,是由于鱼类鲜度降低时产生硫化氢,与血液中的血红蛋白、肌肉中的肌红蛋白发生反应,生成绿色的硫血红蛋白和硫肌红蛋白所致。虾类在冻藏过程中发生的黑变,主要是由于氧化酶使酪氨酸产生黑色素所致。虾类的黑变与虾的新鲜度有关,新鲜的虾氧化酶类无活性,不会发生黑变,利用这一性质也可检测虾的新鲜程度。

(4)冻制食品的解冻:使食品内冰晶体状态的水分转化为液态,同时使冷冻食品恢复到原有状态和特性的工艺过程,称之为解冻。常用的解冻方法有空气解冻、水或盐水解冻和在加热金属面的解冻法。近年来,采用微波解冻、电加热解冻、高压解冻和声频解冻等高新技术来快速解冻的报道逐渐增多。

## 第五节　成型与包装

### 一、成型

#### (一)食品成型的目的

在食品加工过程中,为了得到相同规格和形状的食品,需要借助一定的成型设备或者成型模具。

#### (二)食品成型的机械

广泛应用于各种面食、糕点和糖果的制作加工中。其种类繁多、功能各异。根据不同的成型原理,食品成型主要是有以下六种方法:

**1. 包馅成型**

如饺子、豆包、馅饼和春卷等的制作。所用的加工设备有饺子机、豆包机、馅饼机、馄饨机和春卷机等,统称为包馅机械。

**2. 搓圆成型**

如面包、馒头和元宵等的制作,其对应的成型机械分别为面包面团搓圆机、馒头机和元宵机等。

**3. 卷绕成型**

如蛋卷和其他卷筒糕点的制作。所用的加工设备有卷筒式糕点成型机等。

**4. 辊压切割成型**

如饼干坯料压片、面条、方便面和软料糕点的加工等。所用成型设备有面片辊压机和面条机、软料糕点钢丝切割成型机等。

**5. 冲印和辊印成型**

如饼干和桃酥的加工制作。所用设备有冲印式饼干成型机、辊印式饼干成型机和辊切式饼干成型机等。

**6. 挤压成型**

如膨化食品和某些颗粒状食品。所用设备有通心粉机、挤压膨化机、环模式压粒机、平模压粒机等,统称为挤压成型机械。

## 二、包装

包装是指在商品流通过程中,为了保护产品、方便储运、促进销售,按一定技术方法而采用的容器、材料和辅助材料的总称。食品包装是指采用适当的包装材料、容器、工艺、装潢、结构设计等包装技术手段,将食品包裹起来,以便在食品的加工、运输、储存、销售过程中保持食品品质和原有形态。

### (一)食品包装的种类

按包装材料及容器的材质不同,可将食品包装分为:

(1)纸和纸板:主要有纸盒、纸箱、纸袋、纸罐和瓦楞纸箱等。

(2)塑料:主要有聚乙烯、聚丙烯、聚氯乙烯、聚苯乙烯、聚偏二氯乙烯、丙烯腈共聚塑料、聚碳酸酯树脂、复合薄膜以及塑料薄膜袋、编织袋、周转箱、热收缩膜包装、软管等。

(3)金属:主要有马口铁、镀锡钢板、镀铬钢板、铝和铝合金板等制成的金属罐、桶等。

(4)其他:主要有玻璃、橡胶、搪瓷、陶瓷等。

### (二)食品包装的要求

(1) 卫生安全性:食品的包装要求包装容器、材料及辅助材料无污染、无毒、不与食品发生化学反应;材料老化后应无毒性、装潢印刷要用无毒油墨等。对食品中解析出的类似溶媒物质的总量和材料中特定的有害重金属含量不超过国标规定量限。

(2) 刚性和适应性:要求食品包装具有一定的韧性和强度,以保证食品储存安全,特别是饼干类食品包装。包装的适应性是指包装适应各种食品包装技术的需要,比如适应高温消毒、化学腐蚀、冷冻、辐照以及糖渍、盐腌等特殊需要。

(3) 遮光性:光照是食品氧化的一个重要因素,日光中的紫外线和可见光可促使油脂氧化,因此,油脂性食品的包装应具有遮光性。

(4) 阻隔性:包括包装的阻湿、阻气和保香功能。

(5) 封闭性:食品包装应具有良好的封闭性。

(6) 防静电性:特别是对于粉末食品包装,塑料薄膜袋产生的静电可使粉末吸附在袋表面,影响包装的热封强度,降低食品包装的封闭性。

(7)装潢性:包装是“无声推销员”,好的包装具有宣传和美化商品、促进销售和方便消费者的功能,也有利于宣传和建立生产企业的形象。尤其是无人售货的超级商场中,商品销售几乎全靠包装装潢来吸引顾客。近年来,包装装潢的作用越来越凸显出来。

### （三）新型的食品包装技术

#### 1. 防伪包装

防伪包装是借助于包装，防止商品从生产厂家到经销商，以及从经销商到消费者的流通过程中被人为有意识地窃换和假冒的技术和方法。其目的就是防止商品在流通和转移的过程中被窃换、假冒。一个好的防伪包装，应具有不易被仿造性（指采用的防伪技术、防伪方法不易被假冒，或假冒的代价高）和易被识别性（指消费者购买时能方便识别出冒牌产品）。

#### 2. 无菌包装

无菌包装是指在无菌环境条件下，把无菌的或预杀菌的产品填充到无菌容器并密封的一种包装技术。常用于乳及乳制品、果汁饮料、豆奶及营养保健类流体食品的包装中。食品无菌包装由三部分组成：一是食品的预杀菌，通常是采用超高温瞬时杀菌技术；二是包装容器的灭菌；三是充填密封环境的无菌。经过无菌包装的食品可在常温下储存 12 ~ 18 个月，且无须冷藏车运输和冷藏柜销售，特别适合热敏性食品的包装。常用的无菌包装材料有利乐包、康美包、塑料瓶等。

#### 3. 真空包装

真空包装是指将产品装入特制的包装性容器中，用真空泵抽空容器内部的空气，使密封后的容器内达到预定真空度的一种包装方法。其特点是：氧气含量低，可防止食品氧化、发霉或腐败，减少变色、褪色，减少营养成分的损失，并防止食品的色、香、味变化。真空包装较适合腌腊肉制品、熟食制品、酱腌菜类等。

#### 4. 可食性包装

可食性包装即可以食用的包装材料。一般是指以人体可消化吸收的蛋白质、多糖和脂类等为基本成膜原理，通过包裹、浸渍、涂布、喷洒覆盖于食品内部界面上的一层可食性物质组成的薄膜的一种包装方法。主要应用于食品内包装和新鲜食品的表面，以阻止食品吸水或失水、防止食品褐变、提高食品的感官品质，它常作为食品特殊成分（防腐剂、色素、抗氧化剂等）的载体，使这些成分在食品表面或界面上发挥功能。可食性包装技术是当前食品保藏和包装领域中较为热门的课题，也是食品工业新科技发展的主要趋势。

#### 5. 气调包装

气调包装是通过改变食品包装内的气体组成，使食品处在不同于空气组成的环境中，从而达到抑制绝大多数腐败微生物的生长繁殖以及食品中的酶活性，从而延长食品货架期的包装技术。食品气调包装的包装材料应具有一定的机械强度、较高的气体阻隔性、水汽阻隔性、抗雾性和热封性等。常用的材料有聚乙烯、聚丙烯、聚酯、聚氯乙烯、聚偏二氯乙烯等。用于气调包装的设备主要有真空充气包装机和气体比例混合器。

**知识链接**

壳聚糖—荔枝木质精油可食膜在冷鲜鸡肉保鲜中的应用

研究者通过在壳聚糖溶液中添加0、2%、4%、6%、8%和10%的荔枝木质精油(*V/V*,以壳聚糖溶液体积为基准),配制壳聚糖—荔枝木质精油可食膜,并将该精油复合可食膜进行冷鲜鸡肉包裹保鲜实验,分析冷鲜鸡肉的感官指标及品质变化(pH、挥发性盐基氮(TVB-N)及菌落总数)。结果表明:在7 d的保鲜期间,TVB-N及菌落总数变化得到有效抑制。添加荔枝木质精油的壳聚糖复合可食膜包裹保鲜鸡肉与普通保鲜膜包裹相比,可有效延长冷鲜鸡肉的货架期,具有更好的保鲜效果。

**6. 智能包装**

是通过监视包装食品的环境条件来得到食品在运输和贮藏期品质资料的包装技术。目前智能包装主要是各种指示剂类包装,主要分为时间温度指示剂、气体泄漏指示剂和新鲜度指示剂。指示剂根据其所在位置分为外源指示剂和内源指示剂。指示剂可以提供给人们诸如温度、微生物损害、包装完整性和产品真伪等信息,可以通过智能化来提供诸如产地、证书、含量、使用、消费日期等信息,并且能实现产品跟踪性运输。

## 课外拓展资源

分离

粉碎

## 复习思考题

1. 什么是食品加工单元操作?
2. 简述预处理、分离与混合、浓缩与干燥、加热与冷冻、成型与包装的常用方法。
3. 试述物料干燥过程中的变化。
4. 试述食品常见的热杀菌技术及对产品质量的影响。
5. 食品冷冻的方法有哪些?

# 参考文献

[1]常希光,杨肖飞,许晓东.蔬菜原料清洗及对去除蔬菜表面细菌的作用[J].北京农业,2011(1):152-154.

[2]吴世兰,秦礼康,蒋成刚,等.核桃仁碱液去皮过程中营养功能成分动态变化[J].中国油脂,2013,38(2):84-87.

[3]陈从贵,张国治.食品机械与设备[M].南京:东南大学出版社,2009.

[4]肖旭霖.食品机械与设备[M].北京:科学出版社,2006.

[5]崔建云.食品加工机械与设备[M].北京:中国轻工业出版社,2004.

[6]刘学文.食品科学与工程导论[M].北京:化学工业出版社,2007.

[7]艾启俊,陈辉.食品原料安全控制[M].北京:中国轻工业出版社,2006.

[8]夏文水.食品工艺学[M].北京:中国轻工业出版社,2007.

[9]高愿军,熊卫东.食品包装[M].北京:化学工业出版社,2004.

[10]张有林.食品科学概论[M].北京:科学出版社,2006.

# 第六章　食品加工工艺

**本章学习目标**

1. 能简要描述粮油食品加工、畜产品加工、果蔬制品加工、软饮料加工和水产品加工的特点和产品种类。
2. 能掌握几种典型的粮油、畜禽、果蔬等食品加工工艺和技术。
3. 能根据要求的产品特点，综合运用食品加工工艺，设计满足预设需求的工艺流程和操作要点。

PPT 课件　　讲解视频

## 第一节　概述

### 一、食品加工的概念

食品加工是指直接以农、林、牧、渔业产品为原料进行的谷物磨制、饲料加工、植物油和制糖加工、屠宰及肉类加工、水产品加工，以及蔬菜、水果和坚果等食品的加工活动。通过加工制作，把各种原料制成色香味俱全、营养丰富、为人们所欢迎和接受的各种食品。一般分为初级加工和深加工，初加工是指对各种原料一次性的不涉及对其内在成分改变的加工，而精深加工是指对原材料二次以上的加工，主要是指对蛋白质资源、油脂资源、新营养资源及活性成分的提取和利用。研究食品加工有关的理论及方法的学科，称为食品工艺学。食品工艺学是应用化学、物理学、生物学、微生物学和食品工程原理等各方面的基础知识，研究食品资源利用、原辅材料选择、保藏加工、包装、运输以及上述因素对食品质量货架寿命、营养价值、安全性等方面的影响的一门科学。

食品加工的目的：①防止腐败及变质，延长保藏期，如罐藏、冷藏、干燥、腌渍、烟熏等。②减小体积和重量，方便装卸搬运，如浓缩、干燥、冷却、冷冻。③去除不适食用的部分，改变不宜食用的成分，提高消化性，如去壳（皮）、切分、粉碎、制粉等。④经调配、组合、精制、成形、冷冻、灭菌、包装等处理，以便利烹调或供直接食用。⑤经营养及功能成分的提炼、添加、发酵、热处理、化学处理等，改善营养特性或功能特性。⑥通过食品加工或深加工开发生产新产品和实现增值。

## 二、加工食品的分类

### (一)根据食品的原料和加工工艺不同分类

我国按照食品的原料和加工工艺不同将食品分为28大类525种。这28大类食品是粮食加工品，食用油、油脂及其制品，调味品，肉制品，乳制品，饮料，方便食品，饼干，罐头，冷冻饮品，速冻食品，薯类和膨化食品，糖果制品(含巧克力及其制品)，茶叶，酒类，蔬菜制品，水果制品，炒货食品及坚果制品，蛋制品，可可及焙烤咖啡产品，食糖，水产制品，淀粉及淀粉制品，糕点，豆制品，蜂产品，特殊膳食食品及其他食品。

### (二)根据原料不同分类

#### 1. 植物类食品

植物类食品即可供人食用的植物的根、茎、叶、花、果实及其加工制品。可大致将其分为粮食及其加工品、油料及其加工品、蔬菜及其加工品、果品及其加工品、茶叶及其加工品等。

#### 2. 动物类食品

动物类食品即可供人食用的动物肉、动物产品及其加工品。可大致将其分为畜肉及其加工品、禽肉及其加工品、乳及乳制品、蛋及蛋制品、水产品及其加工品等。

#### 3. 矿物类食品

矿物类食品即可供人食用的矿产品及其加工品，如食盐、食碱、矿泉水等。

#### 4. 微生物类食品

微生物类食品即可供人食用的微生物体及其代谢产品。如食用菌及其加工品；食醋、酱油、酒类、味精等发酵食品。

#### 5. 配方食品

配方食品即并不明显以某种自然食品为原料，而是完全根据人的消费需要设计加工出来的一类食品。这类食品生产原料来源特殊或多样，具有较严格的配方，故称其为配方食品。比如，果味饮料、碳酸饮料、人造蛋、人造肉等。

#### 6. 新资源食品

新资源食品指在我国首次研制、发现或者引进的，在我国本无食用习惯，或者仅在个别地区有食用习惯的，符合食品基本要求的食品。

# 第二节　粮油食品加工

## 一、米制食品加工

### (一)稻谷制米

稻谷加工是为了提高其食用品质，通过一系列工艺处理，获得可以直接食用的大米产品，并可进一步深加工成米粉、糕点、米酒等米类制品。

**（二）稻谷制米的工艺**

原料稻谷→清理→砻谷及砻下物分离→碾米→白米整理→检验→成品大米

（1）稻谷的清理：稻谷在生长、收割、储藏和运输的过程中，都有可能混入各种杂质，加工过程中，这些杂质容易损坏设备的零部件，影响工艺效果，必须进行清理。根据稻谷与杂质物质特性的不同，采用一定的清理设备，如初清筛、平振筛、高速筛、去石机、磁筒等，有效地去除夹杂在稻谷中的各种杂质，达到净谷上砻的标准。常见稻谷杂质清理方法和原理见表6－1。

**表6－1　稻谷清理的方法、原理、常用设备及作用**

| 方法 | 原理 | 常用设备 | 作用 |
| --- | --- | --- | --- |
| 风选 | 利用稻谷和杂质空气动力学性质的差异 | 吸式风选机 吹式风选机 循环风选机 | 分离稻谷中的轻杂稻谷粒度分级 |
| 筛选 | 利用稻谷和杂质的粒度差异 | 初清筛 振动筛 平面回转筛 高速筛 | 分离与稻谷粒度相差较大的杂质 |
| 密度分选 | 利用稻谷和杂质的密度差异 | 比重去石机 重力分级机 浓集机 | 分离稻谷中的石子 |
| 精选 | 利用稻谷和杂质的长度差异 | 碟片精选机 滚筒精选机 碟片滚筒组合机 | 分离与稻谷长度相差较大的杂质 |
| 磁选 | 利用杂质的磁性 | 磁筒 永磁滚筒 电磁滚筒 | 分离稻谷中的磁性杂质 |

（2）砻谷及砻下物分离：在稻谷加工中，去除稻谷颖壳的过程称为砻谷，由砻谷机施加一定的机械力而实现的。砻谷根据脱壳时的受力和脱壳方式分为挤压搓撕脱壳、端压搓撕脱壳和撞击脱壳三种。

（3）碾米：由于糙米皮层内含有大量的粗纤维、脂肪以及维生素 $B_1$、维生素 $B_2$ 等影响成品大米的色泽和气味的物质，必须通过碾米过程将皮层除去。对碾米的要求是：在保证成品精度等级的前提下，提高产品纯度，减少碎米，提高出米率。碾米的基本方法可分为化学碾米和机械碾米两种。化学碾米主要依靠生物酶的作用去除皮层或以化学溶剂浸泡法使糙米皮层软化，并将皮层和胚芽内的脂肪分离出来，然后施以轻缓的机械作用，以达到去皮碾白的目的。这种碾米方法，成品完整率高，碎米少，但工艺流程复杂，成本较大。目前普遍使用的碾米方法是机械碾米，主要是依靠碾米机碾白室构件与米粒间产生的机械物理作用，将糙米碾白。根据在碾去糙米皮层时的作用性质不同，一般可分为擦离碾白、碾削碾白和混合碾白三种。

（4）成品及副产品的整理：糙米碾白后要求将黏附在米粒上的糠粉去除干净，并设法降低米温使适于储藏，这个过程称为成品和副产品整理。成品整理包括擦米、凉米、成品分级三个基本工序。稻谷加工的副产品主要是分离米糠中的碎米、米糠及少量整米，仍具有较高的经济价值，需要分门别类整理，将各种副产品进行综合加工和利用。

## 二、稻谷精深加工

随着我国人民生活水平的提高，人们对主食的要求已逐步由粗放型转向精细型，因此，稻谷精深加工便应运而生。稻谷精深加工则是将稻米按一定的工艺和配方加工成具有各种用途的制品，提高稻米制品的附加值。

### （一）水磨米

水磨米素有水晶米之称，为我国大米出口的主要产品。水磨米加工法与常规碾米法的唯一不同之处就在于掺水研磨上，其余的完全相同。碾磨掺水的目的在于利用水来软化糙米糠层，用较缓和的碾磨压力，提高了整米率，同时利用水分子在米粒与碾磨室构件之间及米粒和米粒之间形成一个水膜层，以利于碾磨出光滑细腻的米。还有一个目的在于借助水的作用对米粒表面进行水洗，将黏附的糠粉除净。

工艺流程：原料处理→碾米→降温→去糠→分级筛→成品

水磨米生产工艺的关键在于将碾米机碾制后的白米继续渗水碾磨，产品具有含糠粉少，米质纯净、米色洁白、光泽度好等优点，因此可作为免淘洗米食用。

### （二）蒸谷米的加工

除稻谷清理后经水热处理以外，其他工序与普通大米生产工艺流程基本相同：稻谷→清理→浸泡→汽蒸→干燥与冷却→砻谷→碾米→色选→蒸谷米

蒸谷米就是把清理干净后的谷粒先浸泡再蒸，待干燥后碾米成白米。这种米具有出米率高、营养价值高、出饭率高、耐储藏等特点。

### （三）免淘洗米加工

免淘米又称清洁米，就是无须淘洗即可蒸煮的大米。可以避免在淘洗过程中干物质和营养成分的流失，还可以节省淘米用水和防止淘米水污染环境。生产免淘米的原料既可是稻谷也可是普通大米，加工时必须经过白米抛光这一基本工序。目前国内传统免淘米即是抛光米。其工艺流程如下：

滴加上光剂<br>↓<br>稻谷→精选机→精碾机→上光机→保险筛→成品米<br>↓ ↓ ↓<br>杂质、碎米 残余糠粉 残留碎米或杂质

免淘米生产工艺中增加了糙米精选去杂这一工序，以保证进入碾米机内的糙米纯净。抛光的主要作用是去除黏附在白米表面的糠粉，使米粒表面形成一层极薄的凝胶膜，清洁光亮，提高成品的外观色泽。

### （四）营养强化米加工

营养强化米是在普通大米中添加某些缺少的营养素或特需的营养素制成的成品米。常用于大米营养强化的强化剂有维生素、氨基酸及多种营养素。营养剂添加方式有内持法

和外加法两种。其工艺流程如下所示。

工艺流程(以浸吸法生产强化米为例):

维生素 $B_1$、维生素 $B_6$、维生素 $B_{12}$ ↓ 溶解

大米→浸吸→初步干燥→喷涂→干燥→二次浸吸→汽蒸糊化→喷涂酸液→干燥→强化米

（二次浸吸←溶解←维生素 $B_2$、各种氨基酸）

### (五)留胚米加工

留胚米又名胚芽米,是指符合大米等级标准且胚芽保留率在80%以上的精米。留胚米的生产需经过清理、砻谷、碾米三个过程,与普通大米生产工艺基本相同。为了保持留胚率在80%以上,碾米时必须采用多机轻碾,提高碾白均匀度和精度,同时采用异流通风技术来降温。

### (六)米制品的加工

米制品是以稻米(包括籼米、粳米、糯米、糙米)为主要原料,经过加工制得的产品。既有传统加工的食品米粉、米酒、年糕等,也有现代工艺加工的膨化食品、八宝粥、方便米饭等。

#### 1. 米粉

米粉是以大米为原料,经过蒸煮糊化而制成的条状或丝状的干、湿制品。米粉从工艺上可分为切粉和榨粉两大类,这两类粉各有干、湿之分。其工艺流程为:

白大米→洗涤→浸渍→制浆→蒸熟→制丝→再蒸熟→干燥→成品

#### 2. 方便米饭

方便米饭在食用前只需做简单烹调或者直接可食用,风味、口感、外形与普通米饭一致的主食食品。方便米饭食用方便、携带方便,有天然大米饭香味。方便米饭主要有脱水干燥型、半干型、冷冻型、罐头型四种。其工艺流程为:

大米→淘洗→浸泡→汽蒸或炊煮→离散→干燥→筛选→包装→米饭

## 三、面制食品加工

### (一)饼干生产工艺

饼干是除面包外生产规模最大的焙烤食品。饼干的花色品种很多,按工艺特点可把饼干分为四大类:一般饼干、发酵饼干、千层酥类和其他深加工饼干。

按制造原理可分为韧性饼干和酥性饼干;按照成型方法可分为印硬饼干、冲印软性饼干、挤出成型饼干、挤浆(花)成型饼干和辊印饼干。一般饼干类的制造工艺流程及使用机械如图6-1所示。

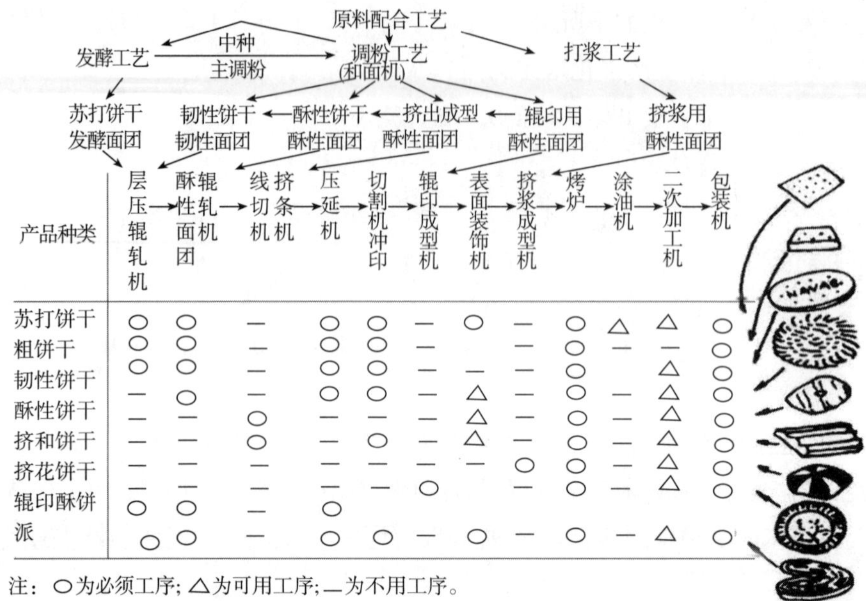


图 6－1　饼干类制造工艺流程及使用机械

**知识链接**

低 GI 饼干的加工

中国居民成年人糖尿病患病率达 9.7%，低血糖生成指数(低 GI)食品是这些患者的较好选择。研究者以低 GI 原料——玉米抗性淀粉部分替代低筋面粉，低聚异麦芽糖替代蔗糖应用于饼干生产，经过单因素试验与正交试验得到了优化的低 GI 饼干生产配方与工艺。结果表明：当玉米抗性淀粉替代 30% 低筋面粉，低筋面粉 70%、黄油添加量为 10%、低聚异麦芽糖添加量为 15%、小苏打添加量为 0.5%、全蛋液 5%、脱脂乳粉 3%、食盐 0.5%、泡打粉 1.0% 时，在上火温度 160℃、底火温度 160℃、焙烤时间 15 min 的焙烤条件下，可以得到色香味俱全的玉米抗性淀粉饼干，此时玉米抗性淀粉饼干的血糖指数预测值为 42.3，体内血糖生成指数为 37.6，证明该饼干为一种低 GI 饼干。

### (二)面包生产工艺

面包是以小麦粉为基本材料，再添加其他辅助材料，加水调制成面团，再经过酵母发酵、整形、成型、烘烤等工序完成的。面包与饼干、蛋糕的主要区别在于面包的基本风味和膨松组织结构是靠发酵工序完成的。

面包的种类繁多，有的按产地分类，有的按形状、口味分类，按照世界上比较广泛采用的分类，即按加工和配料特点的进行分类，有听式面包、软式面包、硬式面包、果子面包、快餐面包和其他面包。但是，目前最普遍、最大量、最基本的制作方法还是前两种，其工艺流程如下。

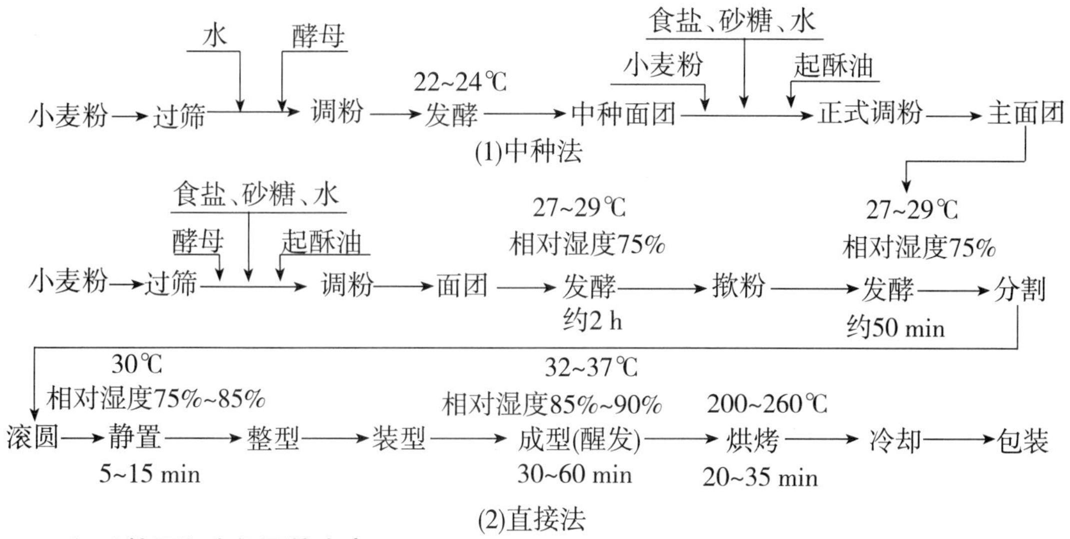

(1)中种法

(2)直接法

### （三）挂面和方便面的生产

#### 1. 挂面的生产

挂面是由湿面条挂在面杆上干燥而得名。挂面是我国目前生产量最大、销售范围最广的面食，它以物美价廉、食用方便、品种多、保存期长等优点，深受人们的欢迎。

（1）挂面加工过程：挂面加工过程是先将各种原辅料加入和面机中充分搅拌，静置熟化后将成熟面团通过两个大直径的辊筒压成约 10 mm 厚的面片，再经压薄辊连续压延面片 6 ~ 8 道，使之达到所要求的厚度（1 ~ 2 mm），之后通过切割狭槽进行切条成型，干燥切齐后即为成品。

（2）挂面生产工艺流程。

原辅料→和面→熟化→轧片→切条→烘干→切断→包装→成品

#### 2. 方便面的生产

（1）方便面的加工过程：方便面的加工过程是将成型后的面条通过汽蒸，使其中的蛋白质变性，淀粉高度 $\alpha$ 化，然后借助油炸或热风将煮熟的面条进行迅速脱水干燥。这样制得的产品不但易保存，而且易复水食用。

（2）方便面的生产工艺流程。

配料→和面→熟化→轧片→切条折花→蒸面→切断折叠→油炸或热风干燥→冷却→包装

（3）调味汤料：调味汤料是方便面的重要组成部分，相同的面块，不同的汤料可以组成多种产品。常用的汤料有鸡肉汤料、牛肉汤料、三鲜汤料和麻辣汤料等。汤料的形态有粉末状、颗粒状、膏状和液体状。生产调味汤料的原料很多，可分为咸味剂、鲜味剂、甜味剂、香辣料、风味料、香精、着色剂等。

## 四、植物油脂加工技术

### (一)植物油脂的提取

#### 1. 植物油料的种类及预处理

(1)植物油料的分类:根据植物油料的植物学属性,可将植物油料分为以下四类:①草本植物,包括大豆、花生、棉籽、芝麻等。②木本植物,包括棕榈、椰子、油茶子等。③农产品加工副产品,常见的有米糠、玉米胚、小麦胚芽等。④野生油料,常见的有野生茶子、松子等。

(2)油料的预处理:①油料清理。②油料的剥壳和脱皮。③油料的破碎和软化。④油料成型制坯。

#### 2. 机械压榨法制油

机械压榨法制油就是借助机械外力把油脂从料坯中挤压出来的过程。压榨法具有工艺简单,配套设备少,对油料品种适应性强,生产灵活,油品质量好,色泽浅,风味纯正的优点。但压榨后的饼残油量高,出油效率较低,动力消耗大,零件易损耗。

#### 3. 溶剂浸出法制油

浸出法制油又称萃取法制油,属固—液萃取原理。固—液萃取是利用选定的溶剂分离固体混合物中组分的单元操作。浸出法与压榨法相比,具有出油率高,粕的质量好,加工成本低,劳动强度小的优点。其缺点是一次性投资较大;浸出溶剂一般为易燃、易爆和有毒的物质,生产安全性差;此外制得的毛油含有非脂成分数量较多,色泽深,质量较差。

#### 4. 超临界流体萃取法制油

(1)超临界流体萃取法制油的原理:超临界流体萃取技术是用超临界状态下的流体作为溶剂对油料中油脂进行萃取分离的技术。油脂工业常应用超临界 $CO_2$ 作为萃取剂。其优点表现在:可以在较低温度和无氧条件下操作;对人体无毒性,且易除去,食用安全性高;萃取分离效率高;通过调节温度、压力,可以进行选择性提取;$CO_2$ 成本低,不燃,无爆炸性,方便易得。

(2)超临界流体萃取工艺:根据分离过程中萃取剂与溶质分离方式的不同,超临界流体萃取可分为以下三种加工工艺。

恒压萃取法:从萃取器出来的萃取相在等压条件下,加热升温,进入分离器溶质分离。溶剂经冷却后回到萃取器循环使用。

恒温萃取法:从萃取器出来的萃取相在等温条件下减压、膨胀,进入分离器溶质分离,溶剂经调压装置加压后再回到萃取器中。

吸附萃取法:从萃取器出来的萃取相在等温等压条件下进入分离器,萃取相中的溶质由分离器中吸附剂吸附,溶剂再回到萃取器中循环使用。

#### 5. 水溶剂法制油

水溶剂法制油是根据油料特性,水、油物理化学性质的差异,以水为溶剂,采取一些加工技术将油脂提取出来的制油方法。常采用的方法有水代法制油和水剂法制油两种。

(1)水代法制油:水代法制油是利用油料中非油成分对水和油的亲和力不同以及油水之间的密度差,经过一系列工艺过程,将油脂和亲水性的蛋白质、碳水化合物等分开。水代法制油主要运用于传统的小磨香油的生产。

(2)水剂法制油:水剂法制油是利用油料蛋白(以球蛋白为主)溶于稀碱水溶液或稀盐水溶液的特性,借助水的作用,把油、蛋白质及碳水化合物分开。其特点是以水为溶剂,食品安全性好;能够在制取高品质油脂的同时,获得变性程度较小的蛋白粉以及淀粉渣等产品;提取的油脂颜色浅,酸价低,品质好,无须精炼即可作为食用油。水剂法制油主要用于花生制油。

### (二)植物油脂的精炼技术

经压榨或浸出法得到的未经精炼的植物油脂一般称之为毛油(粗油)。毛油的主要成分是混合脂肪酸甘油三酯,俗称中性油。此外,还含有数量不等的各类非甘油三酯成分,统称为油脂的杂质。精炼的目的就是去掉杂质,保持油脂生物性质,保留或提取有用物质,以达到食品或工业用油的要求。

#### 1.毛油中的杂质种类

油脂的杂质一般分为以下五大类:机械杂质;水分;胶溶性杂质;脂溶性杂质;微量杂质。

#### 2.油脂精炼技术与过程

油脂精炼工艺步骤一般包括不溶性杂质分离、脱胶、脱酸、脱色、脱臭、脱蜡及脱脂等。

(1)不溶性杂质的分离:毛油中的不溶性杂质以机械杂质居多,一般都可以采用沉降、过滤或离心分离等物理方法将其除去。

(2)脱胶:脱除油中胶体杂质的工艺过程称为脱胶。脱胶的方法有水化法、加热法、加酸法以及吸附法等。

(3)脱酸:脱除毛油中的游离脂肪酸的过程称为“脱酸”。脱酸的方法很多,工业上应用最广泛的为碱炼法和物理精炼法。

(4)脱色:油脂中含有多种色素物质,主要有叶绿素、类胡萝卜素、黄酮色素等,工业生产中应用最广泛的是吸附脱色法,此外还有加热脱色法、氧化脱色法、化学试剂脱色法等。

(5)脱臭:脱臭的目的主要是除去油脂中引起臭味的物质。脱臭的方法有真空蒸汽脱臭法、气体吹入法、加氢法、聚合法和化学药品脱臭法等几种。其中真空蒸汽脱臭法是目前国内外应用最广泛,效果较好的一种方法。

(6)脱蜡:某些油脂中含有较多的蜡质,如米糠油、葵花籽油等。脱蜡是根据蜡与油脂的熔点差及蜡在油脂中的溶解度随温度降低而变小的物性,通过冷却析出晶体蜡,再经过滤或离心分离而达到蜡油分离的目的。脱蜡从工艺上可分为常规法、碱炼法、表面活性剂法、凝聚剂法、静点法和综合法等。

**3. 油脂氢化技术**

(1)油脂氢化的基本原理:在金属催化剂的作用下,把氢加到甘油三酸酯的不饱和脂肪双键上,这种化学反应称为油脂的氢化反应,简称油脂氢化。氢化是使不饱和的液态脂肪酸加氢成为饱和固态的过程。反应后的油脂,碘值下降,熔点上升,固体脂数量增加,被称为氢化油或硬化油。

(2)氢化工艺基本过程:油脂氢化工艺可分为间歇式和连续式两类。这两类工艺又可以根据选用设备的不同及氢与油脂混合接触方式的不同,衍生出不同特点的氢化工艺,如循环式、封闭式间歇氢化工艺、塔式及管道式连续氢化工艺等。这些氢化工艺虽然各有特点,但都包括以下基本过程:

原料→预处理→除氧脱水→氢化→过滤→后脱色→脱臭→成品氢化油

**4. 微胶囊化生产技术**

微胶囊化技术是当今世界上被广泛应用的三大控制释放系统(微胶囊、脂质体与多孔聚合物系统)之一。微胶囊化就是将固、液、气态物质,包埋到微小、半透性或封闭的胶囊之中,使内含物在特定的条件下,以可控制的速度进行释放的技术。微胶囊的方法有喷雾干燥法、喷雾冷却法、喷雾冷冻法、挤压法、锐孔法、空气悬浮成膜法、NCR 法(凝聚法)、分子包埋法等。

**(三)食用油脂产品生产技术**

食用油脂产品分为普通食用油(烹饪油、色拉油、调和油)、食品专用油脂(煎炸油、起酥油、人造奶油、蛋黄酱、代可可脂)与其他脂类产品(磷脂、糖脂、生物柴油)等。

**1. 主要食用油脂产品**

我国的主要食用油产品有二级油、一级油、高级烹调油、色拉油以及调和油等。它们都是按照各自的质量标准,经过一定的精炼步骤而取得。

**2. 食品专用油脂**

(1)煎炸油:食品工业生产的煎炸食品必须用具有自身品质特点的专用油脂进行煎炸,即煎炸油。

(2)人造奶油:指精制食用油添加水及其他辅料,经乳化、急冷捏合成具有天然奶油特色的可塑性制品。

(3)起酥油:是指精炼的动植物油脂、氢化油或上述油脂的混合物,经急冷、捏合制造的固态油脂或不经急冷、捏合加工出来的固态或流动态的油脂产品。起酥油具有可塑性、起酥性、乳化性、酪化性、氧化稳定性和油炸性等加工性能。起酥油一般不宜直接食用,而是用来加工糕点、面包或煎炸食品,要求具有良好的加工性能。

(4)蛋黄酱:蛋黄酱是以食用植物油、蛋黄或全蛋、醋或柠檬为主要原料,并辅之以食盐、糖及香辛料,经调制、乳化混合制成的一种黏稠的半固体食品。它是不加任何合成着色剂、乳化剂、防腐剂的天然风味浓郁独特的高营养半固体状调味品。

# 第三节　畜产品加工

## 一、肉制品加工技术

### (一)腌腊制品

原料肉经预处理、腌制、脱水、成熟保藏加工而成的肉制品属于腌腊肉制品。我国主要有咸肉、腊肉、板鸭、封鸡、腊肠、香肚和中式火腿等;国外主要有培根、萨拉米干香肠和半干香肠。其典型产品有:

**1. 咸肉**

咸肉是以鲜或冻猪肉为原料,用食盐腌制而成的肉制品。咸肉分为带骨和不带骨两大类。较著名的是浙江咸肉、江苏如皋咸肉、四川咸肉和上海咸肉。

**2. 腊肉**

腊肉是我国古老的腌腊制品之一,是指用较少的食盐配以其他风味辅料腌制后经干燥(烘烤或日晒、熏制)等工艺加工制成的耐储藏、并具独特风味的肉制品。按产地不同可划分为广东腊肉、四川腊肉、湖南腊肉、云南腊肉等;按加工原料的种类及原料肉的部位不同可分为腊牛肉、腊羊肉、腊鸡、腊猪杂和腊猪头等。

**3. 中式火腿**

中式火腿是指带骨猪腿经腌制、洗晒、发酵精制而成的腌腊生肉制品,具有独特的芳香风味。中式火腿一般分为三类:南腿,著名的有金华火腿;北腿,以苏北的如皋火腿为代表;云腿,以云南的宣威火腿为正宗。

**知识链接**

中国三大干腌火腿风味特性分析

研究者通过采用人工感官评价和电子鼻、电子舌智能感官技术分别对中国三大干腌火腿的香气与滋味进行了研究。人工感官评价结果显示,肉香味、腌制味和油脂香是三大火腿的特征香气,如皋和金华火腿中 2 年/优级和 3 年陈/特级的干腌火腿较于 1 级/1 年陈具有更加浓郁的肉香,而 1 年陈/1 级火腿的酸味更为明显。电子鼻和电子舌数据的主成分分析(principal component analysis,PCA)结果表明,不同干腌火腿样品均能实现良好区分。1 年陈/1 级与 2 年/优级、3 年陈/特级干腌火腿气味轮廓相差较远,金华火腿与宣威 2 年、3 年陈的火腿香气和滋味轮廓均比较接近。采用软独立建模分类法(soft independent modeling class analogy,SIMCA)构建了干腌火腿的判别模型,以三个产地最优干腌火腿为标准样品的等级鉴别模型能够实现对其他年份干腌火腿的有效判别。说明不同年份的火腿风味变化呈现一定规律,可利用智能感官技术对火腿进行快速有效的等级鉴别。

**4. 培根**

培根是指烟熏肋条肉、烟熏咸背脊肉。它和火腿、灌肠合称西式肉制品的三大代表产品。培根分为大培根(丹麦式培根)、排培根、奶培根、熏猪排、熏猪舌和熏牛舌等品种。培根是西餐主要早餐食品,可切片蒸熟或烤熟食用。也可切片裹上蛋浆后油炸,即"培根蛋",清香爽口,食之流芳。

**(二)灌肠制品**

灌制产品的种类很多,传统的中式产品,一般称作香肠,而西式产品一般都称为灌肠或红肠。灌肠的主要工艺包括原料肉的选择和修整、低温腌制、绞肉或斩拌、配料、制馅、灌制和填充、烘烤、蒸煮、烟熏等。

**1. 中式灌制品生产工艺流程**

原料选择→原料处理→配料→拌馅→灌制→晾晒(或烘烤)→质量检查→成品

**2. 西式灌制品生产工艺流程**

选料→原料处理→腌制→绞肉→拌馅→灌肠→烘烤→蒸煮→烟熏→包装→成品

其中,绞肉或斩拌是将肉制成肉糜状并拌均匀的过程。灌制包括装馅、捆扎和吊挂。蒸煮是使蛋白质变性。灌肠包括生熏灌肠和煮熏灌肠。前者是灌制后不经煮制直接熏制的,后者是经过煮制后再熏制的灌肠。

**(三)酱卤制品**

酱卤制品是我国传统肉制品中的一大类,指用畜禽肉及可食副产品加入调味料和香辛料,水煮加热熟制的一类肉制品。包括白煮肉类、酱煮肉类、糟肉类三大类。

**1. 白煮肉类**

白煮肉类又称白烧、白切,是指肉经或不经腌制,在水或盐水中煮制而成的熟肉类制品。产品最大限度地保持原料肉固有的色泽和风味,一般在食用时才调味。其代表品种有白切肉、白切猪肚、白斩鸡、盐水鸭等。

**2. 酱煮肉类**

酱煮肉类是酱卤制品中最多的一大类产品。根据特点分为酱制、酱汁制品、蜜汁制品、糖醋制品、卤制品等。我国著名的酱煮肉制品有苏州酱汁肉、北京月盛斋酱牛肉、河南道口烧鸡和山东德州扒鸡等。

**3. 糟肉类**

糟肉类是原料肉经白煮后,再用"香糟"糟制的冷食熟肉类制品。我国著名的糟肉制品有糟肉、糟鸡、糟鹅等。

**(四)烟熏制品**

烟熏制品是以烟熏为主要加工工艺,利用木材、木屑、茶叶、甘蔗皮、红糖等材料的不完全燃烧而产生的烟熏热使肉制品增添特有的熏烟风味,提高产品质量的一种加工方法。烟熏制品按加工过程分为熟熏和生熏两类。

### (五)油炸制品

许多中式或西式的肉制品都离不开油炸这种方法。根据油炸温度的不同,油炸方法可以分为温油炸、热油炸、旺油炸和特殊炸四种。

### (六)干肉制品

干肉制品又称肉脱水干制品,是肉经过预加工后再脱水干制而成的一类熟肉制品,主要包括肉干、肉松和肉脯三大类。

**1. 肉干**

肉干是用新鲜牛肉或瘦猪肉经蒸煮,并根据产品要求加入各种辅料,烘干而制成的产品。肉干的加工工艺流程:

原料→初煮→切坯→煮制→汤料→复煮→收汁→脱水→冷却→包装

**2. 肉松**

肉松按照所用原料可制成各种制品,如牛肉松、猪肉松、鱼肉松和鸡肉松等,也可以按形状分为绒状肉松和粉状(球状)肉松。肉松的加工工艺流程:

原料肉的选择与整理→配料→煮制→炒压→炒松→搓松→挑松→拣松→保温

**3. 肉脯**

肉脯是烘干的肌肉包片,一般不经煮制,经烘烤成熟而制成。肉脯的加工工艺流程:

原料选择→修整→冷冻→切片→解冻→腌制→摊晒→烘烤→烧烤→压平→切片→成型→包装

### (七)西式火腿

西式肉制品一般包括西式火腿、西式香肠和培根三大类产品。其中,西式火腿与中式火腿在加工工艺上有很大差别。西式火腿一般是由猪肉加工而成,因其含水量较高,所以又称为“盐水火腿”。西式火腿加工工艺流程:

整理→盐水注射→腌制→滚揉→灌制→煮制→冷却→包装→入库

### (八)发酵肉制品

发酵肉制品是肉经过特殊细菌或酵母微生物发酵,将糖转化为各种酸或醇,使肉制品的 pH 降低,并经低温脱水使水分活度下降加工而成的一类肉制品。按脱水程度分为半干发酵香肠和干发酵香肠。根据发酵程度分为低酸发酵肉制品和高酸发酵肉制品。发酵肉制品加工工艺流程:

原料肉→预处理→绞肉→调味→罐装→发酵→干燥→烟熏

### (九)肉类罐头

肉类罐头是指以禽畜肉为原料,经过预处理调制后装入罐藏容器经排气、密封、杀菌等工序制成的可以长期保存的食品。根据加工和调味方法不同,肉类罐头可分为清蒸原汁类、调味类和腌制烟熏类。

## 二、乳制品加工

### (一)消毒乳加工

**1.消毒乳概念及分类**

消毒乳又称杀菌乳,系指以新鲜牛乳、稀奶油等为原料,经净化、杀菌、均质、冷却、包装后,直接供应消费者饮用的商品乳。因消毒乳大部分在城市内销售,故也称市乳。按原料成分可将消毒乳分为五类:全脂消毒乳;脱脂消毒乳;强化消毒乳;复原乳;花色牛乳。

**2.消毒乳生产工艺流程**

原料乳的验收→过滤或净化→标准化→均质→杀菌→冷却→灌装→封盖→装箱→冷藏

### (二)酸乳加工

**1.酸乳概念和种类**

酸乳是指以乳为原料(或加入蔗糖),杀菌后经乳酸发酵而制成具有细腻的凝块和特别芳香风味的乳制品,成品中必须含有大量相应的活菌。按成品的组织状态分为凝固型酸乳和搅拌型酸乳;按成品的口味分为天然纯酸乳、加糖酸乳、调味酸乳、果料酸乳、复合型或营养健康型酸乳和疗效酸乳等;按发酵的加工工艺分为浓缩酸乳、冷冻酸乳、充气酸乳和酸乳粉。

**2.酸乳生产工艺流程**

乳酸菌纯培养物 → 母发酵剂 → 生产发酵剂
↓
原料乳预处理 → 标准化 → 配料 → 均质 → 杀菌 → 冷却 → 加发酵剂

→ ┌ 灌装在零售容器内 → 在发酵室发酵 → 冷却 → 后熟 → 凝固型酸乳
  └ 在发酵罐中发酵 → 冷却 → 添加果料 → 搅拌 → 灌装 → 后熟 → 搅拌型酸乳

### (三)乳粉加工

**1.乳粉概念和种类**

乳粉又名奶粉,是指以新鲜牛乳为原料,或以新鲜牛乳为主要原料,添加一定数量的植物或动物蛋白质、脂肪、维生素、矿物质等配料,除去其中几乎全部水分而制成的粉末状乳制品。

根据乳粉加工所用原料和加工工艺可将乳粉分为全脂乳粉、脱脂乳粉、速溶乳粉、配制乳粉、加糖乳粉、奶油粉、冰激凌粉、乳清粉、麦精乳粉和酪乳粉。

**2.乳粉生产工艺流程**

原料乳验收→过滤、净化→冷却、贮存→标准化→杀菌→浓缩→喷雾干燥→出粉、冷却→包装→检验→出厂

### (四)其他乳制品加工

#### 1. 炼乳加工

炼乳系原料乳经过真空浓缩除去大部分水分后制成的产品,主要分为甜炼乳和淡炼乳两种。

(1)甜炼乳:是指在原料乳中加入17%左右的蔗糖,经杀菌、浓缩至原质量8%左右而成的产品,其生产工艺流程如下:

蔗糖→糖液杀菌　　干燥←灭菌←冲洗←空罐

↓　↓　↓

原料乳验收→预处理→标准化→预热杀菌→真空浓缩→冷却结晶→装罐封罐→包装→检验→成品

(2)淡炼乳:是将牛乳浓缩至原体积的40%,装罐后密封并经灭菌而成的制品,其生产工艺流程如下:

空罐→清洗→灭菌→干燥

↓

原料乳验收→预处理→标准化→预热→浓缩→均质→冷却→装罐封罐→灭菌→振荡→保温检验→成品

#### 2. 干酪加工

干酪是以牛乳、奶油、部分脱脂乳、酪乳或这些产品的混合物为原料,经凝乳并分离乳清而制得的新鲜或发酵成熟的乳制品。通常把干酪划分为天然干酪、融化干酪和干酪食品三大类,其中天然干酪生产工艺流程如下:

原料乳→标准化→杀菌→冷却→添加发酵剂→调整酸度→加氯化钙→加色素→加凝乳酶→凝块切割→搅拌→加温→排出乳清→压榨成型→盐渍→成熟→上色挂蜡→成品

#### 3. 冰激凌加工

冰激凌是以饮用水、牛乳、乳粉、奶油、食糖等为主要原料,添加适量甜味剂、稳定剂、香味料、色素等食品添加剂,经过混合配制、灭菌、均质、老化、凝冻、硬化等工序加工而成的体积膨胀的冷冻饮品。冰激凌的一般生产工艺流程如下:

原料检验、称量→配制混合原料→巴氏灭菌→均质→冷却→老化→加香精、色素→凝冻→灌注→包装→硬化→检验→成品

#### 4. 奶油加工

奶油又称黄油、白脱油、酥油,是将乳经分离提取的稀奶油再经成熟、搅拌、压炼而制成的一种淡黄色的乳制品。成品奶油按制造方法可分为新鲜奶油、酸性奶油、重制奶油;按用途可分为餐用奶油、烹调奶油和食品工业用奶油。奶油的生产工艺流程如下:

原料乳验收→预处理→分离→稀奶油标准化→发酵→成熟→加色素→搅拌→排酪乳→奶油粒→洗涤→加盐→压炼→包装

**5. 乳酸菌饮料加工**

乳酸菌饮料是一种发酵型的酸性含乳饮料。通常以牛乳或乳粉、植物蛋白乳(粉)、果蔬菜汁或糖类为原料,经杀菌、冷却、接种乳酸菌发酵剂培养发酵,经稀释而制成。乳酸菌饮料因其加工处理方法不同,一般分为酸乳型和果蔬型两大类,同时又可分为活性乳酸菌饮料(未经后杀菌)和非活性乳酸菌饮料(经后杀菌)。乳酸菌饮料生产工艺流程如下:

柠檬酸汁、稳定剂、水→杀菌→冷却　果汁、糖溶液

↓　↓

原料乳、果蔬汁浆→杀菌→冷却→发酵→发酵乳→冷却、搅拌→混合调配→预热→均质→杀菌→冷却→罐装→成品

## 三、蛋制品加工

### (一)腌制蛋

腌制蛋也叫再制蛋,它是在保持蛋原形的情况下,主要经过碱、食盐、酒糟等加工处理后制成的蛋制品,包括皮蛋、咸蛋和糟蛋三种。

**1. 皮蛋**

皮蛋又叫松花蛋、彩蛋、变蛋,其蛋白呈棕褐色或绿褐色凝胶体,有弹性,蛋白凝胶体内有松针状的结晶花纹,故名松花蛋。加工方法主要有浸泡包泥法、包泥法及浸泡法三种。其中,浸泡包泥法是先用浸泡法制成溏心皮蛋,再用含有料汤的黄泥包裹,最后滚稻谷壳、装缸、密封储存。这种方法适于加工出口皮蛋,也是国内加工皮蛋常用的方法。其加工工艺流程如下:

照蛋→敲蛋→分级→下缸→灌料浸泡→质量检查→出缸→洗蛋→晾蛋→品质检验→涂泥包糠→装缸(箱)→储藏

**2. 咸蛋**

咸蛋又名盐蛋、腌蛋、味蛋,它具有"鲜、细、嫩、松、沙、油"六大特点,其切面黄白分明,蛋白粉嫩洁白,蛋黄橘红油润无硬心,食之鲜美可口。

咸蛋加工有多种方法,如草灰法、盐泥涂布法、盐水浸渍法、泥浸法、包泥法等。这些加工方法的原理相同,加工工艺相近,在此仅就最常见的咸蛋加工方法之一草灰法加以介绍。草灰法又可分为提浆裹灰法和灰料包蛋法两种:

(1)提浆裹灰法:这种加工方法的工艺流程如下:

配料→打浆→验料→静置成熟→搅拌均匀

↓

选蛋→照蛋→敲蛋→分级→提浆裹灰→装缸密封→成熟→储藏

(2)灰料包蛋法:将稻草灰和食盐先在容器内混合,再适量加水并进行充分搅拌混合均匀,使灰料成为干湿度适中的团块,然后将灰料直接包裹于蛋的外面,包好灰料以后将蛋置于缸(袋)中密封储藏。

**3. 糟蛋**

糟蛋是用优质鲜蛋在糯米酒糟中糟渍而成的一类再制蛋,它品质柔软细嫩、气味芬芳、醇香浓郁、滋味鲜美、回味悠长,是我国著名的传统特产。糟蛋主要采用鸭蛋加工,我国最著名的产品是浙江的平湖糟蛋和四川的叙府糟蛋。

糟蛋的加工方法主要有两种:①平湖糟蛋:原产于浙江省平湖市,其生产工艺主要为酿酒制糟、击蛋破壳、装坛糟制三个步骤。②叙府糟蛋:原产于四川宜宾,其加工工艺包括配料装坛、翻坛去壳、白酒浸泡、加料装坛和再翻坛。

### (二)冰蛋制品

冰蛋品是指将蛋液在杀菌后装入罐内,进行低温冷冻后的一类蛋制品。这是长期储存蛋品的一种有效方法。冰蛋品分冰全蛋、冰蛋黄、冰蛋白三种,加工方法基本相同。巴氏杀菌冰鸡全蛋的加工工艺流程如下:

全蛋液→巴氏杀菌→冷却→灌装→冷冻→包装→冷藏→冰蛋

### (三)干燥蛋制品

干燥蛋制品简称干蛋品,根据加工方法不同,干蛋品分为干蛋片和干蛋粉两种。干蛋片主要是蛋白片;蛋粉包括全蛋粉、蛋白粉和蛋黄粉。

**1. 蛋白片**

蛋白片又称干蛋白或鸡蛋白片,是指将鸡蛋的蛋白经过搅拌过滤、发酵、干燥制成的蛋制品,可用于食品工业制造多种食品(如糖果、糕点、巧克力粉、冰激凌等)。蛋白片的工艺流程:

搅拌过滤→发酵→过滤与中和→烘干→晾白→拣选及焐藏→包装与储藏

**2. 蛋粉**

蛋粉是指用喷雾干燥法除去蛋液中的水分加工出的粉末状产品,蛋粉的加工方法与乳粉的加工方法类似,干蛋粉主要供食用和食品工业用。如在食品工业上生产糖果、饼干、面包、冰激凌、蛋黄酱等。其加工工艺流程如下:

蛋液→搅拌过滤→巴氏消毒→喷雾干燥→筛粉→晾粉→包装→干蛋粉

### (四)蛋品饮料及其他蛋制品

**1. 蛋乳发酵饮料**

蛋的营养成分非常平衡,是理想的食物。但其主要成分蛋白质在加热时易变性,因此蛋在饮料方面的应用受到一定限制。但如果加入50%以下牛乳,于一定温度下灭菌一次或几次，再用乳酸菌进行发酵，就可制成无损于营养平衡又没有其他异味的蛋乳发酵饮料。所用鸡蛋可用全蛋液、蛋黄液；乳可用全脂乳、脱脂乳、炼乳、乳粉等。加乳量不应超过50%，否则会失去蛋的特性。蛋液中最好再加糖5%～15%，如蔗糖、葡萄糖或乳糖等。根据需要还可加色素、香料和稳定剂等。其加工工艺流程为：

搅拌→加热杀菌→冷却→调整pH→发酵

**2. 蛋液冰食制品**

以鸡蛋为原料制作冰激凌、冰果已有很长的历史。本法是将蛋液先用乳酸发酵的方法，制成既保持蛋的营养又消除异味，并防止蛋白质变性、凝固的具有蛋色和香味的新型冰食制品。

**3. 蛋黄酱**

蛋黄酱是利用蛋黄的乳化作用，以精制植物油、食醋、蛋黄为基本成分，添加以调味物质加工而成的一种乳化状半固体食品，可直接用于调味佐料、面食涂层和油脂类食品等。

**4. 卤蛋**

卤蛋因卤料不同而有各种名称。用五香卤料加工的叫五香卤蛋；用桂花等卤料加工的叫桂花卤蛋；用鸡肉、猪肉卤汁加工的叫肉汁卤蛋；卤蛋再经熏烤的叫熏卤蛋。卤蛋经过高温加工，使卤汁渗入蛋内，增进了蛋的风味。以香卤鸡蛋加工的新工艺为例，其加工工艺流程如下：

鸡蛋的洗涤和挑选→预煮→去壳→加料→卤制→腌制→干燥→真空包装→微波杀菌

## 第四节　果品蔬菜加工

### 一、果品蔬菜罐头

#### （一）原料选择

果品蔬菜罐藏对原料的要求非常严格。虽然许多果品蔬菜都能罐藏，但其适应性在品系、品种之间常有很大的差异，以至于罐藏局限于少数几个品种，这些品种称为罐藏用种或罐藏专用种。一般来说，选择形状整齐，大小适中的中晚熟果实。

#### （二）罐头加工的主要工艺

果品蔬菜罐头加工工序包括原料的预处理、装罐、排气、密封、杀菌、冷却、成品检验等。现将主要工艺的操作要点简述如下。

**1. 空罐的准备和处理**

空罐在使用前首先要检查完整性，是否有锈斑、脱锡、裂缝等现象。其次，要进行清洗和消毒。对玻璃罐的清洗、消毒方法如下：将玻璃罐浸泡于温水中，然后用转动的毛刷刷洗罐瓶的内外部，再放入万分之一的氯水浸泡，取出后用清水洗涤数次，沥干水后倒置备用。回收的旧瓶罐，用2%～3%的NaOH溶液，在40～50℃温度下浸泡5～10min，除去脂肪和贴商标的胶水。洗净的玻璃瓶在使用前再用95～100℃的蒸汽或沸水消毒10～15min。胶圈需经水浸泡脱硫后使用。罐盖使用前用沸水消毒3～5min，沥干水分，也可用蒸汽或75%酒精消毒。

**2. 罐注液的配制**

果品罐头的罐注液一般是14%～18%糖液，糖液浓度，可根据装罐前果蔬本身可溶性固形物含量、每罐装入量及每罐实际加入的糖液量，按式(6-1)和式(6-2)计算：

$$m_1w_1 + m_2w_2 = m_3w_3 \tag{6-1}$$

$$w_2 = \frac{m_3w_3 - m_1w_1}{m_2} \tag{6-2}$$

式中：$m_1$——每罐装入果肉量，g；

$m_2$——每罐装入糖液量，g；

$m_3$——每罐净重(果肉和糖液)，g；

$w_1$——装罐前果肉可溶性固形物含量，%；

$w_2$——配制糖液浓度，%；

$w_3$——开罐时的糖液浓度，%。

糖液必须煮沸、过滤后方可装罐。糖液若需加酸时，应先化糖后加酸，以减少蔗糖转化，否则转化糖过多，遇蛋白质后会生成黑色素，影响色泽。糖液浓度一般用折光仪测定，用°Bx表示。

**3. 装罐**

糖液要趁热装入，半成品不应堆积过多或时间过长，以减少微生物污染，影响杀菌效果。每罐力求大小、色泽、形态大致均匀，有块数要求者，应控制每罐装入块数，固形物和净重必须达到要求。净重包括罐头内液体和固体，一般要求每罐净重允许公差为±3%，出口的罐头应无负公差。一般要求固形物含量14%～35%，常见的为15%～20%。装罐时注意搭配合理，外表美观。一般要求留有顶隙3～8 mm，以便杀菌。

**4. 排气**

排气是指排除罐头顶隙及内容物中的空气，排气的目的是抑制好气性细菌及霉菌的生长发育，减轻铁罐内壁的氧化腐蚀和内容物的变质，延长罐头制品的储藏寿命，加热杀菌时防止玻璃罐"跳盖"和铁皮罐变形，减少维生素C和其他营养物质的损失，较好地保持产品的色、香、味。排气的方法有加热排气法和抽空排气法两种。

**5. 密封**

密封是罐头的关键工序，密封杀菌后，罐头内容物与外界隔绝，不再受外界空气及微生物的侵染而引起腐败变质。罐头食品的密封设备，除四旋、六旋等罐型用手旋紧外，其他使用封罐机密封。封罐机类型很多，有手扳封罐机、半自动真空封罐机、全自动真空封罐机等。

**6. 杀菌**

杀菌的目的在于杀灭引起败坏变质和产毒致病的微生物，使罐头制品得以保存。杀菌过程是罐头由原始温度（初温）升到杀菌所要求的温度，并在此温度下保持一定的时间，达到杀菌目的后结束杀菌，立即冷却至适温的过程。杀菌过程式(6－3)表述如下：

$$\frac{T_1 - T_2 - T_3}{t} \tag{6-3}$$

式中：$t$——杀菌温度，℃；

$T_1$——由初温升至杀菌温度所需时间，min；

$T_2$——杀菌时间，min；

$T_3$——降温时间，min。

目前果蔬罐头采用常压杀菌、加压蒸汽杀菌及加压水杀菌等。一般果品罐头采用常压杀菌，是将罐头放入常压的热水或沸水中杀菌，杀菌温度不超过100℃，适用于pH低于4.5的酸性和高酸性食品的杀菌，如糖水苹果、梨、桃、杏等罐头的杀菌。加压杀菌适用于低酸性（pH大于4.5）罐头食品的杀菌，但有的果蔬罐头采用加压杀菌，可大大缩短杀菌时间。

**7. 冷却**

罐头杀菌后，必须迅速冷却，避免内容物长时间受高温作用。通常采用冷水喷淋和水浸两种方法，或者两种方法配合使用，即先淋后浸。但需注意，玻璃罐冷却时应分段降温，以防炸裂。

**8. 储存**

果蔬罐头的储存场所要求清洁、通风良好。储存适温一般为0～10℃。湿度以保持相对湿度在70%～75%为宜，最高不要超过80%。

**9. 果蔬罐头的检验**

(1)感官检验：观察瓶与盖结合是否紧密牢固，胶圈有无起皱，罐体是否清洁及锈蚀，判定罐内的真空度，是否为胖听罐。对内容物的色泽、风味、组织形态、汁液透明度、杂质等也进行检验。

(2)理化检验：包括罐头的总重、净重、固形物含量、糖水浓度、罐内真空度及有害物质等。

(3)微生物检验：将罐头置于保温箱中，维持一定的温度和时间，如果罐头杀菌不彻底或再侵染，微生物便会繁殖，使罐头变质。通常每批产品至少取12罐，中性和低酸性罐头在37℃下至少放置1周，酸性罐头在25℃下保温7～10 d。在保温培养期间，每日进行检查，若发现有败坏的罐头，应立即取出，开罐接种培养，确定细菌种类和数量，查找带菌原因及防止措施。

### （三）几种罐头的加工工艺流程

**1. 糖水梨罐头**

原料选择→洗涤→去皮→切分去心→修整→护色→抽空→预煮→装罐→排气→密

封→杀菌→冷却→检罐→成品

**2. 糖水橘子罐头**

原料选择→分级→洗涤→热烫→剥皮→去络分瓣→酸碱处理→漂洗→整理→分选→装罐→排气→密封→杀菌→冷却→擦罐入库→贴商标

**3. 番茄酱罐头**

原料验收→洗果→挑选→破碎→预热→打浆→真空浓缩→加热→装罐→称重→封口→杀菌→冷却→成品

## 二、果品蔬菜糖制

### (一)果品蔬菜糖制的原料选择

原料质量优劣主要在于品种和成熟度两个方面。蜜饯类因需保持果实或果块形态,故要求原料肉质紧密,耐煮性强,在绿熟时采收。果酱类、果泥类制品要选柔软多汁,易于破碎的品种,在充分成熟时采收。果浆制品的原料要求果胶质丰富,低成熟度采收。

**1. 蜜饯类原料**

(1)青梅类制品:制品要求鲜绿、脆嫩。原料宜选鲜绿质脆、果形完整、果大核小的品种,于绿熟时采收。大果宜加工雕花梅,中等果宜制糖渍梅,小果宜制青梅干、雨梅、话梅和陈皮梅等制品。

(2)蜜枣类制品:宜选果大核小,质地较疏松的品种。如安徽宣城的尖枣和圆枣,郎溪广德的牛奶枣和羊奶枣,山西的泡红枣,河南新郑的秋枣及陕西的梨枣等。果实由绿转白时采收,红果不宜加工,全绿果褐变严重。

(3)橘饼类制品:金橘饼以质地柔韧、香味浓郁的罗纹和罗浮最好,其次是金柑。橘饼以宽皮橘类为主。带皮橘饼宜选苦味淡的中小型品种,如浙江黄岩的朱红。

(4)杨梅类制品:选果大、核小、色红、肉柱齿的品种。如浙江萧山的早色、新昌的刺梅、余姚的草种。

(5)橄榄制品:选肉质脆硬的惠园和长营两个品种最好,药果、福果、笑口榄也宜。一般在肉质脆硬、果核坚硬时采收,过早过迟采收的果实都会影响制品质量。

**2. 果酱类原料**

(1)果酱类:宜用香气浓郁、色泽美观、易于破碎的柑橘、凤梨、苹果、杏、无花果、草莓、猕猴桃、山楂等果品为原料。凤梨、柑橘类果酱也可用罐藏下脚料加工制成。杏子以大红杏、鸡蛋杏、巴斗杏、串枝红等品种为佳。无花果以浙江、安徽的红皮无花果为佳。草莓宜选红色的鸡心、鸡冠、鸭嘴等品种。

(2)果泥类:苹果泥用含糖量和含酸量高的原料最好。枣泥用红枣制成。南瓜泥宜选肉质肥厚、纤维素少、色泽金黄的四川癞子南瓜。

(3)果冻类:应选果胶和果酸丰富的果品,如以山楂、花红、柑橘、酸樱桃、番石榴以及酸味浓的苹果为原料。

### (二)果品蔬菜糖制加工的主要工艺

#### 1. 果脯蜜饯类加工工艺

果脯、蜜饯类加工过程包括挑选、分级、清洗、去皮、去核、切分等前处理和盐腌、硬化、硫处理、染色、糖制烘干、包装等后序工艺。

(1)盐腌:用食盐或加入少量明矾或石灰腌制的盐坯(果坯),常作为半成品保存来延长加工期限。盐坯腌渍包括盐腌、曝晒、回软和复晒四个过程。盐腌有干盐和盐水两种。干盐法适用于果汁较多或成熟度较高的原料,用盐量一般为原料量的14% ~18%。盐水法适于果汁稀少或未熟果、酸涩苦味浓的原料。盐腌品可作水坯保存,或晒制成干坯长期保藏。

(2)保脆和硬化:为提高原料耐煮性和酥脆性,在糖制前对原料进行硬化处理。即将原料浸泡于生石灰($CaO$)或氯化钙($CaCl_2$)、明矾[$KAl(SO_4)_2 \cdot 12H_2O$]、亚硫酸氢钙[$Ca(HSO_3)_2$]稀溶液中,令钙、镁离子与原料中的果胶物质生成不溶性盐类,使细胞间相互黏结在一起,提高硬度和耐煮性。

(3)染色:在加工过程为防止樱桃、草莓失去红色,青梅失去绿色,常用染色剂进行染色处理。染色应选无毒的染色剂。天然色素和人工合成色素是当前主要的两类染色剂。天然色素如姜黄、胡萝卜素、叶绿素等,因着色效果差,使用不便,成本高,生产上应用较少。人工合成色素多达3000种以上。我国规定使用的有苋菜红、胭脂红、柠檬黄、靛蓝和日落黄等20多种。

(4)糖制(又称糖渍):糖制是蜜饯类加工的主要工艺。糖制方法有蜜制(冷制)和煮制(热制)两种。蜜制适用于皮薄多汁、质地柔软的原料。煮制适用于质地紧密,耐煮性强的原料。

(5)烘晒与上糖衣:多数制品在糖制后需烘晒,除去部分水分,使表面不粘,利于保藏。烘烤温度不宜超过65℃,烘烤后的蜜饯,要求保持完整、饱满、不皱缩、不结晶、质地柔软,含水量在18% ~22%,含糖量达60% ~65%。

(6)包装和储藏:干燥后蜜饯应及时整理或整形,然后按商品包装要求进行包装。包装既要达到防潮、防霉,便于转运和保藏,还要在市场竞争中具备美观、大方、新颖。

#### 2. 果酱类加工工艺

果酱类制品是以果蔬为原料,经过清洗、去皮、去核、软化、打浆或磨细,或压榨取汁,加糖及其他配料,经过浓缩、装罐而成的一类半流体或固体食品。

(1)原料处理及要求:原料需先剔除霉烂、成熟度低等不合格果,分别经过清洗、去皮(或不去皮)、去核(或不去核)、切块(莓果类及全果糖渍品原料要保持全果浓缩)、修整(彻底修除斑点、虫害等部分)等处理。去皮切块易变色的果品,要及时浸入食盐水或酸、盐混合护色液中,并尽快加热软化,破坏酶的活力。

(2)加热软化:加热软化的主要目的是破坏酶的活力,防止变色和果胶水解,软化果肉组织,便于打浆和糖液渗透,并蒸发掉部分水,缩短浓缩时间。果蔬软化时,可加水或加稀糖液加热软化。

(3)投料顺序:果肉先入锅加热软化10~20 min,然后加入浓糖液(以分批加入为宜),继续浓缩到接近终点时,按次加入果胶液或琼脂液,最后加柠檬酸液,在搅拌下浓缩至终点出锅。

(4)加热浓缩:加热浓缩是果蔬原料及糖液中水分的蒸发过程。大部分果蔬原料对热敏感性很强,浓缩方法有常压浓缩和减压浓缩。

(5)装罐、密封:果酱类大多用玻璃瓶或防酸涂料铁皮罐为包装容器,容器使用前必须彻底洗刷干净。铁罐用95~100℃热水或蒸汽消毒3~5 min,玻璃罐用95~100℃的蒸汽消毒5~10 min,而后倒罐沥水。装罐时保持罐温在40℃以上。果酱、果糕、果冻出锅后应及时快速装罐密封,一般要求每锅酱汁分装完毕不超过30 min,密封时的酱体温度不低于80~90℃,封罐后应立即杀菌冷却。

(6)杀菌、冷却:果酱加热浓缩过程中,微生物绝大多数被杀死,加上果酱高糖高酸对微生物也有很强的抑制作用,残留于果酱中的微生物是难以繁殖危害的。一般装罐密封后倒置数分钟,利用酱体余热进行罐盖消毒,直接入库,不用杀菌,即可保存1~2年。为了安全,封罐后可100℃杀菌处理5~10 min。铁皮罐可在杀菌结束后迅速用冷水冷却至常温,玻璃罐(或瓶)包装宜分段降温冷却。

## 三、蔬菜的腌制

我国蔬菜腌制品的种类很多,其加工方法也各不相同。这里仅介绍几种有代表性的蔬菜腌制方法。

**1. 腌菜类**

腌菜类(包括干态、半干态和湿态的盐腌制品)主要是利用较高浓度的食盐来保藏蔬菜,有些在腌制过程中通过轻微的发酵而改善蔬菜的风味。适于制作腌菜的蔬菜种类很多,常见的腌菜有五香萝卜干、冬菜、咸辣白菜、咸黄瓜、咸蒜头等。

**2. 酱菜类**

适于做酱菜的蔬菜有黄瓜、萝卜、芥菜、球茎甘蓝、莴笋等,其加工方法是先将新鲜蔬菜用盐腌成“菜坯”,经脱盐后再浸渍于豆酱、面酱或酱油中。常见的酱菜有豆酱、面酱、甜酱黄瓜、酱莴笋、大酱萝卜、酱芥菜头、甜酱什香菜、五香京冬菜、辣酱萝卜等。

**3. 泡酸菜类**

利用低浓度的食盐溶液或少量的食盐来腌泡蔬菜而制成的各种带有酸味的腌制品,食盐含量一般不超过2%~4%,主要是利用乳酸菌在低浓度的食盐溶液中进行乳酸发酵,只要乳酸含量达到一定浓度,并使产品与空气隔绝,就能达到长期保存的目的。常见的泡酸菜类品种有泡菜、酸白菜等。

**知识链接**

泡菜中的亚硝酸盐问题

泡菜在中国已拥有3000多年的历史,是中国传统发酵蔬菜食品,深受消费者青睐,其富含有机酸、维生素、膳食纤维等营养物质,通常作为配菜或开胃菜。但其生产过程中易产生亚硝酸盐类危害物。因此,泡菜加工过程中亚硝酸盐的产生及控制已成为国内外食品、生物领域的研究热点。

有研究认为乳酸菌降解亚硝酸盐有两个阶段,即产酸降解与产酶降解。发酵前期 pH >4.0 时,以乳酸菌产亚硝酸盐还原酶酶降解为主;发酵后期 pH <4.0 时,以乳酸菌产乳酸降解为主,并且此时发酵环境中 pH 较低,不利于产亚硝酸盐的微生物生长,从而抑制亚硝酸盐的生成。此外,部分乳酸菌在代谢过程中除会产生有机酸和亚硝酸盐还原酶外,同时也会产生具有抑制其他微生物生长的乳酸菌素。乳酸菌素是一类由乳酸菌核糖体产生并分泌到胞外的抗菌肽,能抑制亚硝酸盐的生成。

**4. 糖醋渍菜**

糖醋渍菜是把蔬菜浸渍在糖醋液内制成的腌制品,如小黄瓜、嫩大蒜头、萝卜、嫩姜、青番茄等均可进行糖醋渍。常见的糖醋渍菜有糖醋黄瓜、糖醋蒜、糖醋萝卜等。

## 四、果品蔬菜干制

### (一)果品蔬菜干制的方式

**1. 自然干制**

利用阳光和风力进行自然干制,有晒干和阴干两种。自然干制包括太阳辐射干燥和空气干燥两个基本因素。太阳辐射干燥是利用太阳的辐射热作为热源使水分蒸发,果蔬原料水分蒸发的速度主要取决于太阳辐射的强度和果蔬表面接受的辐射度。夏季、低纬度地区太阳辐射强度大,干燥速度快。空气干燥作用取决于大气的温度、湿度和风速几个方面的气候条件。温度高,相对湿度低,风速大,干制速度快。

**2. 人工干制**

人工干制是人工控制干燥条件,有效地缩短干燥时间,获得较高质量的产品。人工干制要具有良好的加热装置及保温设备,保证干制时所需的较高而均匀的温度,要有良好的通风设备,能及时排除原料蒸发的水分。常见的干制设备有烘灶、烘房和人工干制机(包括隧道式干燥机、滚筒式干燥机、带式干制机)等。近年来又出现了远红外线干燥、微波干燥、真空冷冻干燥等。

### (二)果品蔬菜干制的主要工艺

果蔬干制工艺包括原料清洗、挑选、切分、分级、漂烫、硫处理、干制、回软、包装、储藏等过程。

**1. 硫处理**

硫处理可以保护色泽，防止果蔬在干制中由于长时间高温而发生褐变。另外，硫处理抑制微生物生长，使干制品能够长时间得以保存。硫处理方法有熏硫和浸硫两种。

**2. 烘干**

烘干是果蔬干制中最主要的工艺。果蔬干制品的质量受烘干时的升温方式、通风排湿、烘盘倒换、烘干时间等影响。

**3. 回软**

干制后的果蔬常需在一个密闭的容器或储藏库内储藏一段时期，使其内部水分扩散，重新分布，以达到水分含量均一、质地柔软的目的。

**4. 包装**

包装要求防虫、防湿、阻气，并有一定的机械强度，长期保存的干制品会吸收大量的水分变得皮软、柔韧，影响质量，所以干制品防潮很重要。常见的包装容器有铁罐、玻璃瓶、复合塑料和纸容器。采用真空或真空充氮、充二氧化碳包装，可防止干制品压碎和微生物侵入。

**5. 储存**

果蔬干制品在储存过程中会发生吸湿、氧化、色泽和风味改变等现象，果蔬干制品应储存在较低温度和湿度的环境中，最佳储藏温度为0～2℃，相对湿度在65%以下。另外光线和空气与干制品的氧化和色素分解有关，应保存在避光、隔离空气的地方。

### （三）常见果蔬的干制技术

**1. 红枣人工干制**

（1）挑选、分级：拣出风落枣、病虫枣、破头枣，按品种、大小、成熟度分级，确保干燥程度一致。

（2）装盘：分级后的红枣装在烘盘上，一般1 $m^2$烘盘面积上装12.5～15 kg。

（3）烘制：红枣烘制分三个阶段：预热阶段：目的是枣由皮部至果肉逐渐受热，提高枣体温度，为大量蒸发水分做好准备。在这段时间内，温度逐渐上升至55～65℃，需烘6～10 h才能达到以上目的；蒸发阶段：目的是枣内游离水大量蒸发。为加速干燥，火力宜加大，使烘房温度升至68～70℃，不宜超过70℃，在8～12 h之内完成。要做好通风排湿工作，并及时抖动烘盘和倒换烘盘；干燥完成阶段：目的是使枣体内的各部分水分含量比较均匀一致，一般需要6 h左右即可达到目的。此时烘房内温度不低于50℃即可，相对湿度若高于60%以上时，仍应通风排湿。烘好的干枣，必须通风散温，方可堆放储存，以防积热发酵。

（4）包装：干枣的相对湿度一般为25%～30%，极易吸潮，因此干制完毕后的红枣应及时包装。

**2. 葡萄自然干制**

（1）原料的选择和处理：选择皮薄，果肉柔软，含糖量高（20%以上）的品种，果实要充分成熟，适时采收。为了加速水分蒸发，缩短干燥时间，可用浓度1.5%～4.0%的氢氧化钠处理1～5 s，随后立即用清水冲洗干净。经过浸碱处理的可缩短干制时间8～10 d。

(2)干制：葡萄装入晒盘曝晒10 d左右，当有一部分已干时，将果粒反扣在另一晒盘上(翻转时勿用力过猛，以免果粒脱落)，继续晒至2/3的果实呈干燥状，用手捻果粒无汁液渗出时，即可叠置，约1周阴干。干燥适度的葡萄干含水量为15%～17%，干燥率为3:1～4:1。

## 第五节　饮料加工

所谓的饮料(beverage)，指经过定量包装的，供直接饮用或用水冲调饮用的，乙醇含量不超过质量分数为0.5%的制品，不包括饮用药品。本节主要对软饮料的主要原辅料、碳酸饮料、果蔬汁饮料、茶饮料、蛋白饮料、瓶装饮用水、固体饮料和功能性饮料等内容做一介绍。

### 一、饮料用水及水处理

水是饮料生产中的重要原料之一，水质的好坏，直接影响成品的质量。在日常饮用的各种饮料中，85%以上的成分是水。因此饮料用水的处理对饮料生产具有重要的意义。

饮料用水的水质要求符合GB 5749—2006《生活饮用水卫生标准》，同时根据生产工艺需要进行处理，目的是除去水中固体物质，降低硬度和含盐量，杀灭微生物及排除所含空气。

**1. 混凝沉淀**

水的混浊通常是由细小悬浮物和胶体物所致。由于胶体微粒带有相同的电荷，产生静电斥力使其保持悬浮或不沉淀。因此必须添加混凝剂中和胶体表面所带电荷，破坏胶体稳定性，从而使其相互聚集，由小颗粒变成大颗粒而发生沉淀，达到使水澄清的目的。通常所用的混凝剂有明矾、硫酸铝、碱性氯化铝等铝盐和硫酸铁、硫酸亚铁、三氯化铁等铁盐两大类。有时为了提高混凝效果，加速沉淀，在混凝沉淀时除混凝剂之外还加入一种辅助剂即助凝剂。常用的助凝剂有：活性硅酸、海藻酸钠、羧甲基纤维素钠(CMC)、黏土及聚丙烯胺、聚丙烯等高分子助凝剂。另外还有用来调节pH值的石灰、碳酸钠、氢氧化钠等。

**2. 水的过滤**

经过混凝沉淀处理后的水仍需过滤，才能达到要求。通过过滤可以除去以自来水为原水中的悬浮杂质、氢氧化铁、残留氯及部分微生物。常用过滤的形式有池式过滤、砂芯棒过滤、活性炭过滤等。

**3. 水的软化**

硬度大的水，未经处理不能用作洗涤和冷却等的生产用水，若使用了这些水会产生大量水垢，使清洁的瓶子发暗，堵塞冲洗喷嘴影响洗瓶效率并在锅炉中形成隔热体，阻止热量的传递。用硬度过高的水配制饮料也会影响成品饮料的外观质量。因此饮料用水在使用前必须进行软化处理，使原水的硬度降低。水的软化方法主要有石灰软化法、电渗析法、反渗透法、离子交换法等。

**4.水的消毒**

原水经过混凝、沉淀、过滤、软化处理后,大部分微生物已被除去。但是仍有部分微生物留在水中,为确保产品质量和消费者的健康,在制造饮料时,特别是在制造碳酸饮料、矿泉水、纯净水以及包装后不再进行二次灭菌的果汁饮料时必须对水进行消毒处理。水消毒的目的是杀灭水中的致病菌,并使水中的细菌含量符合规定标准。常用的水消毒方法有氯消毒、紫外线消毒和臭氧消毒。

## 二、饮料常用的原辅材料

目前常用的原辅材料主要有甜味剂、酸味剂、香料和香精、色素、防腐剂、抗氧化剂、增稠剂等。

### (一)甜味剂(sweeteners)

甜味剂是指能赋予食品甜味的食品添加剂,它是饮料生产中的基本原料。一般以白砂糖为主,此外还有葡萄糖、果葡糖浆、人工甜味剂等。目前世界上使用的甜味剂很多,按其来源可分为天然甜味剂(葡萄糖、蔗糖等)和人工合成甜味剂(糖精、甜蜜素等);按其营养价值可分为营养型甜味剂(麦芽糖醇、木糖醇等)和非营养型甜味剂(糖精钠、甜蜜素等);按其化学结构和性质分为糖类和非糖类甜味剂。

### (二)酸味剂(acidity)

酸味剂是赋予食品酸味,还可调节食品的 pH 值。酸味剂分为有机酸和无机酸。食品中天然存在的酸主要是有机酸,如柠檬酸、酒石酸、苹果酸和乳酸等。目前作为酸味剂使用的主要也是这些有机酸。最近用发酵法或人工合成制取的延胡索酸(富马酸)、琥珀酸和葡萄糖酸等也广泛用于食品调味。无机酸主要是磷酸,一般认为其风味不如有机酸好,应用较少。

### (三)香料和香精(flavoring agents)

香料是具有香气和风味的物质,香精是由多种香料和附加物(如溶剂、载体、抗氧剂、乳化剂等)构成的混合物。在饮料中香精、香料虽然仅占 0.01% ~0.1%,但它们能够增进食欲,增加饮料花色品种并能提高饮料质量。

### (四)着色剂(colorant)

以给食品着色为主要目的的添加剂称着色剂,也称食用色素。食用色素分为天然食用色素和合成食用色素。天然色素直接来自动植物,除藤黄外,其余对人体无毒害。目前在饮料生产中允许使用的天然色素有姜黄素(用于碳酸饮料、冰激凌等)、红花黄色素(用于果汁饮料、碳酸饮料等)、虫胶色素(用于果蔬汁饮料、碳酸饮料等)、甜菜红(用于各类饮料中)和 $\beta$-胡萝卜素(用于风味酸奶等)等。人工合成色素色泽鲜亮,着色能力强,色调多样但具有毒性。目前在饮料生产中我国允许使用的合成色素有苋菜红(用于果汁饮料、碳酸饮料等)、胭脂红(用于豆奶饮料、酸奶等)、柠檬黄(用于果汁饮料、碳酸饮料、植物蛋白饮料、乳酸菌饮料等)、日落黄(用于果汁饮料、碳酸饮料、风味乳饮料、固体饮料等)和靛蓝(用于果汁饮料、碳酸饮料)等。

**(五)防腐剂(preservatives)**

食品防腐剂是用于防止食品因微生物而引起的变质,延长食品保质期而使用的一种食品添加剂,它还有防止食物中毒的作用。因此,加工的食品绝大多数含有防腐剂。目前使用较多的防腐剂有:苯甲酸和苯甲酸钠、山梨酸和山梨酸钾、对羟基苯甲酸丙酯等。其中苯甲酸和苯甲酸钠可用于碳酸饮料、果汁(味)型饮料、塑料桶装浓缩果蔬汁等。山梨酸和山梨酸钾除可用于上述饮料外,还可用于乳酸菌饮料。对羟基苯甲酸丙酯也可用于碳酸饮料和果汁(味)型饮料。

**(六)抗氧化剂(antioxidants)**

抗氧化剂是防止或减慢食品发生氧化作用,避免发生品质劣变,延长食品储藏期的一种食品添加剂。这些物质掺入食品后,使其先于食品与氧气发生反应,从而有效防止食品中脂类物质的氧化。目前常用的食品抗氧化剂有2,6-二叔丁基对甲酚(BHT);叔丁基-4-羟基茴香醚(BHA);没食子酸丙酯;维生素E(混合浓缩物);维生素C及异维生素C。

**(七)增稠剂(thickening agents)**

食品增稠剂通常指能溶解于水中,并在一定条件下充分水化形成黏稠、滑腻溶液的大分子物质,又称食品胶。饮料生产中常用的增稠剂以及作乳化稳定剂用的增稠剂主要有羧甲基纤维素钠、藻酸丙二醇酯、卡拉胶、黄原胶、果胶、瓜尔豆胶、刺槐豆胶等。

## 三、碳酸饮料

碳酸饮料(carbonated drinks)是指在一定条件下充入二氧化碳气的饮料,不包括由发酵产生的二氧化碳气的饮料。

**(一)碳酸饮料的种类**

在一定条件下充入二氧化碳气的饮料,不包括由发酵自身产生的二氧化碳气体的饮料。根据GB 10789—2015《饮料通则》、GB/T 10792—2008《碳酸饮料(汽水)》的规定,碳酸饮料主要分为下列种类。

**1. 果汁型(juice containing type)**

果汁型是含有一定量果汁的碳酸饮料。如橘汁汽水、柠檬汁汽水、橙汁汽水等。

**2. 果味型(fruit flavored type)**

果味型是以果味香精为主要香气成分,含有少量果汁或不含果汁的碳酸饮料,如橘子味汽水、柠檬味汽水。

**3. 可乐型(cola type)**

可乐型是以可乐香精或类似可乐果香型的香精为主要香气成分的碳酸饮料。此外,还含有砂仁、丁香等多种混合香料,因而味道特殊,喝起来非常爽口,深受人们欢迎。我国的可乐型汽水有天府可乐、崂山可乐等。

**4. 其他型(others type)**

上述3类以外的碳酸饮料,如苏打水、盐汽水、姜汁汽水、沙士汽水。

### (二)碳酸饮料生产工艺

碳酸饮料不论果汁型、果味型,还是可乐型和其他型,都是由水、调味糖浆和二氧化碳组成的,生产工艺大致相同,不同之处是调味糖浆的配方。根据成分的混合顺序,碳酸饮料的生产工艺大致有以下两种。

**1. 二次灌装法**

先将各种原辅料调配成调味糖浆,定量注入容器中,然后加入碳酸水至规定量,密封后混合均匀。二次罐装法工艺流程如下。

饮用水→水处理→冷却→气水混合← $CO_2$

↓

糖浆→调配→冷却→灌浆→灌水→密封→混匀→检验→成品饮料

↑

容器→清洗→检验

**2. 一次灌装法**

将各种原辅料调配成调味糖浆,然后与水按一定比例泵入汽水混合机内,进行定量混合,再冷却,并使该混合物吸收二氧化碳后装入容器,这种将饮料预先调配并碳酸化后进行灌装的方法又称前混合法、预调法或成品灌装法。一次灌装法是较先进的灌装方式,这种灌装法使水和糖浆都得到冷却和碳酸化,冷却效果和碳酸化效果都比较好,工艺简单,适合高速灌装,普遍用于大型饮料厂。一次灌装法工艺流程如下。

饮用水→水处理 }
糖浆→调配 } →混合→冷却→碳酸化→灌装→密封→检验→成品

↑

容器→清洗→检验

另外,将调味糖浆与碳酸水按一定比例定量混合后直接装入容器内,这种加碳酸水的一次灌装法,也称成品灌装法。工艺流程如下。

饮用水→水处理→冷却→气水混合 } ← $CO_2$
糖浆→调配 } →混合→灌装→密封→检验→成品

↑

容器→清洗→检验

### (三)糖浆的制备

糖浆的制备是碳酸饮料生产中重要的工艺环节,它的质量好坏直接影响产品质量。通常糖浆的制备有糖溶液制备和糖浆调配两部分。

**1. 糖溶液制备**

糖溶液是糖浆的主要成分,为保证饮料产品的质量,必须选择优良的甜味剂。我国在碳酸饮料中使用最多的甜味剂是砂糖。制备糖溶液首先需将砂糖溶解,砂糖的溶解分为间歇式和连续式两种。间歇式又可分为冷溶和热溶(蒸汽加热溶解和热水溶解)。

冷溶就是采用装搅拌器的容器,把糖和水按比例配好,在室温下进行搅拌,待完全溶化后过滤去杂。此法可以省去加热过程,成本低,能保持蔗糖清甜味。但溶糖时间长,设备利用率低,微生物易污染。此法适用于配置短期内饮用的饮料糖浆。

蒸汽加热溶解是将水和砂糖按比例加入到溶糖罐内,通蒸汽加热,在高温下搅拌溶解。此法溶糖速度快,所需时间短,效率高,同时可起到杀菌的作用。但由于蒸汽直接通入溶糖罐,会因蒸汽冷凝而带入冷凝水,糖液浓度和质量均受到影响。若用夹层锅加热,会因锅壁温度较高,搅拌出现死角时,容易黏结,影响传热效果和糖液质量。

热水溶解是边搅拌边把糖逐步加入到50~55℃热水中溶解,然后加热杀菌(90℃)、过滤、冷却。此法避免了用蒸汽加热时糖在锅壁上黏结,减少了蒸汽对操作环境的影响,粗过滤可除去糖液中的悬浮物和大颗粒杂质。国内一些厂家采用此法。

连续式指糖和水从供给到溶解、杀菌、浓度控制和糖液冷却均连续进行,生产效率高,全封闭,全自动操作,糖液质量好,但设备投资大。

**2. 糖浆的调配**

根据不同碳酸饮料的要求,在糖液中加入酸味剂和香精、色素、防腐剂、果汁及定量水等,将它们混合均匀即得糖浆,这个过程称为糖浆的调配。调配糖浆时的加料顺序是十分重要的,加料次序不当,将有可能失去原辅料应起的作用。投料顺序一般是:糖液→防腐剂→甜味剂→酸味剂→果汁→乳化剂→稳定剂→色素→香精→加水定容。

**3. 二氧化碳在碳酸饮料中的作用**

二氧化碳在碳酸饮料成分中所占的比重是很小的,但它的作用却很大,没有它就不能称为碳酸饮料,饮料中二氧化碳的主要作用如下:

(1)清凉作用:喝汽水实际上是喝一定浓度的碳酸,碳酸在腹中由于温度升高,压力降低,即进行分解。这个分解是吸热反应,当二氧化碳从体内排放出来时,就把体内的热带出来,起到清凉作用。

(2)阻碍微生物生长,延长汽水货架寿命:二氧化碳能致死嗜氧微生物,并由于汽水中的压力能抑制微生物的生长。国际上认为3.5~4.0倍含气量是汽水的安全区。

(3)突出香味:二氧化碳在汽水中逸出时,能带出香味,增强风味。

(4)有舒服的刹口感:二氧化碳配合汽水中其他成分,产生一种特殊的风味,各个不同品种需要不同的刹口感,有的要强烈,有的要柔和,所以各个品种都具有特定的含气量。

## 四、果蔬汁饮料

果蔬汁饮料是以新鲜或冷藏果蔬(少数采用干果)为原料,经过清洗、挑选后,采用物理的方法如压榨、浸提、离心等方法制得的汁液再通过加糖、酸、香精、色素等调配而得到的饮料。习惯上把果汁(浆)和蔬菜汁这两大类饮料产品合称为果蔬汁饮料。果蔬汁以其绿色天然著称，它除了能提供人们所需的水分，起到消暑解渴的作用以外，还具有特殊的营养生理意义。

### （一）果蔬汁饮料的分类

#### 1. 果汁饮料

（1）果汁（原果汁、天然果汁、纯果汁）（fruit juices）：采用机械或浸渗等方法提取的，未加水或因浸渗加水后又除去的，具有原水果果肉色泽、风味和可溶性固形物含量的汁液。在浓缩果汁中加入果汁浓缩时失去的天然水分等量的水，制成的具有原水果果肉色泽、风味和可溶性固形物含量的制品也属此类。

（2）果汁饮料（fruit drinks）：在果汁（或浓缩果汁）中加入水、糖液、酸味剂等调制而成的清汁或浑汁制品，成品中果汁含量不低于 100 g/L。如橙汁饮料、菠萝汁饮料、苹果汁饮料等。

（3）水果饮料（fruit drinks）：在果汁（或浓缩果汁）中加入水、糖液、酸味剂等调制而成的清汁或浑汁制品，成品中果汁含量不低于 50 g/L。如橘子饮料、菠萝饮料、苹果饮料等。含有两种或两种以上果汁的水果饮料称为混合水果饮料。

（4）水果饮料浓浆（fruit drink concentrates）：在果汁（或浓缩果汁）中加入水、糖液、酸味剂等调制而成的、含糖量较高、稀释后方可饮用的制品。成品的果汁含量不低于 50 g/L，按产品标签所标明的稀释倍数稀释。如西番莲饮料浓浆等。

（5）果肉饮料（nectars）：在果浆（或浓缩果浆）中加入水、糖液、酸味剂等调制而成的制品，成品中果浆含量不低于 300 g/L；用高酸、汁少肉多或风味强烈的水果调制而成的制品，成品中果浆含量不低于 200 g/L。含有两种或两种以上果浆的果肉饮料称为混合果肉饮料。

（6）果粒果汁饮料（fruit juices with granules）：在果汁（或浓缩果汁）中加入水，柑橘类的囊胞或切细的其他果肉等以及糖液、酸味剂等调制而成的制品，成品果汁含量不低于 100 g/L，果粒含量不低于 50 g/L。

#### 2. 蔬菜汁饮料

（1）蔬菜汁（vegetable juices）：在用机械方法将蔬菜加工制得的汁液中加入食盐或糖液等调制而成的制品，如番茄汁。

（2）蔬菜汁饮料（vegetable juice drinks）：在蔬菜汁中加水、糖液、酸味剂等调制而成的可直接饮用的制品。含有两种或两种以上的蔬菜汁的蔬菜汁饮料称为混合蔬菜汁饮料。

（3）复合果蔬汁（fruit/vegetable juice drinks）：用蔬菜汁和果汁、水、糖液等调制而成的制品。

（4）发酵蔬菜汁饮料（fermented vegetable juice drinks）：蔬菜或蔬菜汁经乳酸发酵后制成的汁液中加入水、食盐、糖液等调制而成的制品。

（5）藻类饮料（algae drinks）：将海藻或人工繁殖的藻类，经浸取、发酵或酶解后所制得的液体中加入水、糖液、酸味剂等调制而成的制品，如螺旋藻饮料等。

(6)食用菌饮料(edible fungi drinks):在食用菌子实体的浸取液或浸取液制品中加入水、糖液、酸味剂等调制而成的制品。或选用无毒可食用的培养基,接种食用菌菌种,经液体发酵制成的发酵液中加入糖液、酸味剂等调制而成的制品。

### (二)果蔬汁饮料生产工艺流程

果蔬汁饮料的生产工艺主要分为果汁型饮料和果肉型饮料两大类。

#### 1.果汁型饮料生产工艺流程

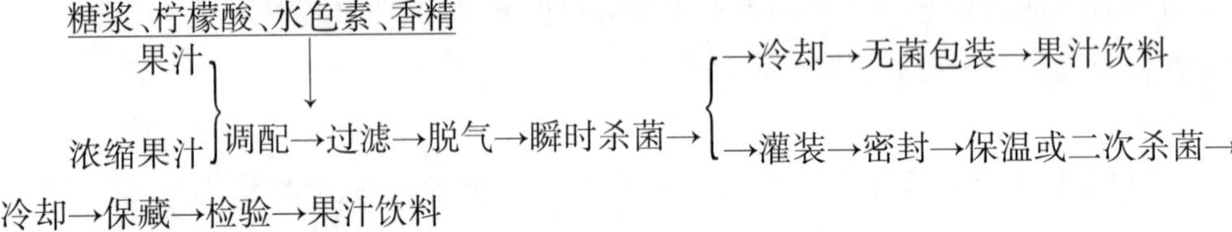


冷却→保藏→检验→果汁饮料

#### 2.果肉型饮料生产工艺流程

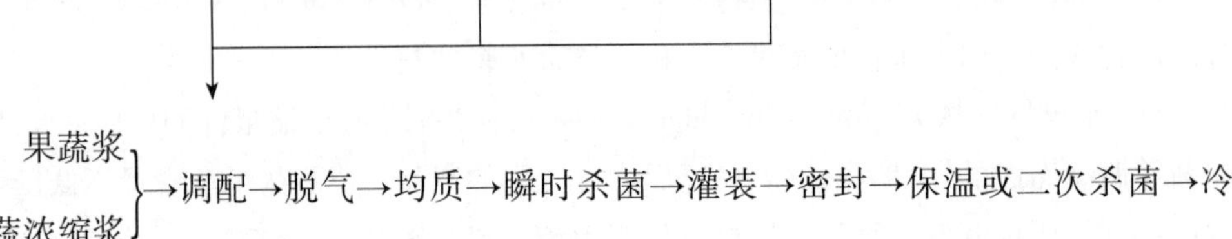


却→保藏→检验→果肉型饮料

## 五、茶饮料

茶饮料(tea drinks)是指以茶叶的水提取液或其浓缩液、速溶茶粉为原料,经加工、调配等工序制成的饮料。含有一定量的天然茶多酚、咖啡因等茶叶有效成分。茶饮料既具有茶叶的独特风味(茶味微苦,后味甘甜),又能增进营养,还可以提神、止渴、消食、利尿,它可以说是一类天然、安全、清凉、解渴的多功能饮料。

### (一)茶饮料的分类

#### 1.按原辅料不同

分为茶汤饮料和调味茶饮料。茶汤饮料又称纯茶饮料,是以茶叶为原料,加水浸提后的萃取液或其浓缩液、纯茶粉作为主剂,不经调配的纯茶稀释液加工而成,保持了原茶叶的香味品质和风味,如绿茶、红茶、乌龙茶等。

调味茶饮料是以茶叶为主要配料,再加入糖、果汁、香料、牛奶、酸味剂、二氧化碳等配料配置而成的风味各异的茶饮料,这类产品以合适的甜酸度,配合水果香和花香,茶叶风味并不显著突出。包括果味茶饮料、果汁茶饮料、碳酸茶饮料、奶味茶饮料及其他茶饮料。

#### 2.按茶叶类型

可分为红茶饮料、乌龙茶饮料、绿茶饮料和花茶饮料。

### (二)茶饮料的加工

#### 1. 绿茶饮料

绿茶饮料是以各种绿茶为主要原料,添加适当的抗坏血酸、抗坏血酸钠等抗氧化剂,抗氧化剂用量为0.5% ~1.5%,调整pH值,加入二氧化碳,为防止褪色添加适量的磷酸盐和食盐,并加入适量天然绿色素和香精,采用白砂糖、转化糖、葡萄糖、果糖和三梨醇等甜味料,最后再经过瞬时灭菌而制成。

#### 2. 红茶饮料

红茶经过发酵烘制而成,品性温和,味道醇厚,除含多种水溶性维生素外,还富含微量元素钾,当冲泡后,70%的钾可溶于茶水内。钾有增强心脏血液循环的作用,并能减少钙在体内的消耗。因红茶中所含的锰是骨骼结构不可缺少的元素之一,因而常喝红茶对骨骼强健有益。澳大利亚科学家发现,喝红茶能够有效地减少人们患皮肤癌。

#### 3. 乌龙茶饮料(无糖茶饮料)

乌龙茶是在一系列特殊工艺和天然条件下产生的,茶香清醇、茶味浓厚、鲜爽。乌龙茶过口后,口中反而有了绿茶的清香和红茶的醇厚,有种苦尽甘来的效果。乌龙茶是具有降压去脂、防治心血管病变、抗癌防癌、去脂减肥等功效的保健饮料

#### 4. 速溶加香茶

速溶茶一般是通过提取红茶叶的有效成分,经浓缩干燥而成。由于在制造过程中损失了大量产生茶香味的挥发物质或是由于芳香物质发生了化学变化失去香味。为了制成速溶茶恢复其原有茶香味,必须对速溶茶进行加香处理。一般加入邻氨基苯甲酸的酯类和其他一些添加物如柠檬酸等,这样配制的速溶茶既含有水溶性香味剂,又具有茶叶本身含有的可溶性物质,这种速溶茶加热水后很快可溶解成液体饮料。

## 六、蛋白饮料

蛋白饮料是以富含蛋白质的物质为主要原料,加入甜味剂、稳定剂、果蔬汁、可可、咖啡、香味剂等加工调制而成的饮料。根据蛋白质的来源分为含乳饮料和植物蛋白饮料两大类。

含乳饮料(drinks containing milk)是以鲜乳或乳制品为原料经发酵或未发酵加工制成的饮品。植物蛋白饮料(vegetable protein drinks)是以蛋白质含量较高的植物果实、种子、核果或坚果类的果仁等为原料,用水将所含蛋白质抽提出来后,加入糖等配料制得的乳浊状液体制品。植物蛋白饮料成品蛋白质含量不低于0.5%(*m/v*),产品有豆奶、花生乳、绿豆乳、银杏露等。

### (一)含乳饮料的分类

(1)配制型含乳饮料(formulated milk):以鲜乳或乳制品为原料,加入水、糖液、酸味剂等调制而成的制品。成品中蛋白质含量不低于1.0%(*m/v*)称乳饮料。如:咖啡乳饮料、果汁乳饮料、蛋乳饮料等。蛋白质含量不低于0.7%(*m/v*)称乳酸饮料。如广东今日集团的

乐百氏奶、杭州娃哈哈公司的果奶、太阳神公司的太阳神奶等。生产工艺如下：

砂糖→溶解→过滤　焦糖　牛乳或脱脂乳

咖啡豆→抽提→过滤→冷却→离心分离→提取液→调和→过滤→均质→灌装→杀菌→冷却→成品

(2)发酵型含乳饮料(fermented milk)：以鲜乳或乳制品为主要原料，经乳酸菌类发酵制得的乳液中加入水、糖液等其他辅助原料调制而得到的制品。成品中蛋白质含量不低于1.0%($m/v$)称乳酸菌乳饮料。乳酸菌活菌数量大于$1\times10^6$ CFU/mL。

### (二)植物蛋白饮料

#### 1.植物蛋白饮料的营养效用

植物蛋白饮料含有大量脂肪、蛋白质、维生素、矿物质、亚油酸和亚麻酸，但却不含胆固醇，长期食用，能溶解血管壁上的胆固醇沉积。

植物蛋白饮料还富含钙、锌、铁等多种矿物质和微量元素。大多数亚洲人体内不含乳糖酶，饮用牛奶有过敏反应，而植物蛋白饮料因不含乳糖，则没有这个问题，有利于人体消化吸收。

#### 2.植物蛋白饮料分类

(1)天然植物蛋白饮料：植物的籽仁经简单预处理(去壳、浸泡等)、加水磨浆、加热煮沸后直接饮用的称为天然植物蛋白饮料。它含有该植物籽仁的全部成分，不含任何食品添加剂。

(2)调制植物蛋白饮料：植物籽仁经原料预处理、加水磨浆、浆渣分离、加入食品添加剂等，杀菌后保质期在3个月以上的匀质乳液，即为调制植物蛋白饮料。此类植物蛋白饮料，蛋白质含量和脂肪含量均大于或等于1%。

(3)果蔬复合植物蛋白饮料：植物蛋白饮料中加入果汁或蔬菜汁，经加工处理获得果蔬复合植物蛋白饮料。常用果汁有草莓、橙、苹果和菠萝等，多采用浓缩清汁。常用的蔬菜汁有胡萝卜、番茄等。果蔬汁复合植物蛋白饮料多为酸性蛋白饮料，因此必须添加蛋白质稳定剂，使蛋白质不凝集而呈稳定的乳浊液状态。

#### 3.植物蛋白饮料的加工工艺

植物蛋白饮料的加工，主要是根据各种核果类籽仁及油料植物的蛋白质营养价值与功能特性所定。籽仁经过浸泡、破碎、磨浆、均质、灭菌等加工工序，避开蛋白质等电点及通过加入各种乳化稳定剂，使之形成“蛋白—油脂、蛋白—卵磷脂”或“蛋白—油脂—卵磷脂”的均匀乳浊液。杏仁露生产工艺流程：

脱苦杏仁→消毒清洗→烘干→粉碎→榨油→研磨→杏仁糊→过滤→调配→脱气→均质→杀菌→灌装→密封→杀菌→冷却→保温→检验→杏仁露产品

豆奶生产工艺流程：

大豆→清理→去皮→浸泡→磨浆→过滤→调配→高温瞬时灭菌→脱臭→均质→

{ 杀菌→无菌灌装→检验→成品 1
{ 包装→杀菌→冷却→检验→成品 2

## 七、固体饮料

固体饮料(powdered drinks)是果汁、动植物蛋白、植物提取物等各种原料调配、浓缩、干燥而成,或将各种原料粉碎,混合后呈粉末状、颗粒状或块状,经冲溶后即可饮用的制品。

### (一)固体饮料的分类

#### 1. 按主要原料分

(1)果香型固体饮料:果香型固体饮料是以糖、果汁、营养强化剂、食品香料、食用着色剂等为主要原料制成的,用水冲溶后具有与其品名相符的色、香、味等感官性状。按其果汁含量,果香型固体饮料又可分为果汁型和果味型两种。果汁型固体饮料实际上是一种固体状的果蔬汁饮料。

(2)蛋白型固体饮料:蛋白型固体饮料是以糖、乳及乳制品、蛋及蛋制品或植物蛋白以及营养强化剂为主要原料制成的,是固体状的蛋白质饮料,例如乳粉、豆乳粉、蛋奶粉以及维他奶和麦乳精等,蛋白质含量≥4%。

(3)其他型固体饮料:①以糖为主,配以咖啡、可可、香精以及乳制品等原料制成的制品,蛋白质含量低于蛋白型固体饮料的规定标准。②以茶叶、菊花等植物为主要原料,经浸提、浓缩和配料制成的制品,例如菊花晶、柠檬茶等。③以食用包埋剂吸收咖啡或其他植物提取物以及其他食品添加剂等为原料加工制成的产品。

#### 2. 按存在状态分

(1)粉末状固体饮料:这是一种呈粉末状的固体饮料。通常可用两种方法制得:一种是将各种原料加水溶解后经浓缩、喷雾而成粉末状;另一种是将各组分磨成粉末状,再按配方将各种粉末充分混合制成。

(2)颗粒状固体饮料:这是一种呈细颗粒状的固体饮料,形状不规则。一般可用两种方法制得:一种是通过配料、造粒、烘干、筛分而制成;另一种是通过配料、烘干、粉碎、筛分而制成。

(3)块状固体饮料:这是一种呈立方块状的固体饮料。多是由配料、成型、烘干(或不烘干)后制成。

#### 3. 按溶于水时是否起泡分

(1)起泡型固体饮料:这类固体饮料入水后会产生多量气泡,是因为原料中有柠檬酸和碳酸氢钠,溶于水时产生大量二氧化碳所致,固体汽水就属此类。

(2)非起泡型固体饮料:这类固体饮料溶于水时不产生气泡,绝大多数固体饮料属于此类。

### （二）固体饮料生产工艺

**1. 造粒法**

造粒法是使用最普遍的工艺，多采用旋转式或摇摆式制料机。近年出现的一步造粒法，大大地简化了以上工艺。一步造粒法混合、造粒、干燥在一台设备上同时完成，原料成粒后在流化状态下得到快速干燥，并可以方便地调整产品的颗粒大小。造粒法基本工艺流程如下：

原料→预处理→混合→造粒→干燥→冷却→整粒→调香→包装→成品

**2. 喷雾干燥法**

这种工艺生产效率高，生产的固体饮料颗粒小，组织疏松，溶水性极好，多用来生产速溶类产品。对于一些添加果汁，或直接使用原料提取物的产品，由于过多的水分，造粒困难，喷雾干燥较为经济实用。喷雾干燥法基本工艺流程：

原料→调配→均质→喷雾干燥→冷却→包装→成品

**3. 真空干燥法**

真空干燥法多用于蛋奶型固体饮料和干燥前黏性较大的产品。与造粒法相比，其产品中组分均匀，溶水性好。与喷雾干燥法相比，产品在生产过程中一直没有接触高温，营养成分破坏小，较适合于保健性固体饮料生产。真空干燥法基本工艺流程：

原料→调配→均质→脱气→真空干燥→粉碎→筛分→调香→包装→成品

**4. 压块法**

此法生产的固体饮料是块状或片状，其优点是饮用时容易计量，食用更方便。基本工艺流程：

原料→预处理→混合→造粒→压块→烘干→包装→成品

# 第六节　水产品加工

## 一、水产食品加工工艺

### （一）冷冻水产食品加工工艺流程

冷冻水产食品有生鲜的初级加工品和调味半成品，也有烹调的预制品。冷冻水产食品的生产工艺因水产品的种类、形态、大小、产品形状、包装等不同而有所差异，但一般都要经过冻结前处理、冻结、冻结后处理等过程。生鲜冷冻水产食品的加工工艺流程：

原料→鲜度的选择→前处理→冻结→后处理
↓
销售←冷藏贮运←包装

调理冷冻水产食品的加工工艺流程：

原料→鲜度的选择→前处理→调理加工→冻结→后处理→包装→冷藏贮运→销售

### (二)冷冻水产食品加工技术

**1. 原料鲜度的选择**

水产原料的最初质量对水产冷冻食品品质的稳定性有很大影响，因此，加工水产冷冻食品必须选择鲜度高的水产品作为原料。水产品鲜度好的，可用于加工冻鱼、冻虾等；鲜度较好的，可用于加工冻鱼片、冻虾仁等；鲜度较差的，不能用于加工冷冻水产食品。

**2. 前处理**

冷冻水产食品加工的前处理一般是指把水产品从捕捞后至冻结前的一系列加工处理过程。前处理必须在低温、清洁的环境下妥善地进行。另外，由于水产品的肌肉组织柔软脆弱，极易腐败，因此水产品捕获致死后，必须迅速处理，缩短加工时间，防止其腐败变质。前处理的操作工艺如下。

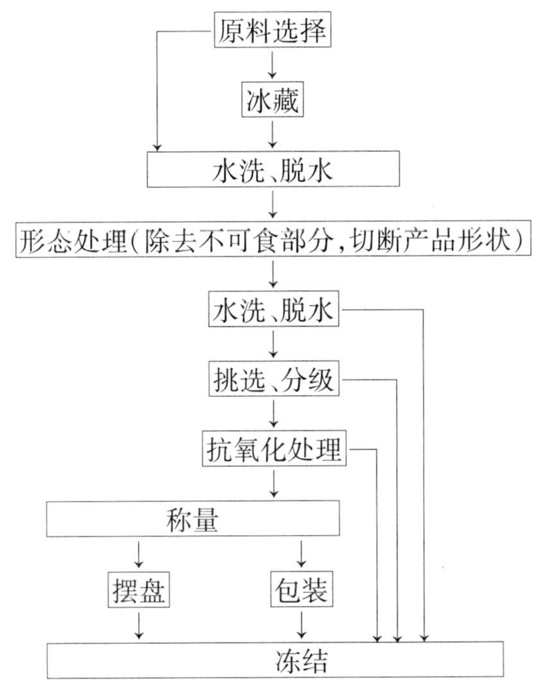


**3. 调理加工**

冷冻调理水产食品加工工艺流程与普通的冷冻水产食品不同，在冻结前它必须有一系列调理加工工序。调理加工是冻结调理食品所特有的。水产品的调理加工包括调味、裹面、成型、加热、冷却等工序。其中的加热方式有油炸、水煮、蒸煮、焙烤等，采用其中任意一种或组合的方法来进行加热，使产品通过加热处理使得生鲜食品变成熟制品。

**4. 冻结**

水产品原料经过前处理和调理加工后，进入冻结工序。冻结的温度和速度是影响水产品质量的关键因素。为了保持其高质量,必须采用快速降温的冻结方式,即水产品在冻结时必须以最快的速度通过0~-5℃温度区,并迅速达到冻结所需要的温度,一般要求冻品出冻结装置时的中心温度必须达到-15℃以下。

**5.冻结后处理**

冻结后处理是指水产冷冻食品从冻结装置中出来,在送往冷藏库进行长期的冻藏前,需要进行一些处理,主要包括脱盘、镀冰衣和包装等操作工序。

(1)脱盘:采用盘装的水产品在冻结完毕后依次移出冻结室,在冻结准备室中立即进行脱盘。脱盘可用手工,也可采用机械脱盘。一般从鱼车或运输带上取下鱼盘后,反转鱼盘,并将鱼盘一端在操作台上轻敲几下,冻鱼块即脱落出来滑到操作台上。如敲击盘仍难以脱出冻块,则可将鱼盘浮在水槽中,借水温融化脱盘,或盘底朝上,用自来水(10~20℃)向盘底冲淋一下使其稍微解冻,冻鱼块即可脱出。

(2)镀冰衣:镀冰衣就是将水产品浸渍在冷冻的饮用水中或将水喷淋在产品的表面形成一层薄冰层,其目的是使水产品和空气隔绝,防止空气的氧化作用,也可以防止冻藏期间的干耗,同时水产品表面的冰衣可使产品外观更加平整光滑,光泽感强。

镀冰衣的方法有浸渍式和喷淋式两种。浸渍式是将刚脱盘的冻结水产品浸入低温水中,利用其自身的低温使周围水变成冰层附着在冻结水产品表层而形成冰衣,镀冰衣重量可占冻品净重的5%~12%。喷淋式镀冰衣是连续机械化操作,上下两面喷淋,镀冰衣重量可占冻品净重的2%~5%。

(3)包装:目前国内外普遍使用的包装有收缩包装、充气包装、真空包装和无菌包装等。包装时需要注意:①必须在低温下进行,包装前包装材料要预冷到0℃以下。②每种冻品单独包装,同时与外包装的标示规格一致。③每一箱总质量控制在15~25 kg,便于流通搬运。④外包装材料上应明显标有产品的商标,并注明品名、产地、等级、批号、厂代号、毛重、净重及其他规定要求。⑤出口商品还用英文或进口商所要求的某国文字作相应的标示。⑥包装后应迅速进入冻藏间,防止品温回升。

**6.冻藏**

冻结后的水产品要想长期保持其鲜度,还要在较低温度下储藏,即冻藏。一般冷库的冻藏温度设置在-30~-18℃。我国的水产冷库库温一般保持在-18℃以下,有些发达国家则为-30℃。另外,温度的波动幅度、包装材料、湿度、堆放方式等对其冻品品质也有重要的影响。在冻藏期间如果不注意这些细节,将会给冻品品质造成很大的危害。因此,要严格控制库房温度、防止波动,在-18℃以下冻藏时允许有3℃的波动。其次要减少开门次数、进入人数和开灯时间。

### (三)冷冻水产食品加工实例

**1.罗非鱼片的冷冻加工**

(1)工艺流程。

新鲜原料鱼→冲洗→挑选→击昏→前处理(去头、放血、去鳞、去鳃、去内脏)→清洗→

剥皮→剖片→整形→挑刺修补→冻前检查→漂洗→称重→装盘→冻结→出盘→镀冰衣→包装→成品冻藏

(2)操作要点。

原料:选用捕获不超过 3 h 的鲜活罗非鱼作加工原料,个体规格在 0.5 ~1 kg。鱼体温度必须控制在 20℃以下。

冲洗、挑选:将原料鱼冲洗干净,洗涤水温控制在 20℃以下,必要时可加冰降温。在分类过程中,去除掉变质及不合格的鱼和其他杂质,剔除超出剖片机加工限度的大鱼和低于加工限度小鱼(这部分鱼可用手工剖片或作其他加工)。

击昏:可用 220 V 交流电将活罗非鱼击昏,或放入 3 ~5℃冰水中冷却 3 ~4 h。其目的是将鱼体处于休克昏迷状态,便于剖杀。电击法比冷却法好。

前处理:挑选后的鱼货按规格分别进行"三去"后,用切头机或人工去头,切头时要注意不能去头过大或过小,过大会降低出肉率,过小则使部分头骨保留在鱼段上,影响切片质量。然后经充分漂洗干净后进行沥干水。

泡洗:用储鱼槽放入冷水浸泡去头的鱼体,浸出体内残留的血迹,防止鱼片变色。水温要控制在 15℃以下。

剥皮:一般可使用剥皮机或人工剥皮。在剥皮工序中,刀片的刃口是关键,刀片太快易割断鱼皮,刀片太钝则剥皮困难,故必须掌握好刀片刃口的锋利程度,否则会影响鱼片的质量和出品率。

剖片:一般可使用剖片机或人工剖皮,根据原料鱼规格,采用合适的剖片方法。

整形:将切割完的鱼片置于塑料网筐中,用流水冲洗干净后即可整形。整形的目的是切去鱼片上残存的鱼鳍等影响外观的多余部分。整形时应注意产品的出品率。若发现变质鱼,应挑出另行处理。

挑刺修补:去除鱼片上的血斑,去掉鱼片上的鱼皮残痕,包括鱼体表皮和内膜等,鱼皮残痕超过 0.5 $cm^2$ 以上属于不合格;去掉鱼片上的残脏;挑出鱼片上的骨刺,每千克鱼片不超过 15 根骨刺。

冻前检查:对鱼片进行灯光检查,挑出寄生虫。常见的有线虫、绦虫和原生虫(孢子虫)三种。

漂洗:鱼片经挑虫工序后,用清洁的淡水仔细洗净,然后用食品添加剂溶液进行漂洗。一般采用 3% 左右的多聚磷酸盐和焦磷酸盐混合物,配制时用温水使其尽快溶解。漂洗液的温度一般掌控在 5℃左右,超过 5℃时需要加冰降温。漂洗时间一般掌握在 3 s 即可。漂洗后将鱼片充分沥干水。

称重:为保证快速准确地称量鱼片,应配专职称量人员,每一包装单位的重量根据销售对象而定,一般为 0.5 ~2 kg,为了补充冻结过程鱼货的水分损失,称重时要增加 2% ~5% 的重量(加水)。

装盘:鱼片要整齐排放,朝盘的两端或两侧摆齐,或按客户要求进行摆放。装盘后,鱼片不得露出盘外或高于盘面。

冻结：必须采用平板冻结法或单体冻结法进行快速冻结，冻结时间应在 2 h 内使鱼片中心温度降至 -18℃以下。鱼片冻块尺寸不能超过标准限度，冻块表面冰隙不能超过 29 mm，气孔不能超过 1 mm。

脱盘：脱盘时水温不超过 20℃，操作过程中应注意保证鱼块的完整。

镀冰衣、包装：镀冰衣用水温度宜在 3℃左右，镀冰衣浸水时间第一次 8 s 左右，若要镀 2 次冰衣，第 2 次浸水时间 5 s 左右。所镀冰衣要均匀，鱼块应被冰衣完全覆盖。镀冰衣后立即进行包装。包装应在 4℃以下的环境中进行，包装材料在使用前必须要预冷到 0℃以下，以防止动品的温度回升。

检验：每天对生产成品的抽检按照有关卫生标准进行。或每吨成品抽检 1 箱，并填写检验报告单。

冷藏：包装后的冻品应迅速送进冷库，按生产日期、分类摆垛堆放储藏，库温必须控制在 -23℃以下，温度的波动不得高于 3℃。入库时要注意操作，不能使包装箱破损和冻块摔跌。运输时应先将集装箱温度降至 -20℃以下，出货时要以先进先出为原则。

**2. 冷冻调理鱿鱼圈**

冷冻调理鱿鱼圈产品如图 6 -2。

图 6 -2　鱿鱼圈

(1) 工艺流程。

原料→解冻→切头、去内脏、去软骨→清洗→切圈→浸泡→清洗→消毒→控水→上粉→速冻→称重→装袋→包装入库

(2) 操作要求。

原料处理：以冷冻鱿鱼为加工原料，在原料解冻时，一般采用水浸解冻，注意解冻间的温度不宜过高，解冻时间不宜过长，以解冻至微冻状态为宜，否则鱿鱼会发生变色，影响成品品质。以解冻至微冻状态为好，然后切除鱿鱼头部，注意切头时贴近头侧下刀，以利于去内脏的操作。手工掏除内脏，用冷却水冲洗，除去残留内脏、黏液等，顺手摸除鱿鱼体内的软骨。

清洗、消毒：用0.05‰的次氯酸钠浸洗，消毒鱿鱼胴体。

切圈：消毒后的鱿鱼按规定切成宽度1.2～1.5 cm的均匀鱿鱼肉圈，尽量减少下脚料，提高产品成品率。切圈时注意下刀要快，不要连刀，以免影响加工速度。

消毒：将切好的鱿鱼圈放入消毒液中浸泡，然后在清洗槽内依次清洗3遍，沥水待用。

上粉：将已调配好的调味粉按1∶3的质量比与淀粉均匀混合，沥好水的鱿鱼圈均匀沾上混合粉，要求鱿鱼圈上的淀粉不能沾得过多。

速冻：将上粉完毕的鱿鱼圈立即摆到单冻机上，要求鱿鱼圈的形状完整，相互间无粘连。在-30℃以下的低温下快速冻结，冻品中心温度达-15℃即可。

称重、包装、储存：将冻好的鱿鱼圈按规定称量、包装，在装袋时，袋内的空气应挤出后再封口，封口线应均匀且不得断裂，以免出现漏气现象。包装完毕，送入-18℃以下的冷藏库中储存。

## 二、鱼糜和鱼糜制品加工

鱼糜是指将原料鱼洗净，去头、内脏，采鱼肉，加入2%～3%的食盐进行擂溃或者斩拌所得到的非常黏稠状的肉糊，称为鱼糜，又称为鱼浆，俗称鱼肉泥；将鱼糜再经漂洗、精滤、脱水、加入抗冻剂搅拌和冷冻加工制成的糜状产品被称为冷冻鱼糜；将冷冻鱼糜解冻或直接由新鲜原料制的鱼糜再经加盐擂溃，成为黏稠的鱼浆，再经调味混匀，做成一定形状后，进行水煮、油炸、焙烤、烘干等加热或干燥处理而制成的具有一定弹性的水产食品，称为鱼糜制品。主要品种有鱼丸、虾饼、鱼糕、鱼香肠、鱼卷、模拟虾蟹肉、鱼面等。

鱼糜按生产场地可分为海上鱼糜和陆上鱼糜。同样条件下，海上鱼糜的弹性和质量更好。根据是否加盐又可分为无盐鱼糜和加盐鱼糜，无盐鱼糜一般添加5%左右的蔗糖和0.2%～0.3%食品级多聚磷酸盐（焦磷酸钠和三聚磷酸钠各50%）。容易凝胶化的鱼类采用无盐鱼糜的方式较稳定。加盐鱼糜主要添加5%蔗糖、5%山梨醇和2.5%食盐即可，在不容易凝胶化的鱼种中使用，并且在只需短时间储藏时采用此法比较稳定。需要长期储藏的采用无盐鱼糜比较适合。

### （一）冷冻鱼糜的生产工艺

#### 1. 工艺流程

原料鱼→前处理→水洗（洗鱼机）→采肉（采肉机）→漂洗（漂洗装置）→脱水（离心机或压榨机）→精滤（精滤机）、分级→搅拌（搅拌机）→称量→包装（包装机）→冻结（平板冻结装置）→冻藏

#### 2. 操作要点

（1）原料鱼的选择：一般选用白肉鱼类如白姑鱼、狭鳕、蛇鲻、海鳗、梅童鱼等作原料。

（2）前处理：前处理包括鱼体洗涤、三去（去头、去内脏、去鳞和皮）和第二次洗涤等工序。进厂的原料鱼按鱼种分类并按鲜度区分开，然后用洗鱼机或人工方法冲洗，除去表面的黏液和细菌，可使细菌数量减少80%以上。洗涤后去鳞、去头和去内脏。然后进行第二

洗涤除去腹腔内的残余内脏、血液和黑膜等。

(3)采肉:采肉是指利用采肉机械将鱼的肉和皮骨等分开的过程。采肉机的种类可分为滚筒式和履带式等,目前普遍使用的是滚筒式采肉机。任何形式的采肉机都不能一次性将肉采取干净,即在皮骨肥料中仍残留少量肉,故可进行第二次采肉,但第二次采肉质量较低一次差,色泽较深,碎骨较多,两次采肉不能混合,分别存放。生产冷冻鱼糜必须采用第一次采的肉,第二次采的肉不做冷冻鱼糜,一般作为油炸制品的原料。

(4)漂洗:漂洗是指用水或水溶液对所采的鱼肉进行洗涤,以除去鱼肉中的水溶性蛋白、色素、气味、脂肪、残余的皮及内脏碎屑、血液、无机盐类等杂质。漂洗方法有两种,一种是清水漂洗法;另一种是稀碱水漂洗法。根据鱼类肌肉的性质来选择。白肉鱼可直接用清水漂洗;红肉鱼和鲜度较差的鱼肉一般用稀碱水漂洗。漂洗水温应控制在3~10℃。

(5)脱水:冷冻鱼糜和鱼糜制品对水分含量有严格的要求。由于鱼肉经漂洗后水量较多,所以必须脱水。脱水的方法有三种:第一种是过滤式旋转筛,第二种是螺旋压榨机,第三种是用离心机离心脱水。鱼糜经脱水后水分含量在80%左右。

(6)精滤:精滤的目的是除去残留在鱼肉中的骨刺、鱼皮、鱼鳞等杂质。根据原料鱼种和产品质量要求的不同,生产上有两种不同的工艺。红肉鱼类,经过漂洗脱水后,再通过精滤机将细碎的鱼皮、鱼骨等杂质去除。白肉鱼类,经过漂洗后先脱水、精滤、分级再脱水。经漂洗后的鱼糜用网筛或滤布预脱水,然后用高速精滤分级机进行分级。使用分级精滤机分级过滤鱼肉,可以得到三种以上的产品质量等级。第一段分离出来的鱼肉色泽洁白,不溶性蛋白质少,质量最好,为一级肉,第二、第三、第四段分离出来的鱼肉色泽逐渐变深,不溶性蛋白质逐渐增多,过滤得到的鱼肉分别为二级、三级和四级。

(7)称量、包装:将鱼糜输入包装充填机,由螺杆旋转加压挤出一定形状的条块,每块10 kg,按要求装入厚度0.04 mm以上的聚乙烯塑料有色袋,不同鱼种用不同颜色的袋加以区别,装入鱼糜的塑料袋放入冻结盘中。为防止氧化,包装时应尽量排除袋内空气。包装袋需标明鱼糜名称、等级、生产日期、质量、批号等。

(8)冻结和冻藏:包装好的鱼糜应尽快送去冻结,通常采用平板冻结机进行速冻,冻结温度-35℃,时间3~4 h,使鱼糜中心温度达到-20℃。冷冻鱼糜的储藏温度要求在-20℃以下。

### (二)鱼糜制品加工工艺

#### 1. 工艺流程

鲜鱼→前处理→水洗→采肉→漂洗→脱水→精滤、分级

↓

冷冻鱼糜→解冻→擂溃→成型→凝胶化→加热→冷却→包装→速冻→冻藏

#### 2. 操作要点

(1)冷冻鱼糜解冻:普遍采用自然解冻法,在3~5℃空气中或流动水解冻,待鱼糜回温

至 -3℃在半解冻状态下即可，然后用切割机切割或绞肉机绞碎，再用斩拌机斩拌或擂溃机擂溃。

（2）擂溃：擂溃是鱼糜制品生产的一个重要工序之一。擂溃设备有三种：擂溃机、斩拌机和高速真空斩拌机。擂溃过程要严格控制温度不能超过10℃。

擂溃操作过程可分为空擂、盐擂和调味擂溃三个阶段。空擂：将解冻好的冷冻鱼糜放入擂溃机中，通过搅拌和研磨作用，使鱼肉的肌纤维组织进一步破坏，为盐溶性蛋白的充分溶出创造良好的条件，空擂溃时间一般5～15 min，使冷冻鱼糜温度上升至0℃以上，空擂结束时最好在4℃左右。盐擂：在空擂后的鱼肉中加入鱼肉质量1%～3%的食盐继续擂溃的过程。经擂溃使鱼肉的盐溶性蛋白质充分溶出，使鱼肉变成黏性很强的溶胶，时间一般控制在15～30 min。调味擂溃：在盐擂后，加入砂糖、淀粉、调味料和防腐剂等辅料并使之与鱼肉充分混匀，一般可使上述添加的辅料先溶于水再加入，擂溃时间一般10～15 min。

（3）成型：成型操作在擂溃之后应立即进行，不能长时间拖延。若在成型之前发生了凝胶化，由于凝胶化是不可逆的凝结现象，所以制成的制品弹性就会显著降低。而且这种发生了凝胶化的鱼肉糜，即使再次擂溃也不能成为黏稠的鱼肉糜。

（4）凝胶化：鱼糜凝胶化的过程是鱼肉蛋白质分子间进行反应、形成弹性网状结构、提高弹性和保水性的过程。目前普遍采用35～40℃数十分钟凝胶化方法。

（5）加热：加热工序和擂溃工序一样是鱼糜制品生产过程中很重要的工序。具有可塑性的鱼糜凝胶通过50℃以上高温加热很快失去其可塑性，变成富有弹性的不可逆性凝胶。另一作用是杀死鱼肉中存在的部分微生物。此外，加热的第三个作用是使掺加了淀粉的鱼糜制品中的淀粉糊化。鱼糜制品加热的方法很多，常用的方法有蒸、煮、烤、炸等。

（6）冷却、包装：加热后鱼糜制品需立即冷却，使其吸收加热时失去的水分，防止干燥而发生皱皮和褐变等，使制品表面柔软和光滑。完全冷却后的鱼糜制品通过人工或用自动包装机按要求进行包装。

（7）速冻、冷藏：除鱼肉香肠和鱼肉火腿等常温制品外，大部分的鱼糜制品都需经过速冻后在低温中储藏和流通。通常使用平板速冻机进行速冻，冻结温度为 -35℃，时间为3～4 h，使鱼糜中心温度降至 -20℃。

## 复习思考题

1. 简述食品加工的概念。
2. 了解食品加工的目的及加工食品的分类。
3. 稻谷精深加工的形式有哪些？
4. 简述面制食品的主要加工形式有哪些？
5. 简述植物油脂的提取方法及油脂精炼的工艺步骤。
6. 简述肉制品的主要加工技术有哪些，并举例说明。

7. 简述酸乳的概念及种类。

8. 简述果蔬罐头的主要加工工艺及操作要点。

9. 什么是饮料？它包括哪些种类，并举例说明。

10. 饮料生产中常用的原辅材料有哪些？

11. 简述 $CO_2$在碳酸饮料中的作用。

12. 简述果蔬汁饮料的分类。

13. 什么是蛋白饮料，并简述其分类。

14. 简述镀冰衣的概念及方法。

15. 简述鱼糜的概念及鱼糜加工中擂溃工序的操作过程。

## 参考文献

[1]张有林. 食品科学概论[M]. 北京:科学出版社,2006.

[2]朱蓓薇,曾名湧. 水产品加工工艺学[M]. 北京:中国农业出版社,2010.

[3]罗云波,蔡同一. 园艺产品贮藏加工学[M]. 北京:中国农业大学出版社,2001.

[4]蒋和体. 软饮料工艺学[M]. 重庆:西南大学出版社,2008.

[5]胡小松,蒲彪. 软饮料工艺学[M]. 北京:中国农业大学出版社,2002.

[6]周光宏. 畜产品加工学[M]. 北京:中国农业大学出版社,2002.

[7]孟宏昌,李慧东,华景清. 粮油食品加工技术[M]. 北京:化学工业出版社,2008.

# 第七章　食品安全与质量控制

**本章学习目标**

1. 能简要描述食品安全危害的来源和种类。
2. 能简述生物性危害、化学性危害和天然毒素对食品安全的影响及控制措施。
3. 能正确理解食品添加剂对食品的作用，并能从人文、法律、健康、社会等角度综合评价食品添加剂对食品安全的影响。

食品是人民生活的最基本必需品，食品安全与否关系到人们的健康和生命的安全，甚至是子孙后代的延续与健康，关系到民族的素质，关系到农产品、食品的安全信用程度和国际形象，关系到食品行业能否健康、稳定地发展。近年来，国际上的一些地区和国家频发恶性事件，食品安全问题也相对突出。我国随着经济和社会的持续较高速度的发展，在基本解决食物保障问题的同时，食物的安全问题越来越引起全社会的关注，尤其是我国作为WTO的新成员，与世界各国间的贸易往来会日益增加，世界某一地区的食品问题很可能会波及全球，从而对我国食品安全带来巨大影响。食品安全问题在某种程度上也影响着我国农业产品和产业结构的战略性调整。

食品安全危害是指潜在损坏或危及食品安全和质量的因子或因素，可以发生在食物链的各个环节。在食品中有可能存在天然或被污染的有害因子，可能会对人体带来安全隐患和伤害，这些食品中的危害通常称为食源性危害，依据来源分为天然毒素和外界污染物，依据性质可分为生物性危害、化学性危害、食品中的天然毒素和食品添加剂的危害，对人体健康和生命安全造成危险。

**知识链接**

食品安全问题是民生问题

食品安全是民生，民生与安全联系在一起就是最大的政治。2015年5月，在中央政治局集体学习时，明确提出了要用“4个最严”来监管食药安全，用最严谨的标准、最严格的监管、最严厉的处罚、最严肃的问责，加快建立科学完善的食品药品安全治理体系。这就对做好食品安全工作提出了一个具体要求，一个底线要求。

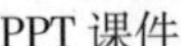

PPT 课件　　讲解视频

## 第一节　生物学因素

微生物因素导致食品腐败变质、微生物毒素及传染病流行，是多年危害人类的顽症。以往一些常见的细菌性食物中毒尚未得到理想的控制，从而导致中毒事件频繁发生，如沙门氏菌、金黄色葡萄球菌、肉毒梭菌等，而新的细菌性食物中毒又不断出现，如大肠杆菌O157、李斯特菌等。人类历史上一些猖獗一时的瘟疫，在医药卫生及生活条件改善的情况下，已得到一定程度的控制。但现实证明人类在与病原微生物较量中的每一次胜利，都远非一劳永逸。原因是社会经济及文化发展的不平衡、食品生产与消费方式的改变，以及病原微生物适应性与对抗性在与人类的共同进化中不断提高。如果说营养不平衡问题在很大程度上是由个人行为决定的，那么，微生物污染致病则始终是行政和社会控制的首要重点工作。

### 一、有害微生物的种类

#### （一）细菌

按其形态，细菌分为球菌、杆菌和螺形菌；按其致病性，细菌又可分为致病菌、条件病菌和非致病菌。

细菌对食品的污染通过以下几种途径：一是对食品原料的污染：食品原料的品种多、来源广，细菌污染的程度因不同的品种和来源而异；二是对食品加工过程的污染；三是在食品贮存、运输、销售中对食品造成的污染。常见的易污染食品的细菌主要有假单胞菌、微球菌和葡萄球菌、芽孢杆菌与芽孢梭菌、肠杆菌、弧菌与黄杆菌、嗜盐杆菌与嗜盐球菌、乳杆菌等。

食品中细菌对食品安全和质量的危害表现在两个方面：一是引起食品腐败变质；二是引起食源性疾病，如果食品被致病菌污染，将会造成严重的食品安全问题。

#### （二）霉菌及其毒素

霉菌及其产生的毒素对食品污染多见于南方多雨地区，目前已知的霉菌毒素有20多种，不同的霉菌其产毒能力不同，毒素的毒性作用也不同。与食品关系较为密切的霉菌毒素有黄曲霉毒素、精曲霉毒素、杂色曲霉素、岛青霉素、层青霉素、橘青霉素、单端孢霉素类、丁烯酸内酯等。霉菌及霉菌毒素污染食品后，引起的危害主要有两个方面，即霉菌引起的食品变质和霉菌产生的毒素引起的人类中毒。霉菌污染食品可使食品的食用价值降低,甚至完全不能食用,造成巨大的经济损失。

#### (三)病毒

病毒非常微小,不仅肉眼看不见,而且在光学显微镜下也看不见,需用电子显微镜才能察觉到。病毒对食品的污染不像细菌那么普遍,但一旦发生污染,产生的后果将非常严重。

病毒污染包括口蹄疫病毒、狂犬病毒、流感病毒、肝炎病毒等,对消费者的危害是引发人畜共患病。2001 年在英法等国暴发的口蹄疫流行,1997 年我国香港暴发的禽流感及近年来在亚洲等国暴发的禽流感,1987 ~ 1988 年我国上海暴发的甲型肝炎及英国等国暴发的疯牛病,均为病毒污染。

#### (四)寄生虫

在寄生关系中,寄生虫的中间宿主具有重大的食品安全意义。畜禽、水产是许多寄生虫的中间宿主,消费者食用了含有寄生虫的畜禽和水产品后,就可能感染寄生虫。例如,吸虫中间宿主是淡水鱼、龙虾等节肢动物,生吃或烹调不适,会使人感染吸虫。

寄生虫污染包括血吸虫、绿虫、弓形虫、旋毛虫等。这类污染对消费者的危害主要是因烹调食用不当,可能使人感染人畜共患寄生虫病。生吃水产品在部分地区较流行,使人们患寄生虫病的危险性大幅增加。

## 二、有害微生物生长及控制

#### (一)有害微生物的生长

微生物的生长繁殖是其在内外各种环境因素相互作用下的综合反映,因此,生长繁殖情况就可作为研究各种生理、生化和遗传等问题的重要指标;同时,微生物在生产实践上的各种应用或是对致病、霉腐微生物的防治,也都与它们的生长繁殖和抑制紧密相关。与食品腐败变质有关的微生物如下:

**1. 细菌**

引起食品腐败的微生物主要是细菌类,特别是那些能分泌大量蛋白质分解酶的腐败细菌。它们主要分属于以下七个属:假单胞菌属(*Pseudomonas*)、芽孢杆菌属(*Bacillus*)、梭状杆菌属(*Clostridium*)、无色杆菌属(*Achromobacter*)、变形杆菌属(*Bacter proteus*)、黄色杆菌属(*Flauobacterium*)和小球菌属(*Micrococcus*)。

**2. 霉菌**

引起食品霉变的主要有毛霉属(*Mucor*)的总状毛霉(*Mucor recemosus*)、大毛霉(*Mucor mucedo*),根霉属(*Rhizopus*)的黑霉(*Rhizopus nigricane*),青霉属(*Penicilluium*)的灰绿青霉(*Penicilluium giaucum*),黑曲霉(*Aspergillus niger*)等。

**3. 酵母**

酵母主要生长在偏酸的含糖环境中,大多数酵母具有利用有机酸的能力,但其分解蛋白质、脂肪的能力较弱,不能利用淀粉。

### (二)有害微生物的控制技术

在我们周围的环境中,到处都有各种各样的微生物存在着,其中有一部分是人类的有害微生物。它们通过气流、相互接触或人工接种等方式,传播到合适的基质或生物对象上从而造成各种危害。例如,食品和工农业产品的霉腐变质;实验室中微生物或动植物组织、细胞纯培养物的污染;培养基或生化试剂的染菌;微生物工业发酵中的杂菌污染;以及人体和动、植物受病原微生物的感染而患各种传染病等。对这些有害微生物应采取有效的措施来抑制或消灭它们。

**1. 杀菌处理**

(1)加热杀菌:一般病原菌的耐热性较差,通过低温杀菌就可以将其杀死。但是,细菌的芽孢具有较高的耐热性,因此,常将肉毒梭状芽孢杆菌定为非酸性罐头杀菌的指示菌。

(2)超高压杀菌:是将食品置于高压容器中,在常温或低温状态下,对其施加 200 ~ 600 MPa高压处理,以达到完全杀菌或降低食品中微生物活性和酶活性的物理杀菌方法。

**2. 辐照处理**

主要是利用核辐射产生的 $\gamma$ 射线或电子加速器产生的电子射线对食品进行辐照处理,以达到杀灭微生物和酶的目的。目前,有四种辐照源适合于食品辐照,即由电子加速器产生的两种辐照源是产生 5 MeV 的 X 射线和 10 MeV 的加速电子;由放射性元素产生的两种辐照源是 60CO(1. 17 MeV 和 1. 3 MeV)和 137CS(0. 66 MeV)产生的 $\gamma$ 射线。其原理是利用放射性同位素 60CO 衰变产生的 $\gamma$ 射线照射物品,电离辐射与细菌的 DNA(脱氧核糖核酸)分子发生直接和间接作用,造成 DNA 分子链断裂,核糖核酸、蛋白质及酶变性、失活,细胞损伤,细胞变异或细胞死亡,获得灭菌、杀虫等目的。

**3. 气调保藏**

控制食品储藏环境中气体成分的组成,比如降低 $O_2$ 的比例,增加 $CO_2$ 和 $N_2$ 的比例,保持适当湿度等,可达到抑制微生物生长繁殖的目的。

在生产中,除了上述的控制技术外,也较常采用降低温度、降低水分活度、降低 pH 值和添加防腐剂等方法来抑制有害微生物的生长。

**知识链接**

食品的栅栏保藏技术

在食品安全领域,为了阻止残留的腐败菌和致病菌的生长繁殖,可以使用一系列的防范方法,包括:高温处理;低温冷藏或冻结;降低水分活度;酸化;降低氧化还原值;添加防腐剂,将这 6 种方法归结为六因子,称为栅栏因子。栅栏因子之间具有协同作用,协同后的效果强于这些因子单独作用的累加。栅栏因子共同防腐作用的内在统一,称为栅栏技术。

## 三、有害微生物检测方法

微生物与食品形影不离，关系复杂，它们既相互影响又相互利用，所以必须经过检验才能确保食品的安全。随着食品生产规模的扩大和食品贸易的国际化，全球不断发生重大的食品安全事件，如“疯牛病”“禽流感”、大肠杆菌 O157 食物中毒等。这表明食源性疾病不会随着经济和科技的发展而减少或消失，反而以更新型或更广泛的形式发生。因此，发展灵敏、快速、高效的现代食品微生物检测技术，快速检出食品中的病原微生物，防止食物中毒发生，有效地控制食源性疾病。

### （一）传统食品微生物检验

传统食品微生物检验主要是运用微生物学的传统理论与技术，研究食品中的微生物，特别是病原微生物的种类、数量、性质等，从而建立的食品微生物学检验方法。

### （二）现代食品微生物检验

现代食品微生物检验是以微生物学为基础，运用现代免疫学、分子生物学、生物传感器、自动化仪器等方面的理论和技术，研究食品中微生物，特别是病原微生物的种类、数量、性质等，并建立现代食品微生物检验方法。

#### 1. 食源性病原菌免疫学快速检测技术

（1）荧光抗体检测技术（FAT）：可以快速检测细菌的荧光抗体技术，有直接法和间接法两种。能用该技术直接检出或鉴定的细菌大约 30 种，均具有较高的特异性和敏感性。较常用于如沙门菌、炭疽杆菌、致病性大肠杆菌、李氏杆菌、布氏杆菌等的检测，可从粪便、病变部渗出物、体液或血液涂片以及病变组织的切片等，经直接免疫荧光法检出目的菌，有较高的诊断价值。但是该法易受样本中非特异性荧光的干扰，并需要昂贵的荧光显微镜。

（2）免疫酶技术（EIA）：是将抗原、抗体特异反应和酶的高效催化作用原理有机结合的一种新颖、实用的免疫学分析技术。常用的酶技术分为固相免疫酶测定技术（分为限量抗原底物酶法和酶联免疫吸附试验）、免疫酶定位技术、免疫酶沉淀技术。该技术具有高度的敏感性和特异性，几乎所有的可溶性抗原抗体系统均可用以检测。但是，酶免疫测定步骤复杂，试剂制备困难，只有采用符合要求的试剂盒标准化的操作，才能获得满意的结果。因此，在食品检验中的应用主要归于商品试剂盒和自动或半自动检测仪器的应用。该技术可用于检测细菌及其毒素、真菌及其毒素、病毒和寄生虫的检测。例如，GB/T 5009. 22—2016《食品安全国家标准　食品中黄曲霉毒素 B 族和 G 族的测定》中的测定方法就是该方法的应用。

#### 2. 食源性病原菌分子生物学快速检测技术

（1）多聚酶链式反应技术（PCR）：是一种能在体外进行 DNA 扩增的简易、快速、灵敏和高特异性的多聚酶链式反应，测定 PCR 产物的方法较多，有凝胶电泳、比色和化学发光等方法。目前，实时荧光定量 PCR 在食品卫生检疫方面有广泛的应用前景，尤其是海关卫生检疫方面。

(2)生物芯片技术:生物芯片是指包被在固相载体上的高密度 DNA、蛋白质、细胞等活性物质的微阵列(包括 cDNA 微阵列、寡核苷酸微阵列和蛋白微阵列),在一定条件下进行生化反应,采用化学荧光法、酶标法、同位素法来显示反应结果,再采用扫描仪等光学仪器进行数据采集,最后通过专门的计算机软件进行数据分析的一种技术。该技术可在一次试验中检出绝大部分潜在的致病菌,也可用同一芯片检测某一致病菌的多种遗传学指标,具有较高的检测灵敏度和特异性。目前用于细菌检测和鉴定的芯片所用探针大多来自 16S rRNA,一部分来自 gyrB 等功能基因,而对于病毒,探针则都来自病毒基因组本身。标记的方法主要是在 PCR 过程中进行。

**3. 食源性病原菌的自动化检测技术**

(1)ATB Expression 细菌鉴定及药敏智能系统:是用于细菌快速鉴定的主要仪器,可用于近 700 种细菌的快速鉴定。它是从 API 系统发展而来,以 API 试剂条为基础,测试品种齐全,鉴定能力强。ATB 鉴定细菌时,需注意以下事项:一是制备菌悬液的细菌必须是纯种的;二是试剂条选取要正确,试剂条的选取决定于涂片染色、氧化酶试验和触酶试验等;三是结果分析要认真。当某个鉴定结果未能确定时,ATB 会提示做何种补充试验。

(2)Bactometer 系统:是利用电阻抗、电容抗或总阻抗等电化学参数的自动微生物快速测定仪器,其特点在于同时对培养基阻抗和电极阻抗进行测量,能显著缩短测量时间,扩大样品和培养基的选择范围。该法已经用于细菌总数、霉菌、酵母菌、肠道杆菌如大肠杆菌和沙门菌、金黄色葡萄球菌等的检测。如食品中的沙门菌采用该系统检测一般仅需 30 h。

(3)Mini - VIDAS 分析仪:即微型全自动荧光酶标分析仪,集固相吸附、酶联免疫、荧光检测和乳胶凝集试验于一体的综合性检测系统。其基本原理是用荧光分析技术通过固相吸附器,用已知抗体来捕捉目标生物体,然后以带荧光的酶联抗体再次结合,经充分冲洗,通过激发光源检测,自动读出发光的阳性标本。Mini - VIDAS 检测系统具有灵敏度高、特异性强和操作简单等优点。可快速检测金黄色葡萄球菌肠毒素、李斯特菌、单增李斯特菌、沙门菌、葡萄球菌肠毒素、大肠杆菌 O157 等。

(4)微生物总数快速测定仪(ATP 荧光仪):从微生物中提取三磷酸腺苷(ATP),由于 ATP 是微生物代谢中不可缺少的物质,如果样品被微生物污染了,用有机试剂等专用试剂破菌后,ATP 被释放出来。利用 ATP - 荧光反应可在数分钟内检测微生物的数量,从而可以防止有害微生物的大量繁殖。

## 第二节　化学因素

### 一、化学污染的来源

食品的化学性污染是指因化学物质对食品的污染造成食品质量安全问题。目前危害最严重的是农用化学农药、有害金属、多环芳烃类如苯并芘、*N* - 亚硝基化合物等化学性污染物，乱用食品加工工具、食品容器、食品添加剂、植物生长促进剂等也是引起食品化学污染的重要因素。

食品植物在种植生长过程中，使用了农药杀虫剂、除草剂、抗氧化剂、抗生素、促生长素、抗霉剂及消毒剂等，或畜禽鱼等动物在养殖过程中使用的抗生素和合成抗菌药物等，这些化学药物都可能给食物带来危害。常见的化学性污染有农药的污染和工业有害物质的污染。目前世界各国的化学农药品种1400多个，作为基本品种使用的有40种左右，按其用途分为杀虫剂、杀菌剂、除草剂、杀线虫剂、杀螨剂、杀鼠剂、落叶剂和植物生长调节剂、粮食熏蒸剂等；按其化学组成分为有机氯、有机磷、有机氟、有机硫、有机砷、有机汞、氨基甲酸酯类。目前，市场常用的、容易对食品造成污染的农药品种有有机氯农药、有机磷农药、有机汞农药、氨基甲酸酯类农药等。

## 二、农残、兽残污染

### （一）农药残留污染

农药是农业生产中重要生产资料之一。根据《中华人民共和国农药管理条例》（2001）的定义，农药是指用于预防、消灭或者控制危害农业、林业的病、虫、草和其他有害生物以及有目的地调节植物、昆虫生长的化学合成的或者来源于生物、其他天然物质的一种物质或者几种物质的混合物及其制剂。即指用于防治农林牧业生产的有害生物和调节植物生长的人工合成或者天然物质。农药一词的含义在国际上也大体趋于一致，但有些国家农药的含义已跑出了上述范围。日本把天敌生物商品也包括在农药范围之内，称为“天敌农药”；美国环保局于1994年把病、虫、草的转基因作物已列入农药范围，称为“植物农药”。此外，传统上把防治蚊、蝇、蟑螂和鼠等有害动物的制剂称为“卫生农药”。

人们常说的农药一般有原药和农药剂型之分。农药原药是指没有经过加工的农药，农药剂型是指把一定数量的农药原药，根据不同的要求，按一定比例配入一定数量的填充剂、湿润剂或溶剂、乳化剂等，经过机械的粉碎或混合、混溶、干燥等加工处理后制成符合一定规格质量的加工产品，把这种加工产品所表现的形态称为农药的剂型。通常情况下，绝大多数的原药都需经过加工制成一定的剂型后才能使用。常用农药剂型主要有粉剂、乳油、颗粒剂、油剂。我国有农药原药250种和800多种制剂，居世界第二位。

**1.农药残留的相关概念**

（1）农药残留：指任何由于使用农药而在食品、农产品和动物饲料中出现的特定物质，包括被认为具有毒理学意义的农药衍生物，如农药转化物、代谢物、反应产物及杂质。

（2）最大残留限量（maximum residues limits，MRLs）：指在生产或保护商品过程中，按照农药使用的良好农业规范（GAP）使用农药后，允许农药在各种食品和动物饲料中或其表面残留的最大残留。最大残留限制标准是根据良好的农药使用方式和在毒理学上认为可以接受的食品农药残留量制定的。

（3）再残留限量（extraneous maximum residue limits，EMRLs）：一些残留持久性农药虽已

禁用,但已造成对环境的污染,从而再次在食品中形成残留。为控制这类农药残留物对食品的污染而制定其在食品中的残留限量。

(4)每日允许摄入量(acceptable daily intakes,ADI):人类每日摄入某物质直至终生,而不产生可检测到的对健康产生危害的量,以每千克体重可摄入的量(毫克)表示,单位为mg/kg体重。

(5)急性参考剂量(acute reference dose,Acute RFD):食品或饮水中某种物质,其在较短时间内(通常指一餐或一天内)被吸收后不致引起目前已知的任何可观察到的健康损害的剂量。

(6)暂定日允许摄入量(temporary acceptable daily intakes,TADI):指暂定在一定期限内所采用的每日允许摄入量。

(7)暂定每日耐受摄入量(provisional tolerable daily intakes,PTDI):指对制定再残留限量的持久性农药而确定的人每日可承受的量。

**2.食品中农药残留的来源与途径**

农业生产中,当农药过量施用时,将对人畜产生不良影响或通过食物链对生态系统中的生物造成毒害。动植物在生长期间或食品在加工和流通中均可受到农药的污染,导致食品中农药残留。

(1)直接污染:指直接施用农药对作物或食品原料的污染。给农作物直接施用农药制剂后,渗透性农药和触杀性农药主要黏附在蔬菜、水果等作物表面,大部分可以洗去,因此作物外表的农药浓度高于内部;内吸性农药可进入作物体内,使作物内部农药残留量高于作物体外。另外,作物中农药残留量大小也与施药次数、施药浓度、施药时间和施药方法以及植物的种类等有关。一次施药次数越多、间隔时间越短、施药浓度越大,作物中的药物残留量越大。油剂比粉剂更易残留;喷洒比拌土施药残留量多。最容易从土壤中吸收农药的是胡萝卜、草莓、菠菜、萝卜、马铃薯、甘薯等,番茄、茄子、辣椒、卷心菜、白菜等吸收能力较小。熏蒸剂的使用也可导致粮食、水果、蔬菜中农药残留。给动物使用杀虫农药时,可在动物体内产生药物残留。粮食、水果、蔬菜等食品储存期间为防止病虫害、抑制成长而施用农药,也可造成食品农药残留。例如,粮食用杀虫剂,香蕉和柑橘用杀菌剂,洋葱、土豆、大蒜用抑芽剂等。

(2)间接污染:农作物施用农药时,农药可残留在土壤中,有些性状稳定的农药,在土壤中可残留数十年。农药的微粒还可随空气飘移至很远地方,污染食品和水源。这些环境中残存的农药又会被作物吸收、富集,而造成食品间接污染。在间接污染中,一般通过大气和饮水进入人体的农药仅占10%左右,通过食物进入人体的农药可达到90%左右。种茶区在禁用滴滴涕、六六六多年后,在采收后的茶叶中仍可检出较高含量的滴滴涕及其分解产物和总六六六。茶园中六六六的污染主要来自污染的空气及土壤中的残留农药。此外,水生植物体内农药的残留量往往比生长环境中的农药含量高出若干倍。

(3)由食物链和生物富集作用造成食品污染:农药残留被一些生物摄取或通过其他的

方式吸入后累积于体内，造成农药的高浓度储存，再通过食物链转移至另一生物，经过食物链的逐级富集后，若食用该类生物性食品，可使进入人体的农药残留量成千倍甚至上万倍地增加，从而严重影响人体健康。一般在肉、乳品中含有的残留农药主要是禽畜摄入被农药污染的饲料，造成体内蓄积，尤其在动物的脂肪、肝、肾等组织中残留量较高。动物体内的农药有些可随乳汁进入人体，有些则可转移至蛋中，产生富集作用。鱼虾等水生动物摄入水中污染的农药后，通过生物富集和食物链可使体内农药的残留浓缩至数百至数万倍。

（4）意外事故造成的食品污染：运输及储存中由于和农药混放，可造成食品污染。尤其是运输过程中包装不严或农药容器破损，会导致运输工具污染，这些被农药污染的运输工具，往往未经彻底清洗，又被用于装运粮食或其他食品，从而造成食品污染。另外，这些逸出的农药也会对环境造成严重污染，从而间接污染食品。如将拌过农药的种子误当粮食吃；误将农药加入或掺入食品中；施用农药时用错品种或剂量而致农药高残留等。

**3. 食品中常见的农药残留及其毒性**

（1）有机磷农药：有机磷农药是一类有相似化学结构的化合物，多为磷酸酯类或硫代磷酸酯类化合物，是目前使用量最大的杀虫剂，农业上常用的主要有对硫磷（1605）、内吸磷（1059）、马拉硫磷（4049）、倍硫磷、乐果、敌百虫、敌敌畏和毒死蜱等。有机磷农药对食品的污染主要表现在植物性食品中，尤其是含有芳香物质的植物，如水果、蔬菜等最易吸收有机磷，且残留量也高。有机磷农药的毒性主要是以急性中毒为主，属于神经毒素，可竞争性地抑制乙酰胆碱酯酶的活性，导致神经传导递质乙酰胆碱的积累，从而引起中枢神经中毒，表现出一系列的中毒症状，如流汗、流泪、恶心、呕吐、腹痛、腹泻、瞳孔缩小等。

（2）有机氯农药：是早期使用的最主要的杀虫剂。根据化学结构不同，可分为滴滴涕（DDT）及其同系物、六六六（BHC）类、环戊二烯类及有关化合物、毒杀芬及有关化合物。有机氯农药在环境中不易降解，在生物体内主要蓄积于脂肪组织或脂肪多的部位。随食物摄入人体内的有机氯农药，对人体的损害主要是肝脏、肾脏等的实质性损伤和中枢神经损害。有机氯类农药可通过胎盘屏障进入胎儿，部分品种及其代谢产物有一定致畸性。人群流行病学调查表明，使用此类农药较多地区的畸胎率和死胎率比使用此类农药较少的地区高出10 倍左右。

（3）氨基甲酸酯类农药：自 1953 年美国首先合成第一种氨基甲酸酯类杀虫剂西维因以来，现已发展成一大类农药，目前使用的品种已有 50 多个。此类农药广泛应用于杀虫、除草、杀线虫、杀菌等。用作杀虫剂的有西维因、涕灭威、克百威等，用作除草剂的有禾木壮、哌草丹、丁草特、野麦畏等。氨基甲酸酯类农药具有高效、低毒、低残留的特点，在作物上的残留时间一般为 4 d，在动物的肌肉和脂肪中的明显蓄积时间约为 7 d，残留量很低。氨基甲酸酯类农药的残留毒性作用机制与有机磷类似，也是胆碱酯酶抑制剂。但有两点不同：一是其抑制作用有较大的可逆性，水解后酶的活性可不同程度恢复，因此它的中毒症状消失快，并且目前尚未发现有迟发型神经毒性；二是含氨基，进入体内，在酸性条件下易与食物中的亚硝酸盐反应生成亚硝胺，从而具有致癌、致畸和致突变的可能性。

(4)拟除虫菊酯类农药:该类农药是模拟天然杀虫剂天然菊酯的化学结构而合成的有机化合物,自20世纪70年代初合成第一个光稳定性拟除虫菊酯杀虫剂氯菊酯以来,此类农药发展迅速。常用作杀虫剂和杀螨剂,主要有氰戊菊酯、溴氰菊酯、氯氰菊酯、杀灭菊酯(速灭杀丁)、苄菊酯(敌杀死)和甲醚菊酯等。此类农药多属于中等毒性或低毒性,并且在环境和生物体内均可迅速降解,几乎没有生物蓄积效应。急性中毒多为误服或生产性接触引起,主要是神经系统症状,如多汗、意识障碍、言语不清、视物模糊、呼吸困难等,重者可致昏迷、抽搐、心动过速、大小便失禁,可因心衰和呼吸困难而死亡。

### (二)兽药残留污染

发达国家十分重视兽药残留问题,明确规定了畜产品中兽药残留的最高残留限量,超标的畜产品严禁投放市场。对青霉素、链霉素、四环素、氯霉素、磺胺类等均有严格的药残限制。我国于20世纪80年代后期,开始启动畜产品中兽药残留监控工作。1994年国务院办公厅在关于加强农药、兽药管理的通知中明确提出开展兽药残留监控工作。之后,原农业部陆续制定出最高残留限量标准和检测方法,兽药残留监控工作得到重视和加强。

#### 1. 兽药残留的相关概念

(1)兽药:兽药是用于畜禽疾病的预防、治疗和诊断的药物,以及加入饲料中的药物添加剂。它包括兽用生物制品、兽用药品(化学药品、中药材、中成药、抗生素、生化药品、放射性药品)。兽药具有规定的用途、用法和用量。

(2)兽药残留:是“兽药在动物源食品中的残留”的简称,根据联合国粮农组织和世界卫生组织(FAO/WTO)食品中兽药残留联合立法委员会的定义,兽药残留是指动物产品的任何可食部分所含兽药的母体化合物及(或)其代谢物,以及与兽药有关的杂质。所以,兽药残留既包括原药,也包括药物在动物体内的代谢产物和兽药生产中所伴生的杂质。

(3)残留总量:指对食品动物用药后,任何可食动物源性产品中某种药物残留的原型药物或/和全部代谢产物的总和。

(4)休药期:又称停药期,食品动物从停止给药到允许被屠宰或其产品(如乳、蛋)被允许上市的间隔时间。

(5)动物饲料添加剂:指为预防、治疗动物疾病而掺入载体或者稀释剂的兽药的预混料,包括抗球虫药类、驱虫剂类、抑菌促生长类等。

#### 2. 兽药残留的种类与危害

在动物源食品中较容易引起兽药残留量超标的兽药主要有抗生素类、磺胺类、呋喃类、抗寄生虫类和激素类药物。

(1)抗生素类药物:大量、频繁地使用抗生素,会导致动物机体中的致病菌耐药性增强,很容易感染人类;而且抗生素药物残留可使人体中细菌产生耐药性,扰乱人体微生态而产生各种毒副作用。目前,在畜产品中容易造成残留量超标的抗生素主要有氯霉素、四环素、土霉素、金霉素等。

(2)磺胺类:磺胺类药物主要通过输液、口服、创伤外用等用药方式或作为饲料添加剂而残留在动物源食品中。近年来,动物源食品中磺胺类药物残留量超标现象十分严重,多在猪、禽、牛等动物中发生。如磺胺嘧啶、磺胺咪、磺胺甲基异恶唑。人类经常食用有磺胺类药物残留的动物性食品,就可能引起磺胺类药物在体内的蓄积,对人体产生各种毒性作用。除了产生耐药菌株、破坏肠道微生态环境外,甚至造成器质性损伤,也可引发过敏反应。

(3)激素和$\beta$-兴奋剂类:在养殖业中常见使用的激素和$\beta$-兴奋剂类主要有性激素类、皮质激素类和盐酸克伦特罗(瘦肉精)等。目前,许多研究已经表明盐酸克伦特罗、己烯雌酚等激素类药物在动物源食品中的残留超标极大地危害了人类健康。例如,盐酸克伦特罗很容易在动物源食品中造成残留,健康人摄入盐酸克伦特罗超过 20 μg 就有药效,5 ~ 10 倍的摄入量则会导致中毒。

(4)抗寄生虫药:主要用于驱虫或杀虫,包括抗球虫药(如巴卡巴嗪、莫能菌素、马杜霉素等)和其他驱虫药(如左旋咪唑、阿维菌素等)。

(5)其他兽药:呋喃唑酮和硝呋烯腙常用于猪或鸡的饲料中来预防疾病,它们在动物源食品中应为零残留,即不得检出,是我国食品动物禁用兽药。苯丙咪唑类能在机体各组织器官中蓄积,并在投药期,肉、蛋、奶中有较高残留。动物试验结果表明,苯丙咪唑类药物可持久地残留于肝脏中,对动物具有明显的致畸性和致突变性。食用苯丙咪唑类药物残留的动物性食品,对人有潜在的毒性。在妊娠期,如果孕妇经常摄入含超量苯丙咪唑类药物残留的动物性食品,有可能发生胎儿畸形,如短肢、唇裂等。对所有消费者而言,经常使用此类食品,可能由于其致突变作用使消费者发生癌变和性染色体畸变,其后代有发生畸形的危险。

**3. 产生兽药残留的主要原因**

(1)防治畜禽疾病时滥用药物产生残留兽药:在养殖过程中,普遍存在长期使用药物添加剂,随意使用新型或高效的药物,大量使用医用药物等现象。长期或超标准使用、滥用药物防治畜禽疾病,预防动物阶段性寄生虫病,在饲料中大量使用各种抗菌抗虫药物,同时由于缺乏相应的兽药使用知识,不能严格遵守兽药的使用对象、使用期限、使用剂量以及休药期等规定。此外,还大量存在不符合用药剂量、抗生素给药途径、用药部位和用药动物种类等用药规定以及重复使用几种商品名不同但成分相同药物的现象。所有这些因素都能造成药物在体内过量积累,导致兽药残留。

(2)饲喂畜禽过程中产生残留兽药:在饲喂畜禽过程中,一些养殖场或养殖户为了获得高额经济利益,违反国家规定,在饲料中超剂量使用或滥用兽药和其他违禁药品。

(3)非法使用违禁、淘汰或未经批准的药物:原农业部在 2003 年[265]号公告中明文规定,不得使用不符合《兽药标签和说明书管理办法》规定的兽药产品,不得使用《食品动物禁用的兽药及其他化合物清单》所列的 21 类药物及未经原农业部批准的兽药,不得使用进口国明令禁用的兽药，畜禽产品中不得检出禁用药物。但事实上，养殖户为了追求最大的经济效益，将禁用药物当作添加剂使用的现象相当普遍，如饲料中添加盐酸克伦特罗（瘦肉精）引起的猪肉中毒事件等。

（4）不遵守休药期规定：休药期的长短与药物在动物体内的消除率和残留量有关，而且与动物种类、用药剂量和给药途径有关。休药期过短，就会造成动物性食品兽药残留过量，危害消费者健康。国家对有些兽药特别是药物饲料添加剂都规定了休药期，但是大部分养殖场（户）使用含药物添加剂的饲料时很少按规定施行休药期。

（5）违背有关标签的规定：《兽药管理条例》明确规定，标签必须写明兽药的主要成分及其含量等。可是有些兽药企业为了逃避报批，在产品中添加一些化学物质，但不在标签中进行说明，从而造成用户盲目用药。这些违规做法均可造成兽药残留超标。

（6）突击使用兽药：为了提高畜、禽和鱼类的生长速度，突击使用激素类药物，以达到短期见效的目的；或在销售、屠宰前使用大剂量兽药，以掩饰有病畜禽的临床症状，逃避宰前检验。

## 三、重金属污染

环境污染物在食品成分中的存在，有其自然背景和人类活动影响两方面的原因。其中，无机环境污染物在一定程度上受食品产地的地质、地理条件的影响，但是更为普遍的污染源是工业、采矿、能源、交通、城市排污及农业生产等带来的，通过环境及食物链而危及人类饮食健康。无机污染物中的汞、砷、铅等重金属及一些放射性物质，有机污染物中的苯、邻苯二甲酸酯、磷酸烷基酯、多氯联苯等工业化合物及二噁英、多环芳烃等工业副产物，都具有在环境和食物链中富集、难分解、毒性强等特点，对食品安全性威胁极大。在人类环境持续恶化的情况下，食品成分中的环境污染物可能有增无减，必须采取更有效的对策加强治理。

### （一）食品中重金属的来源

自 1950 年发生在日本的水俣病和骨痛病，并且查明是由于食品遭到汞污染和镉污染所引起的“公害病”以后，有毒重金属对环境污染以及通过食物链造成的食源性危害问题引起了人们极大的关注。食品中重金属的来源大致分为以下 3 类。

#### 1. 自然环境的本底高

生物体都是在自然环境中生长和发育的，因此，生物体内的元素含量与其所生存的环境有关。由于不同地区环境中元素分布的不均一性，造成了某些地区空气、水、土壤中某些金属元素的含量明显高于其他地区，而使这些地区生产的食用动植物有毒金属元素含量较高。

#### 2. 环境污染

随着工农业生产的发展，有些农药中所含有的有毒重金属，在一定条件下，可引起土壤、水体、空气的污染或在食用作物中的残留。

#### 3. 食品生成加工

食品加工、储存、运输和销售中使用或接触的机械、管道、容器、包装材料以及因工艺需要而加入的添加剂中含有的有毒金属元素均可导致对食品的污染。

### (二)常见重金属对食品的污染及危害

#### 1. 汞

汞有3种存在形式,即金属汞、无机汞和有机汞。金属汞在室温下具有挥发性,可随呼吸进入人体。在环境中和生物体内无机汞可通过微生物作用形成甲基汞,从而使毒性增强。

(1)食品中汞的来源:除了职业原因接触外,进入人体的汞主要来源于受污染的食物,尤其是鱼贝类等水产品中的甲基汞。这主要是由于含汞的废水排入江河湖海后,其中所含的金属汞或无机汞可以在水体中某些微生物的作用下转变为毒性更大的有机汞,同时,水体中的有机汞还可以通过食物链的传递而在鱼体中富集,使其浓度可能比周围水体中的浓度高出很多倍。除食用水产品发生汞中毒外,汞也可通过含汞农药的使用和废水灌溉农田等途径污染农作物和饲料,造成谷类、蔬菜、水果和动物性食品的汞污染。

(2)食品汞污染对人体的危害:食品中的金属汞几乎不被人体吸收,无机汞吸收率也很低,90%以上随粪便排出,而有机汞的消化道吸收率很高,如甲基汞90%以上可被人体吸收。吸收的汞迅速分布到全身组织和器官,但以肝、肾、脑等器官含量最多。汞危害可导致急性毒性、慢性毒性和致畸、致突变性。急性毒性可导致肾组织坏死,发生尿毒症,严重时可导致死亡。汞是强蓄积性毒物,在人体内的生物半衰期平均约为70 d,在脑内的存留时间更长,其半衰期为180~250 d。甲基汞可通过胎盘屏障而对生物体产生致畸作用。无机汞可能是精子的诱变剂,可导致畸形精子的比例增高,影响男性的生育能力。GB 2762—2017《食品安全国家标准 食品中污染物限量》规定食品中汞的限量指标见表7-1。

**表7-1 食品中汞限量指标**

| 食品类别(名称) | 限量(以Hg计)/($mg \cdot kg^{-1}$) | |
|---|---|---|
| | 总汞 | 甲基汞[a] |
| 水产动物及制品(肉食性鱼类及其制品除外)<br>肉食性鱼类及其制品 | —<br>— | 0.5<br>1.0 |
| 谷物及其制品<br>稻谷[b]、糙米、大米、玉米、玉米面(渣、片)、小麦、小麦粉 | 0.02 | — |
| 蔬菜及其制品<br>新鲜蔬菜 | 0.01 | — |
| 食用菌及其制品 | 0.1 | — |
| 肉及肉制品<br>肉类 | 0.05 | — |
| 乳及乳制品<br>生乳、巴氏杀菌乳、灭菌乳、调制乳、发酵乳 | 0.01 | — |

续表

| 食品类别(名称) | 限量(以 Hg 计)/(mg·kg$^{-1}$) | |
|---|---|---|
| | 总汞 | 甲基汞[a] |
| 蛋及蛋制品<br>鲜蛋 | 0.05 | — |
| 调味品食用盐 | 0.1 | — |
| 饮料类<br>矿泉水 | 0.001mg/L | — |
| 特殊膳食用食品<br>婴幼儿罐装辅助食品 | 0.02 | — |

注:[a]水产动物及其制品先测定总汞,当总汞水平不超过甲基汞限量值时,不必测定甲基汞;否则,需再测定甲基汞。
[b]稻谷以糙米计。

**2. 铅**

(1)食品中铅的来源:铅对人体健康的危害尤其是对儿童健康的危害已受到国际社会的广泛关注。食品中铅主要来源于环境污染、食品包装容器和材料,以及含铅的食品添加剂。

环境污染:矿山开采、金属冶炼和精炼过程中产生的含铅粉尘和废水对周围大气和土壤有很大影响。汽油中通常加入的四乙基铅作防爆剂,使得汽车尾气中含有大量的铅,其他含铅农药的使用、蓄电池、油漆制造、含铅涂料等均可造成铅对食品和环境的污染。

食品包装容器和材料:瓷制餐具表面有一层彩釉,其中含有较多的铅,当彩釉和酸性食品接触时,其中的铅可溶出而污染食品;马口铁和焊锡中的铅可造成罐头食品的污染;用铁桶或锡壶装酒,可造成铅溶出到酒中;印制食品包装的油墨和颜料等常含有铅,也可污染食品。此外,食品加工机械、管道和聚氯乙烯塑料中的含铅稳定剂等均可导致食品铅污染。

含铅的食品添加剂:例如,皮蛋加工时加入的黄丹粉(氧化铅)和某些劣质食品添加剂等也可造成食品的铅污染。

(2)食品中铅污染对人体的危害:铅的毒性与其化合物的形态、溶解性有关。硝酸铅、醋酸铅、铅的氧化物易溶于水或酸性环境,毒性较大;硫化铅、铬酸铅不易溶解,毒性较小。进入消化道的铅 5% ~10% 被吸收,其吸收部位主要是十二指肠。吸收入血中的铅大部分(90% 以上)蓄积于骨骼中,在肝、肾、脑等组织中也有一定的分布。铅在生物体内的半衰期比较长,约为 4 年,如果以骨骼计算约为 10 年,因此铅进入人体后较难排出,可对许多器官系统和生理功能产生危害。GB 2762—2017《食品安全国家标准　食品中污染物限量》规定食品中铅的限量指标见表 7 -2。

表7－2　食品中铅限量指标

| 食品类别(名称) | 限量(以 Pb 计)/($mg \cdot kg^{-1}$) |
|---|---|
| 谷物及其制品 PaP[麦片、面筋、八宝粥罐头、带馅(料)面米制品除外] | 0.2 |
| 麦片、面筋、八宝粥罐头、带馅(料)面米制品 | 0.5 |
| 蔬菜及其制品 | |
| 新鲜蔬菜(芸薹类蔬菜、叶菜蔬菜、豆类蔬菜、薯类除外) | 0.1 |
| 芸薹类蔬菜、叶菜蔬菜 | 0.3 |
| 豆类蔬菜、薯类 | 0.2 |
| 蔬菜制品 | 1.0 |
| 水果及其制品 | |
| 新鲜水果(浆果和其他小粒水果除外) | 0.1 |
| 浆果和其他小粒水果 | 0.2 |
| 水果制品 | 1.0 |
| 食用菌及其制品 | 1.0 |
| 豆类及其制品 | |
| 豆类 | 0.2 |
| 豆类制品(豆浆除外) | 0.5 |
| 豆浆 | 0.05 |
| 藻类及其制品(螺旋藻及其制品除外) | 1.0(干重计) |
| 坚果及籽类(咖啡豆除外) | 0.2 |
| 咖啡豆 | 0.5 |
| 肉及肉制品 | |
| 肉类(畜禽内脏除外) | 0.2 |
| 畜禽内脏 | 0.5 |
| 肉制品 | 0.5 |
| 水产动物及其制品 | |
| 鲜、冻水产动物(鱼类、甲壳类、双壳类除外) | 1.0(去除内脏) |
| 鱼类、甲壳类 | 0.5 |
| 双壳类 | 1.5 |
| 水产制品(海蜇制品除外) | 1.0 |
| 海蜇制品 | 2.0 |
| 乳及乳制品 | |
| 生乳、巴氏杀菌乳、灭菌乳、发酵乳、调制乳 | 0.05 |
| 乳粉、非脱盐乳清粉 | 0.5 |
| 其他乳制品 | 0.3 |
| 蛋及蛋制品(皮蛋、皮蛋肠除外) | 0.2 |
| 皮蛋、皮蛋肠 | 0.5 |
| 油脂及其制品 | 0.1 |
| 调味品(食用盐、香辛料类除外) | 1.0 |
| 食用盐 | 2.0 |
| 香辛料类 | 3.0 |
| 食糖及淀粉糖 | 0.5 |
| 淀粉及淀粉制品 | |
| 食用淀粉 | 0.2 |
| 淀粉制品 | 0.5 |
| 焙烤食品 | 0.5 |

续表

| 食品类别(名称) | 限量(以 Pb 计)/($mg \cdot kg^{-1}$) |
|---|---|
| 饮料类 | |
| 包装饮用水 | 0.01 mg/L |
| 果蔬汁类[浓缩果蔬汁(浆)除外] | 0.05 mg/L |
| 浓缩果蔬汁(浆) | 0.5 mg/L |
| 蛋白饮料类(含乳饮料除外) | 0.3 mg/L |
| 含乳饮料 | 0.05 mg/L |
| 碳酸饮料类、茶饮料类 | 0.3 mg/L |
| 固体饮料类 | 1.0 |
| 其他饮料类 | 0.3 mg/L |
| 酒类(蒸馏酒、黄酒除外) | 0.2 |
| 蒸馏酒、黄酒 | 0.5 |
| 可可制品、巧克力和巧克力制品以及糖果 | 0.5 |
| 冷冻饮品 | 0.3 |
| 特殊膳食用食品 | |
| 婴幼儿配方食品(液态产品除外) | 0.15(以粉状产品计) |
| 液态产品 | 0.02(以即食状态计) |
| 婴幼儿辅助食品 | |
| 婴幼儿谷类辅助食品(添加鱼类、肝类、蔬菜类的产品除外) | 0.2 |
| 添加鱼类、肝类、蔬菜类的产品 | 0.3 |
| 婴幼儿罐装辅助食品(以水产及动物肝脏为原料的产品除外) | 0.25 |
| 以水产及动物肝脏为原料的产品 | 0.3 |
| 其他类 | |
| 果冻 | 0.5 |
| 膨化食品 | 0.5 |
| 茶叶 | 5.0 |
| 干菊花 | 5.0 |
| 苦丁茶 | 2.0 |
| 蜂产品 | |
| 蜂蜜 | 1.0 |
| 花粉 | 0.5 |

注:[a] 稻谷以糙米计。

**3. 镉**

(1)食品中镉的来源:①环境污染:有色金属矿山的开采和冶炼是镉环境污染的主要来源之一。镉在自然界中以硫镉矿形式存在,并常与锌、铅、铜、锰等矿共存,在这些金属的开采和冶炼过程中会排出大量的镉,造成环境污染,进而导致动植物和水生生物体内镉的含量会增加。②工业"三废":尤其是含镉废水的排放对环境和食物的污染是镉污染的另一主要来源。一般而言,镉在食品中的含量分布情况为:海产食品、动物性食品(尤其是肝脏和肾脏)含镉量高于植物性食品,而植物性食品中,一般蔬菜含镉量比谷类籽粒高,蔬菜中,叶菜、根菜类高于瓜果类。③食品包装材料和容器:因镉盐有鲜艳的颜色且耐高热,故常用作玻璃、陶瓷类容器的上色颜料,并用作金属合金和镀层的成分,以及塑料稳定剂等。因此,使用这类食品容器和包装材料也可对食品造成镉污染。尤其是用其存放酸性食品时,可致其中的镉大量溶出,严重污染食品,导致镉中毒。

(2)食品中镉污染对人体的危害:除职业接触污染外,镉进入人体的主要途径是通过食物摄入,吸收率约为5%,但受食物中镉的存在形式以及膳食中蛋白质、维生素D和钙、锌等元素的含量影响。当体内蛋白质、钙及维生素D缺乏时,可使机体对镉的吸收率增加。进入人体的镉大部分与低分子硫蛋白结合,形成金属硫蛋白,选择性地蓄积于肾脏和肝脏,其他脏器如脾、胰、甲状腺和毛发等也有一定量的积累。GB 2762—2017《食品安全国家标准　食品中污染物限量》规定食品中镉的限量指标见表7-3。

**表7-3　食品中镉限量指标**

| 食品类别(名称) | 限量(以Cd计)/($mg \cdot kg^{-1}$) |
|---|---|
| 谷物及其制品 | |
| 谷物(稻谷[a]除外) | 0.1 |
| 谷物碾磨加工品(糙米、大米除外) | 0.1 |
| 稻谷[a]、糙米、大米 | 0.2 |
| 蔬菜及其制品 | |
| 新鲜蔬菜(叶菜蔬菜、豆类蔬菜、块根和块茎蔬菜、茎类蔬菜除外) | 0.05 |
| 叶菜蔬菜 | 0.2 |
| 豆类蔬菜、块根和块茎蔬菜、茎类蔬菜(芹菜除外) | 0.1 |
| 芹菜 | 0.2 |
| 水果及其制品 | |
| 新鲜水果 | 0.05 |
| 食用菌及其制品 | |
| 新鲜食用菌(香菇和姬松茸除外) | 0.2 |
| 香菇 | 0.5 |
| 食用菌制品(姬松茸制品除外) | 0.5 |
| 豆类及其制品 | |
| 豆类 | 0.2 |
| 坚果及籽类 | |
| 花生 | 0.5 |
| 肉及肉制品 | |
| 肉类(畜禽内脏除外) | 0.1 |
| 畜禽肝脏 | 0.5 |
| 畜禽肾脏 | 1.0 |
| 肉制品(肝脏制品、肾脏制品除外) | 0.1 |
| 肝脏制品 | 0.5 |
| 肾脏制品 | 1.0 |
| 水产动物及其制品 | |
| 鲜、冻水产动物 | |
| 鱼类 | 0.1 |
| 甲壳类 | 0.5 |
| 双壳类、腹足类、头足类、棘皮类 | 2.0(去除内脏) |
| 水产制品 | |
| 鱼类罐头(凤尾鱼、旗鱼罐头除外) | 0.2 |
| 凤尾鱼、旗鱼罐头 | 0.3 |
| 其他鱼类制品(凤尾鱼、旗鱼制品除外) | 0.1 |
| 凤尾鱼、旗鱼制品 | 0.3 |

续表

| 食品类别(名称) | 限量(以 Cd 计)/(mg · kg⁻¹) |
|---|---|
| 蛋及蛋制品 | 0.05 |
| 调味品 | |
| 食用盐 | 0.5 |
| 鱼类调味品 | 0.1 |
| 饮料类 | |
| 包装饮用水(矿泉水除外) | 0.005 mg/L |
| 矿泉水 | 0.003 mg/L |

注:[a] 稻谷以糙米计。

## 四、包装材料污染

包装是指为了在流通中保护产品、方便储运、促进销售,按一定技术方法而采用的容器、材料和辅助材料的总成。食品包装是指采用适当的包装材料、容器和包装技术,把食品包裹起来,以使食品在运输和储藏过程中保持其价值和原有形态。

### (一)食品包装的种类

按包装材料和容器的材质不同,可将食品包装分为:

**1. 纸和纸板**

主要有纸盒、纸箱、纸袋、纸罐、纸杯等。

**2. 塑料**

主要有聚乙烯、聚丙烯、聚氯乙烯、聚苯乙烯、聚偏二氯乙烯、丙烯腈共聚塑料、聚碳酸酯树脂、复合薄膜以及塑料薄膜袋、编织袋、周转箱、热收缩膜包装、软管等。

**3. 金属**

主要有镀锡钢板、镀铬钢板、铝等制成的金属罐、桶等。

**4. 其他**

主要有橡胶、搪瓷、陶瓷等。

### (二)塑料包装材料及制品

**1. 塑料的组成、分类和性能**

塑料是一类以高分子聚合物树脂为基本成分,再加入一些用来改善性能的各种添加剂制成的高分子材料。常用的塑料添加剂有增塑剂、稳定剂、填充剂、着色剂等。通常按在加热、冷却时呈现的性质不同,把塑料分为热塑性塑料(聚乙烯、聚丙烯、聚苯乙烯、聚氯乙烯等)和热固性塑料(脲醛塑料、醛酚塑料)。

**2. 塑料中有害物质的来源**

塑料以及合成树脂都是由很多小分子单体聚合而成,小分子单体的分子数越多,聚合度越高,塑料的性质越稳定,当与食品接触时,向食品中迁移的可能性就越小。用到塑料中的低分子物质或添加剂很多,如防腐剂、抗氧化剂、杀虫剂、热稳定剂、增塑剂、着色剂、润滑

剂等,它们易从塑料中迁移。因此,塑料包装用于食品也存在一定的安全性问题,比如:

(1)树脂本身有一定的毒性。

(2)树脂中残留有毒单体、裂解物及老化产生的有毒物质。

(3)塑料包装容器表面有微尘杂质及微生物污染。

(4)塑料制品在制作过程中添加的稳定剂、增塑剂、着色剂等可能带来危害。

(5)塑料回收再利用时附着的一些污染物和添加的色素可造成食品的污染。

**3. 塑料包装材料的污染**

(1)聚乙烯(PE):聚乙烯是由乙烯单体聚合而成的化合物,聚乙烯包装的优点是:对水蒸气的透湿率低,有一定的拉伸强度和撕裂强度,柔韧性好,耐低温,化学性能稳定,热封性好,易成型加工等。其缺点是:对氧气、二氧化碳的透气率高,不耐高温,印刷性能和透明度较差。聚乙烯本身是一种无毒材料,它属于聚烯烃类长直链烷烃树脂。聚乙烯塑料的污染物主要包括聚乙烯中的单体乙烯、添加剂残留以及回收制品污染物。其中乙烯有低毒,但由于沸点低、极易挥发,在塑料包装材料中残留量很低,添加剂量又非常少,基本上不存在残留问题,因此,一般认为聚乙烯塑料是安全的包装材料。但是,聚乙烯塑料回收再生制品存在较大的不安全性,由于回收渠道复杂,回收容器上常残留有害物质,难以保证清洗处理完全,从而造成对食品的污染。因此,一般规定聚乙烯回收再生品不能用于制作食品的包装容器。

(2)聚丙烯(PP):是由丙烯聚合而成的一类高分子化合物,其力学性能优于聚乙烯。其优点是:透明度高,光泽度好,具有良好的机械性能和拉伸强度,硬度及韧性均高于 PE。耐油脂,耐高温。PP 的阻隔性能优于 PE,化学稳定性好,易加工成型。缺点为:耐低温比 PE 差,热封性差。PP 主要用于制作食品塑料袋、薄膜、保鲜盒等。PP 加工中使用的添加剂与 PE 塑料相似,一般认为是安全的,其安全性高于 PE。PP 的安全性问题主要针对回收再利用品,与 PE 类似。

(3)聚氯乙烯(PVC):是由氯乙烯聚合而成的。PVC 是由聚氯乙烯树脂为主要原料,再加入增塑剂、稳定剂等加工制成。PVC 树脂本身是一种无毒聚合物,但其原料单体氯乙烯具有麻醉作用,可引起人体四肢血管的收缩而产生痛感,同时还具有致癌和致畸作用。它在肝脏中可形成氧化氯乙烯,具有强烈的烷化作用,可与 DNA 结合产生肿瘤。因此,PVC 塑料的安全性问题主要是残留的氯乙烯单体、降解产物以及添加剂的溶出造成的食品污染。

(4)聚苯乙烯(PS):由苯乙烯单体聚合而成。PS 本身无毒、无味、无臭、不易生长霉菌,可制成收缩膜、食品盒等。其安全性问题主要是单体苯乙烯及甲苯、乙苯和异丙苯等。

(5)聚偏二氯乙烯(PVDC):是由偏氯乙烯单体聚合而成的高分子化合物。PVDC 薄膜主要用于制造火腿肠等灌肠类食品的肠衣。PVDC 中可能有氯乙烯和偏氯乙烯残留,属于中等毒性物质。按 GB 4806.6—2016《食品安全国家标准　食品接触用塑料树脂》规定,氯乙烯和偏氯乙烯残留量应分别低于 0.01 mg/kg 和 0.01 mg/kg。

(6)聚碳酸酯(PC):是分子链中含有碳酸酯基的一类高分子聚合物,酯基的结构可分为脂肪族、芳香族、脂肪族—芳香族等多种类型。芳香族PC是允许使用在食品包装材料中的,生成过程中需添加双酚A用于产品防碎,而研究表明双酚A能导致内分泌失调,会威胁幼儿的健康,甚至诱发癌症和导致肥胖等。我国卫生部发布公告称,2011年9月1日起,禁止进口和销售PC婴幼儿奶瓶和其他含双酚A的婴幼儿奶瓶。

(7)聚酯(PET):是对聚对苯二甲酸乙二醇酯的简称,俗称涤纶。PET具有良好的阻气、阻湿、阻油和保香性能。PET安全性好,大量用于饮料包装。

(8)复合薄膜:是指由两层或两层以上的不同品种可挠性材料,通过一定技术组合而成,所用复合基材有塑料薄膜、铝箔、纸和玻璃纸等。复合薄膜是塑料包装发展的方向,其突出问题是黏合剂。目前采用的黏合方式有两种,一种是采用改性PP直接复合,不存在食品安全问题;另一种是采用黏合剂黏合,多数厂家采用聚氨酯型黏合剂,但这种黏合剂中含有甲苯二异氰酸酯(TDI),用这种复合薄膜袋装食品经蒸煮后,就会使TDI迁移至食品中并水解产生具有致癌性的2,4-二氨基甲苯(TDA)。

### (三)橡胶、搪瓷和陶瓷包装材料及制品

#### 1.橡胶包装材料及制品

橡胶制品常用作奶嘴、瓶盖、高压锅垫圈及输送食品原料、辅料、水的管道等。橡胶中很多成分具有毒性,这些成分包括硫化促进剂、抗氧化剂和增塑剂等。橡胶制品在使用时,这些单体和助剂有可能迁移至食品,对人体产生不良影响,橡胶加工时使用的无机促进剂用量较少,因而较安全。有机促进剂如甲醛类的乌洛托品能产生甲醛,对肝脏有毒性;秋兰姆类、胍类、噻唑类、次氯酰胺类对人体也有危害。

#### 2.搪瓷和陶瓷包装材料及制品

搪瓷器是将瓷釉涂覆在金属坯胎上,经过焙烧而制成的产品,搪瓷的配方复杂。陶瓷器是将瓷釉涂覆在由黏土、长石和石英等混合物烧结成的坯胎上,再经焙烧而成的产品。搪瓷、陶瓷容器的主要危害来源于制作过程中在坯体上涂的彩釉、瓷釉、陶釉等。釉料主要是由铅、锌、镉、锑、钡、钛、铜、镉、铬、钴等多种金属氧化物及其盐类组成,它们多为有害物质。当使用搪瓷容器或陶瓷容器盛装酸性食品(如醋、果汁)和酒时,这些物质容易溶出而迁入食品,甚至引起中毒。陶瓷器卫生标准是以4%乙酸浸泡后铅、镉的溶出量为标准,标准规定,镉的溶出量应小于0.5 mg/L。搪瓷器卫生标准是以铅、镉、锑的溶出量为控制要求,标准规定铅小于1 mg/L,镉小于0.5 mg/L,锑小于0.7 mg/L。

### (四)金属包装材料及制品

金属用作包装材料有较长的历史,马口铁用于食品包装已有近200年的历史,其他金属包装材料用于食品包装也有100多年的历史。金属包装主要是以铁、铝等为原材料,将其加工成各种形式的容器来包装食品。

#### 1.铁质包装材料

铁质容器的安全性问题主要有两个方面:

(1)白铁皮(俗称铅皮):镀有锌层,接触食品后,锌会迁移至食品,国内曾有报道用镀锌铁皮容器盛装的饮料引起食品中毒的事件。在食品工业中应用的大部分是黑铁皮。

(2)铁质工具不宜长期接触食品。

**2. 铝制包装材料**

铝制包装材料主要分为熟铝、生铝、合金铝3类。过量摄入铝元素对人体的神经细胞带来危害,如炒菜普遍使用的生铝铲会将铝屑过多地通过食物带入人体。因此,在铝制食具的使用上应注意,最好不要将剩菜、剩饭放在铝锅、铝饭盒内过夜,更不能存放酸性食物。因为铝的抗腐蚀性很差,酸、碱、盐均能与铝发生化学反应,析出或生成有害物质。应避免使用生铝制作炊具。在食品中应用的铝材(包括铝箔)应该采用精铝,不应采用废旧回收铝做原料。铝的毒性表现在对脑、肝、骨、造血和细胞的毒性。研究表明,透析性脑痴呆与铝有关,长期输入含铝营养液的病人易发生胆汁淤积性肝病。铝中毒时常见的是小细胞低色素贫血。我国规定在食品包装材料和容器中精铝制品和回收铝制品的铅溶出量应分别低于0.2 mg/L和5 mg/L,锌、砷、镉溶出量应分别控制在1、0.04、0.02 mg/L以下。

**3. 不锈钢包装材料**

不锈钢的基本成分是金属铁,加入了大量的镍元素,能使金属铁及其表面形成致密的抗氧化膜,提高其电极电位,使之在大气和其他介质中不易被锈蚀。但在高温条件下,镍会使容器表面呈现黑色。使用不锈钢包装食品时,应注意不能与酒精接触,以防镉、镍游离,容易导致人体慢性中毒。由于食品与金属制品直接接触会造成金属溶出,因此对某些金属溶出物都有控制指标。我国罐头食品要求铅溶出量小于1 mg/kg,锡溶出量小于200 mg/kg,砷溶出量小于0.5 mg/kg。

### (五)玻璃包装材料及制品

玻璃包装材料具有无毒无味、光亮、可回收及重复使用、阻隔性能好等优点,但也存在运输费用高、易破碎、印刷性能差等不足。玻璃包装材料的安全性问题主要是从玻璃中溶出的迁移物,如在高脚酒杯中往往添加铅化合物,加入量高达玻璃的30%,可能迁移至酒或饮料中,对人造成危害。另外,玻璃的着色需要使用金属盐,如蓝色需要用氧化钴,茶色需要用石墨,竹青色、淡白色及深绿色需要用氧化铜和重铬酸钾等。

### (六)纸质包装材料

纸及其纸制品包装材料因其成本低等优点,在现代化的包装市场中用量越来越大。常用纸质包装容器有纸袋、纸盒、纸杯、纸箱、纸筒等。纸质包装材料在制作过程中,通常会有一些杂质、细菌和某些化学残留物影响包装食品的安全性。包装纸对食品安全受造纸原料、添加物和油墨等的影响。

## 五、有害元素的检测方法

食品中无机元素对食品的安全性、营养效果影响巨大,其中汞(Hg)、铅(Pb)、镉(Cd)、铬(Cr)等有害元素影响人体健康,这些元素可通过食物链经生物浓缩,浓度提高千万倍,最后进入人体造成危害。进入人体的有毒元素要经过一段时间的积累才显示出毒性,往往不易被人们所察觉,具有很大的潜在危害性。食品中无机成分组成复杂,食品种类也形式各样,在检出限超低化的今天,对检测手段和方法也有了更严格的要求。

### (一)样品预处理技术与设备

食品基体包括液体、固体、半固体等多种形式,而且组成复杂,为了准确检测其中的无机成分含量,首先需要对样品进行消解、定容处理。消解一般采用干法灰化、湿法消解、微波消解等手段。其中微波消解具有加热快,消解时间短,节省试剂,污染小等优势。

### (二)有害元素检测技术

目前,有害元素的检测方法主要有原子吸收光谱法(AAS)、原子荧光光谱法(AFS)、电感耦合等离体原子发射光谱法( ICP - AES)、离子色谱法(IC)、电感耦合等离子体质谱法(ICP - MS)等仪器分析方法。

#### 1. 原子吸收光谱法(AAS)

AAS 是基于试样蒸汽相中被测元素的基态原子对由光源发出的该原子的特征性窄频辐射产生共振吸收,其吸光度在一定范围内与蒸汽相中被测元素的基态原子浓度成正比,以此来测定试样中该元素的含量。此法具有检出限低、灵敏度高和重现性好的优点。

#### 2. 原子荧光光谱法(AFS)

其基本原理是基态原子吸收特定频率的辐射后被激发至高能态,随后受激原子由高能态跃迁至低能态,同时以光辐射的形式发射出特征波长的荧光。原子荧光发光强度与样品中某元素浓度成正比,通过测量待测元素的原子蒸汽在一定波长的辐射能激发下发射的荧光强度,可对样品进行定量分析。原子荧光的基本类型有共振荧光、非共振荧光和敏化荧光等。该法具有谱线简单、灵敏度高和多元素同时测定的优点。

#### 3. 电感耦合等离子体原子发射光谱法( ICP - AES)

ICP - AES 是利用原子或离子在电感耦合等离子体中受激而发射的特征光谱来研究物质化学组成的分析方法。根据谱线的特征频率和特征波长可以进行定性分析,定性方法有铁光谱比较法和标准试样光谱比较法。也可进行定量分析,有标准曲线法和标准加入法。此法具有灵敏度高、选择性好和支持多元素同时测定的优点。

#### 4. 离子色谱法(IC)

IC 是基于离子型化合物与固定相表面离子型功能基团之间的电荷相互作用,实现离子型物质分离和分析的色谱方法。

#### 5. 电感耦合等离子体质谱法(ICP - MS)

ICP - MS 是目前公认的痕量、超痕量无机分析的最强手段。该法是将被测元素通过进样系统以一定形式(蠕动泵或自提升)进入高频等离子体中,在高温下经脱溶剂、化合物分解为原子、原子电离为离子 3 个过程,产生的离子经过离子光学透镜聚焦后进入四极杆质量分析器按照质荷比分离,待测的离子进入检测器产生相应信号,数据处理与控制系统获取信号并处理后输出。该类型质谱仪由进样系统、离子源、离子透镜系统、质量分析器和检测器组成，另外也配有数据处理系统、真空系统和供电控制系统等。此法具有灵敏度高、检测限低、精密度好、分析速度快和多元素同时分析的优点，同时可实现同位素分析、金属元素的形态、价态分析。

# 第三节　食物中的天然毒素

自然产生的食品毒素是指食品本身成分中含有的天然有毒有害物质，如一些动植物中含有生物碱、氢氧糖苷等，其中有一些是致癌物或可转变为致癌物。在人为特定条件下食品中产生的某些有毒物质，也多被归入这一类。如粮食、油料等在从收获到储存过程中产生的黄曲霉毒素，食品高温烹饪过程中产生的多环芳烃类、丙烯酰胺等，都是毒性极强的致癌物。天然的食品毒素，实际上广泛存在于动植物体内，所谓"纯天然"食品不一定是安全的。

## 一、食物中的天然毒素种类

### （一）天然内因毒素及其危害

食用的少数动、植物在生长过程中，某个器官（或部位）会产生一些对人体有害的物质，它们可随着生长期而被破坏或逐渐蓄积，这些有害物质主要分为以下 4 类：

**1. 有毒蛋白质**

主要来自植物源性食品，包括血凝素和酶抑制剂，主要存在于某些豆科蔬菜和豆类食品中。目前，研究发现，血凝素不但能诱导核分裂，还能凝聚许多哺乳动物的血红细胞，改变细胞膜的传递体系，改变细胞的渗透性并最终干扰细胞代谢。而酶抑制剂主要是胰蛋白酶抑制剂和淀粉酶抑制剂，能引起消化不良和过敏反应。

**2. 有毒氨基酸**

主要指有毒的非蛋白氨基酸。在发现的 400 多种非蛋白氨基酸中，有 20 多种具有积蓄中毒作用，且大都存在于毒蕈和豆科植物中。它们作为一种"伪神经递质"取代正常的氨基酸，而产生神经毒性；另外，有些含硫、氰的非蛋白氨基酸可在体内分解为有毒的氰化物、硫化物而间接发生毒性作用；重要的毒性非蛋白氨基酸是刀豆氨酸、香豌豆氨酸、白菇氨酸等。值得注意的是，色氨酸是蛋白氨基酸，但现已发现它的某些衍生物对中枢神经有毒害作用。

**3. 生物碱**

根据生物碱特点可分为原生物碱、真生物碱和伪生物碱，典型的生物碱是吡咯烷生物碱。它能引起摄食者轻微的肝损伤，但中毒的第一反应是恶心、腹痛、腹泻甚至腹水，连续食用生物碱食品 2 周甚至 2 年才有可能出现死亡，一般中毒都可康复。

**4. 木藜芦丸类毒素**

这类毒素包括木藜芦毒素、梫木毒素、玫红毒素和日本杜鹃毒素等 60 多种化合物。这类毒素主要作用于消化系统、心血管系统和神经系统,是心脏—神经系统毒素。人畜常见中毒症状有呕吐、腹痛、腹泻、心跳缓慢、头晕、呼吸困难、肢体麻木和运动失调,中毒后能在24 h康复,严重中毒者会出现角弓反张、昏睡和呼吸抑制死亡。

### (二)天然外因毒素及其危害

天然外因毒素大都由附着在食品上的微小生物(有害菌、有害真菌、微藻等)产生,被人类的食物源所吸收并蓄积,最终危害误食者的健康。

#### 1. 食源性细菌毒素

食源性细菌毒素主要包括鲭精毒素和蓝细菌毒素。鲭精毒素即组胺,食用组胺和其他胺对血管有破坏作用,食用含量较高的食品可引起恶心、呕吐、皮肤潮红、荨麻疹等中毒症状。相比而言,蓝细菌毒素对食品危害较轻。

#### 2. 藻类毒素

藻类毒素是一种食用藻类的鱼贝类蓄积了藻类所产的毒素而引发的中毒,又被称为贝类毒中毒。目前发现的贝类毒中毒有麻痹性、腹泻性、神经性和记忆丧失性。无论哪一种贝类毒中毒几乎都会导致肢体麻木、呕吐、腹泻等症状,严重的会因呼吸麻痹或中枢神经中毒而死亡。

#### 3. 河豚毒素

这类毒素作为钠离子阻断剂,是最毒的天然产物之一。人类摄食一定量后先有手指、唇舌的刺痛感,然后恶心、呕吐、腹泻,最后肌肉麻痹、呼吸困难、衰竭而死,致死率极高。

#### 4. 真菌毒素

真菌毒素是某些丝状真菌如曲霉属、链孢霉和青霉素在适宜的温度、湿度等条件下产生的有毒代谢产物。目前已发现的真菌毒素有300多种,其中研究较为深入的有十几种,如黄曲霉毒素(aflatoxins,包括AFB1、AFB2、AFG1和AFG2)、伏马菌素(fumonisins,包括FB1和FB2)、赭曲霉毒素A(ochratoxin A,OTA)、单端孢霉烯族化合物(tdchothecenes)、展青霉素(patulm,Pat)和玉米赤霉烯酮(zearalenone,ZEN)等。产毒真菌污染食品后,在食品中产生真菌毒素使食用者中毒,有些毒素可以诱导基因突变和产生致癌性,有些能显示出对特定器官的毒性,而有些具有其他的毒性机理。

## 二、食物中天然毒素的性质及控制

### (一)天然植物性毒素的性质及控制

食物中的天然有毒物质分为天然植物性毒素和天然动物性毒素。天然植物性毒素大部分属于苷类、生物碱、棉酚、毒蛋白和酶类等,仅介绍其中常见的几种毒素。

#### 1. 氰苷

氰苷是结构中含有氰基的苷类,其水解后产生氢氰酸,从而对人体造成危害。氰苷由含氮物质(主要是氨基酸)和糖缩合而成,能够合成氰苷的植物体内含有特殊的糖苷水解酶。氰苷在植物体内分布广泛,它能麻痹咳嗽中枢,有镇咳功效,但过量可引起中毒。氰苷引起的慢性氰化物中毒现象在一些以木薯为主食的非洲和南美地区比较常见。

氰苷的毒性主要来自氢氰酸和醛类化合物的毒性。氰苷所形成的氢氰酸被吸收后，随血液循环进入组织细胞，并透过细胞膜进入线粒体，与线粒体中细胞色素氧化酶的铁离子结合，导致细胞的呼吸链中断，造成组织缺氧，体内的二氧化碳和乳酸量增高，机体陷入内窒息状态。

预防氰苷中毒的措施有：不直接食用各种生果仁，对杏仁、桃仁等果仁在食用前反复清水浸泡、漂洗，充分加热，以去除或破坏其中的氰苷；严格禁止生食木薯，食用前去掉木薯表皮，用清水浸泡薯肉，使薯苷溶解出来；发生氰苷类中毒后，立刻口服亚硝酸盐或亚硝酸酯，使血液中的血红蛋白转变为高铁血红蛋白。

**2. 烟碱**

烟草的茎和叶中含有多种生物碱，主要有毒成分为烟碱，尤以烟草叶中含量最高。一支纸烟含烟碱 20 ~ 30 mg，烟碱的毒性和氢氰酸相当。烟碱为脂溶性物质，可经口腔、胃肠道、呼吸道黏膜及皮肤吸收。进入人体后，一部分暂时蓄积在肝脏内，另一部分则可氧化为烟酸（$\beta$ - 吡啶甲酸），还有少量可由乳汁排出，此举会减弱乳腺的分泌功能。预防烟碱中毒的措施有：不吸烟或少吸烟；远离烟雾。

**3. 棉酚**

棉酚是棉籽中的一种芳香酚，主要分布于棉花的叶、茎、根和种子中。粗制的生棉籽油中有毒物质主要是棉酚、棉酚紫和棉酚绿三种，它们存在于棉籽（含有 0.15% ~ 2.80% 的游离棉酚）的色素腺体中。游离棉酚是一种含酚毒苷，对神经、血管、实质性脏器细胞等都有毒性。长期食用粗制棉籽油，可影响生育功能，出现皮肤潮红、心慌无力、口干、烧灼难忍、肢体瘫软、低血钾等症状。预防游离棉酚中毒的措施有：禁止食用粗制生棉籽油、棉酚超标的棉籽油严禁食用；榨油前，必须将棉籽粉碎、经蒸炒加热脱毒后再榨油；中毒后予以催吐、洗胃或导泻，并对症治疗。

### （二）天然动物性毒素的性质及控制

**1. 河豚毒素**

河豚是无鳞鱼的一种，肉质鲜美，被誉为“鱼中极品”。但含有剧毒物质。河豚毒素无色、无味、无臭，是一种毒性强烈的非蛋白类神经毒素，稳定性好，在中性及弱酸性条件下比较稳定，在强酸性的溶液中分解，在弱碱性的溶液中部分分解，pH 达到 14 时，河豚毒素全部分解成喹唑啉化合物，失去毒性。河豚鱼的有毒部位主要是卵巢和肝脏，其含量随季节而变化。在繁殖季节，毒素的含量最高，而此时也正是河豚风味最佳的时候。河豚中毒是世界上最严重的动物性食物中毒之一，各国均很重视。引起人们中毒的河豚毒素有河豚素、河豚酸、河豚卵巢毒素及河豚肝毒素等。河豚毒素的毒性比氰化钾高 1000 倍，0.5 mg 河豚毒素即可使人中毒死亡。河豚毒素的理化性质比较稳定，采用加热和盐腌的方法均不能破坏其毒性。现已证实河豚毒素的毒理作用是阻碍神经和肌肉的传导，使骨骼肌、横膈肌及呼吸神经中枢麻痹，导致呼吸停止。生活中除严格遵守河豚食用法规，同时应防止任意抛弃河豚内脏引起人畜误食(无条件地区也需妥善处理,进行深埋或酸解内脏)。

**2. 组胺**

组胺中毒是由于摄食了含组胺较多的鱼类而引起的。金枪鱼、鲐鱼、鲤鱼等肌肉呈红色的鱼类含组氨酸丰富,经细菌的组氨酸脱羧酶作用后可产生大量组胺。这些细菌主要是一些肠杆菌、弧菌、乳酸杆菌等。组胺中毒主要是刺激心血管系统和神经系统,促使毛细血管扩张充血,使毛细血管通透性增加。由于组胺的形成是微生物作用的结果,所以,最有效的措施是防止鱼类腐败。

## 第四节　食品添加剂的安全与评价

### 一、食品添加剂的分类

食品添加剂的分类可按其来源和功能的不同而有不同的划分。

#### (一)按来源来分

食品添加剂按其来源分为天然和人工化学合成两类。天然食品添加剂是指利用动植物或微生物的代谢产物等为原料,经提取所获得的天然物质。化学合成食品添加剂是通过化学手段使元素和化合物产生一系列化学反应(氧化、还原、缩合、聚合、成盐等)而制成的物质。

国际上通常按来源把食品添加剂分成三大类:一是天然提取物;二是用发酵法等制取的柠檬酸、味精等,还有虽是化学法合成,但其结构和天然的相同,且能被人体代谢的统称天然等同物,我国有的称其为天然同等物,如天然同等香料、天然同等色素;三是纯化学合成物。

因此,我国和国际上在天然品和合成品上的区分是有差异的。例如,日本把发酵法合成的味精、柠檬酸等均列入合成品的范围。

在现阶段天然食品添加剂的品种较少,价格较高。人工合成食品添加剂的品种比较齐全,价格低,使用量较小,但其毒性大于前者,特别是合成食品添加剂质量不纯混有有害杂质,或用量过大时容易造成对机体的危害。

#### (二)按功能来分

国际上公认的批准食品添加剂的3条标准是:技术需要、对消费者的健康无危害、不欺骗消费者。我国《食品安全法》也规定食品添加剂应当在技术上确有必要且经过风险评估证明安全可靠,方可列入允许使用的范围。因此,从使用食品添加剂的原因进行分析,按功能进行分类是国际上普遍使用的一种较好的分类方法。食品添加剂按其用途分为24类:酸度调节剂、抗结剂、消泡剂、抗氧化剂、漂白剂、膨松剂、防腐剂、着色剂、护色剂、酶制剂、乳化剂、增味剂、面粉处理剂、稳定剂和凝固剂、增稠剂、甜味剂、水分保持剂、营养强化剂、增味剂、香料、被膜剂、食品用香料、食品工业用加工助剂、其他。

## 二、添加剂安全及评价

在现代食品加工中，为了延长食品的保鲜期，防止腐败变质；为了改善食品的感官性质，提高风味，赋予食品颜色；为了有利于食品加工操作；为了保持及提高食品的营养价值以及特殊需要而加入食品的各种添加剂越来越多，利弊目前还很难下定论，虽然很多食品添加剂的使用都必须经过适当的安全性毒理学评价，要求对具有一定毒性的食品添加剂应尽可能不用或少用，使用时必须严格控制使用范围和使用量，但是消费者甚至包括科学家仍然心存疑虑。

### （一）食品添加剂可能导致的潜在危害

有意加入的化学品主要指各类食品添加剂，如果切实按照有关的法律、法规的要求使用，应该是完全没有问题的，但使用不当或超剂量使用，就有可能成为食品中的化学危害，其危害的发生率在我国食品安全案例中占有相当高的比例。食品添加剂的安全问题已引起各国的普遍重视，纷纷立法进行管理，甚至对有些食品添加剂进行再评价。对食品添加剂可能导致的危害主要有以下几方面。

**1. 急性和慢性中毒**

食品中使用含有有害化合物的物质或过量使用食品添加剂，可引起急性和慢性中毒。这种案例在国际社会时有发生。例如，我国天津、江苏、新疆等地曾发生因使用含砷的盐酸、食碱而导致急性中毒，过量地食用如亚硝酸盐、漂白剂、色素等在短期内一般都不容易看出其危害性，长期使用可引起慢性中毒或致癌。近年来，各国安全名单删除的添加剂日益增多，如色素中的金胺、奶油黄、碱性菊橙、品红等 13 种，硼砂、硼酸、氯化钾、溴化植物油、碘酸钙(钾)等 20 余种。

**2. 引起变态反应**

近年来，添加剂引起变态反应的报道日益增多。例如，糖精可引起皮肤瘙痒症，日光性过敏性皮炎(以脱屑性红斑及浮肿性丘疹为主)；苯甲酸及偶氮类染料皆可引起哮喘等系统过敏症状；香料中很多物质可引起呼吸道发炎，咳嗽、喉头浮肿、支气管哮喘、皮肤瘙痒、皮肤划痕症、麻疹、血管性浮肿、口腔炎、便秘、头痛、行动异常、浮肿及关节痛；柠檬黄等可引起支气管哮喘、麻疹、血管性浮肿等。

**3. 体内蓄积问题**

国外在儿童食品中加入维生素 A 作为强化剂，由于它具有脂溶性，在人体内有蓄积作用。例如，在蛋黄酱、乳粉、饮料中加入这些强化剂，经摄入后 3 ~ 6 月总摄入量达到 25 万 ~ 28 万单位时，消费者出现食欲不振、便秘、体重停止增加、失眠、兴奋、肝大、脱毛、脂溢、脱屑、口唇龟裂、痉挛，甚至出现神经症状、头痛、视神经乳头浮肿、四肢疼痛、步行障碍。动物实验证明，大量食用维生素 A 会发生畸形。摄入维生素 D 过多也可引起慢性中毒。

**4. 食品添加剂转化产物的问题**

(1)制造过程中产生的一些杂质，如糖精中的杂质邻甲苯磺酰胺、用氨法生产的焦糖色素中的 4 - 甲基咪唑等。

(2)食品储藏过程中添加剂的转化,如赤藓红色素转为内荧光素等。

(3)同食品成分起反应的物质,如焦碳酸二乙酯,形成强烈的致癌物质氨基甲酸乙酯,亚硝酸盐形成亚硝基化合物等;环己基糖精形成环己胺,偶氮染料形成游离芳香族胺等。

**5. 食品添加剂与致癌物**

近年来,国际上认为可疑或确定的致癌添加剂为数不多,但也有目前尚未定论的。例如,甘精(对位乙苯脲)已被确证为致癌物;溴酸钾经大鼠实验已确定为致癌物;食用紫色一号已确定为致癌物;甜精(环己基磺酸胺)可能导致膀胱癌,但目前尚未定论;过氧化氢,日本报道有致癌性,美国 FDA 病理结果认为有过度病变,而否定其致癌;BHT(二丁基羟基甲苯)经大鼠实验确证为致癌物。

上述这些问题所产生的危害都是已知的,令人担心的是对某些添加剂共同使用时能产生的有害物质目前还不清楚,有待进一步研究。

### (二)食品添加剂的毒理学安全性评价

**1. 毒理学安全性评价程序的发展**

毒理学安全评价是通过动物实验和对人群的观察,阐明待评物质的毒性及潜在的危害,决定其能否进入市场或阐明安全使用的条件,以达到最大限度地减少其危害作用、保护人民身体健康的目的。表 7 - 4 所示为传统的毒理学试验类型,它解决不了食品安全性评价所要求的全部问题。现代食品安全性评价除了进行传统的毒理学评价研究外,还需有人体研究、残留量研究、暴露量研究、消费水平(膳食结构)和摄入风险评价等。因此,对一种区别于化学物质评价的途径随之提出,表 7 - 5 显示的是食品安全性试验策略。

**表 7 - 4 传统的毒理学试验类型**

| 试验类型 | 试验要点 |
|---|---|
| 1. 急性试验(一次暴露或剂量) | (1)测定半数致死量($LD_{50}$)<br>(2)急性生理学变化(血压、瞳孔扩大等) |
| 2. 亚急性试验(连续暴露或每日剂量) | (1)3 个月持续时间<br>(2)2 个或 2 个以上的试验动物(一种非啮齿动物类)<br>(3)3 个剂量水平(至少)<br>(4)按预期或类似途径处理(受试物)<br>(5)健康评价,包括体重、全面身体检查、血液化学、血液学、尿分析和功能试验 |
| 3. 慢性试验(连续暴露或每日剂量) | (1)2 年持续时间(至少)<br>(2)从预试验筛选 2 种敏感试验动物<br>(3)2 个剂量水平(至少)<br>(4)类似接触(暴露)途径处理(受试物)<br>(5)健康评价,包括体重、全面身体检查、血液化学、血液学、尿分析和功能试验<br>(6)所有动物全面的尸检和组织病理学检查 |

续表

| 试验类型 | 试验要点 |
| --- | --- |
| 4. 特殊试验 | (1)致癌性<br>(2)致突变性<br>(3)致畸胎性<br>(4)繁殖试验<br>(5)潜在毒性<br>(6)皮肤和眼睛刺激试验<br>(7)行为反应 |

表7-5　食品安全性试验策略

| 试验类型 | 试验要点 |
| --- | --- |
| 1. 化学分析 | (1)识别化合物<br>(2)类型确认 |
| 2. 体外模型 | (1)非哺乳动物系统(即致突变试验)<br>(2)哺乳动物组织模型,包括标准物质的代谢改变 |
| 3. 计算机模拟 | (1)活性—结构关系<br>(2)动力学模型 |
| 4. 传统的安全性试验 | (1)对标准试验物质的影响<br>(2)对应激系统的影响 |
| 5. 人体研究 | (1)比较分子学、药物动力学和药物动态学模型<br>(2)对标准试验物质的影响<br>(3)对应激系统的影响 |

**2. 食品安全性毒理学评价程序**

目前我国现行的对食品添加剂安全性评价的方法和程序也还是按照传统的毒理学评价程序,即初步工作→急性毒性试验→遗传毒理学试验→亚慢性毒性试验(90 d喂养试验、繁殖试验、代谢试验)→慢性毒性试验(包括致癌试验)。

(1)初步工作:初步工作包括以下两个方面:一是了解受试物(必要时包括杂质)的物理、化学性质(包括化学结构、纯度、稳定性等),与受试物类似的或有关物质的毒性等资料,以及所获得样品的代表性如何,要求受试物能代表人体进食的样品。二是估计人体可能的摄入量。

(2)第一阶段:急性毒性试验。急性毒性试验是指一次给予受试物或在短期内多次给予受试物所产生的毒性反应。通过急性试验可以确定试验动物对受试物的毒性反应、中毒剂量或致死剂量。致死剂量通常用$LD_{50}$来表示。

(3)第二阶段:遗传毒性试验(蓄积毒性试验、致突变试验)。遗传毒性试验主要是指对致突变作用进行测试的试验。试验项目包括:细菌致突变试验、小鼠骨髓微核率测定和骨髓细胞染色体畸变分析、小鼠精子畸形分析和睾丸染色体畸变分析、其他备选遗传毒性试验(包括 V79/HGPRT 基因突变试验、显性致死试验、果蝇伴性隐性致死试验、程序外 DNA 修复合成试验)、传统致畸试验、短期喂养试验。

(4)第三阶段:亚慢性毒性试验。是了解试验动物在多次给以受试物时所引起的毒性作用。试验项目包括:90 d 喂养试验、繁殖试验、代谢试验。根据这 3 项试验中所采用的最敏感指标所得的最大无作用剂量进行评价。

(5)第四阶段:慢性毒性试验(包括致癌试验)。是观察试验动物长期摄入受试物所产生的毒性反应,尤其是进行性和不可逆的毒性作用以及致癌作用,最后确定最大无作用剂量,为受试物能否用于食品的最终评价提供依据。试验项目包括:用两种性别的大鼠或(和)小鼠进行 2 年生命期慢性毒性试验和致癌试验,并结合在一个动物试验中。

在食品添加剂的安全性评价中需采取科学的试验设计方案,不能模式化设计试验方案;各项试验方法力求标准化、规范化,要有质量控制;熟悉毒理学试验方法的特点,了解试验的局限性或难点;评价结论要权衡利弊、高度综合。

## 三、食品添加剂的检测方法

目前,全球开发并使用的食品添加剂种类多达 14000 多种,其中直接使用的有 4000 余种,常用的约有 700 种,我国允许使用的食品添加剂种类多达 24 类约 1500 种。随着食品制造工艺与技术的不断发展以及我国对食品安全重视程度的不断提高,食品添加剂的使用以及检测正在逐渐规范。在检测技术中,常见的有滴定法、比色法、薄层色谱法(HLC)、气相色谱法(GC)、高效液相色谱法(HPLC)、离子色谱法等。目前,GC 和 HPLC 法已经逐渐普及,色谱—质谱联用技术是目前食品添加剂检测中的趋势,具有定性准确、可靠、检出限高、适用性广等的优势。

### (一)气相色谱技术(gas chromatography,GC)

GC 是指用气体作为流动相的色谱法,利用物质的沸点、极性及吸附性质的差异来实现混合物的分离的一种色谱技术。GC 具有样品传递速度快、分离效率高、样品用量少多组分同时分析、易于自动化等优点。但是,GC 的不足之处在于其分析的对象只限于分析气体和沸点较低的化合物,而这种物质仅占有机物总数的 20%;其次是 GC 采用的流动相是惰性气体,对组分没有亲和力,仅起运载作用;GC 一般都在较高温度下进行,会对热敏性成分造成损失;GC 的定性能力较差,往往需要结合质谱分析法,组成气质联用技术,可克服这一缺陷。该方法主要应用于酸性防腐剂、酯型防腐剂,如苯甲酸、山梨酸等的检测。

### (二)气质联用技术(gas chromatography - mass spectrometry,GC-MS)

GC-MS 是将气相色谱仪器与质谱仪通过适当的接口相结合,借助计算机技术,进行联用分析的技术。目前,GC-MS 是最成熟的两谱联用技术。在 GC-MS 分析过程中,其实是利用气相色谱仪作为质谱仪的进样系统,用色谱仪对样品混合物进行分离,同时利用质谱仪作为一种特殊的检测器，对色谱流出物进行检测。GC-MS 兼具色谱分离效率高，定量准确以及质谱的选择性高和鉴别能力强等优点。该方法可用于同时检测复杂基质食品中多种食品添加剂。

**(三)高效液相色谱技术(high performance liquid chromatography, HPLC)**

HPLC 是在柱色谱的基础上发展起来的一种新色谱技术，有"近代柱色谱"之称。HPLC 是以液体为流动相，采用高压输液系统，将具有不同极性的单一溶剂或不同比例的混合溶剂、缓冲液等流动相泵入装有固定相的色谱柱，待柱内成分被分离后，流入检测器进行检测，从而实现对试样的分析。HPLC 适合分析 GC 难以分析的物质，如挥发性差、极性强、热稳定性差等的物质。该方法可同时快速测定食品中的多种添加剂，如采用梯度洗脱、变波长—反相 HPLC 可同时测定饮料中甜味剂、防腐剂、人工合成色素及咖啡因等 12 种食品添加剂。

**(四)液质联用色谱技术(high performance liquid chromatography - masss pectrometry, HPLC-MS)**

HPLC-MS 是以液相色谱为分离系统，质谱为检测系统。样品在质谱部分和流动相分离，被离子化后，经质谱的质量分析器将离子碎片按质量数分开，经检测器得到质谱图。HPLC - MS 具有色谱和质谱优势的互补，将色谱对复杂样品的高分离能力，与 MS 具有高选择性、高灵敏度及能够提供相对分子质量与结构信息的优点结合起来，在食用植物油和调味油中添加剂的检测、面粉添加剂偶氮甲酰胺代谢物联二脲及三聚氰胺等的检测方面有具体的应用。

## 复习思考题

1. 影响食品安全的有害微生物种类有哪些?
2. 造成食品农药和兽药残留的主要原因有哪些?
3. 简述食品中有毒重金属的种类及来源。
4. 食品中的天然植物毒素有哪些?
5. 试述食品添加剂的潜在危害。

## 参考文献

[1]吴海文，王茂华，任嘉嘉，等. 基于风险分析方法的食品中天然毒素污染防控[J]. 食品科学技术学报，2013，31(1)：77 - 82.

[2]陈辉. 食品安全概论[M]. 北京：中国轻工业出版社，2011.

[3]尤如玉. 食品安全与质量控制[M]. 北京：中国轻工业出版社，2008.

[4]王利兵. 食品添加剂安全与检测[M]. 北京：科学出版社，2011.

[5]杨福馨,吴龙奇. 食品包装实用新材料新技术(第二版)[M]. 北京:化学工业出版社,2009.
[6]张伟,袁耀武. 现代食品微生物检测技术[M]. 北京:化学工业出版社,2007.
[7]曲径. 食品安全控制学[M]. 北京:化学工业出版社,2011.
[8]甘平胜,黄聪,于鸿,等. 气相色谱—质谱联用法测定奶粉中苯甲酸(钠)含量[J]. 中国卫生检疫,2008,18(1):75 -76.
[9]马红梅,王静. 高效液相色谱法测定熟食中山梨酸 [J]. 中国卫生检验杂志,2007,17(11):2007 -2008.
[10]郭晓霖,徐红. 高效液相色谱测定植物油 BHA、BHT[J]. 计量与测试技术,2009,36(8):4.
[11]王德胜. 高效液相色谱法测定食品中特丁基对苯二酚[J]. 阜阳师范学院学报(自然科学版),2009,26(3):34 -36.
[12]逯海,王军,韦超. 食品中无机成分检测通用技术[J]. 中国计量,2013(5):68 -70.
[13]黄芳,黄晓兰,吴惠勤,等. 高效液相色谱—质谱法对饲料及食品添加剂中三聚氰胺的测定[J],分析测试学报,2008,27(3):313 -315.
[14]袁丽红,丁洪流,陈英,等. 面粉添加剂偶氮甲酰胺代谢物联二脲的 HPLC - MS/MS 检测[J]. 食品工业科技,2013,34(10):73 -76.
[15]陈翊,张丽,张心会. HPLC 法同时快速测定饮料中 12 种添加剂[J]. 中国卫生检验杂志,2008,18(9):1759 -1760,1779.
[16]湛嘉,俞雪钧,黄伟,等. 复杂基质食品中 7 种添加剂的气相色谱/质谱检测方法[J]. 分析科学学报,2008,24(6):729 -731.

# 第八章　食品标准与法规

**本章学习目标**

1. 能简要描述食品加工标准化的目的和作用，在实际的工程实践环节，树立标准化加工的理念，理解标准化加工对食品加工的重要性。
2. 能根据我国食品标准的分类和标准代号，识别和判断食品标准的等级。
3. 能识别主要的国际食品标准体系，并简要描述主要国际食品标准的职责。

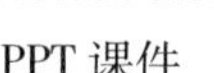
PPT 课件

讲解视频

## 第一节　标准化基础知识

### 一、标准化的基本概念

中国国家标准 GB/T 20000.1—2014《标准化工作指南第 1 部分：标准化和相关活动的通用词汇》中关于“标准”(Standard)的定义是：“通过标准化活动，按照规定的程序经协商一致制定，为各种活动或其结果提供规则、指南或特性，供共同使用和重复使用的文件”。就食品生产而言，任何产品都应按照一定标准生产，任何技术都应依据一定标准操作。没有标准，就没有衡量产品质量或生产技术的尺度，产品和技术的质量就会因为没有比较的基准而无从谈起。“标准化”的定义是：“为了在既定范围内获得最佳秩序，促进共同效益，对现实问题或潜在问题确立共同使用和重复使用的条款以及编制、发布和应用文件的活动”。

### 二、标准化的基本特性

#### (一)经济性

标准化的目的就是获得最佳的全面的经济效果和社会效益，并且经济效果应该是“全面”的，而不是“局部”或“片面”的。

#### (二)科学性

标准化是以生产实践的经验总结和科学技术研究的成果为基础。科学研究的深入与发展,会不断提高事物认识的层次,促进标准化活动的进一步发展,标准化活动对科学研究具有强烈的依赖性。

### (三)民主性

标准化活动是为了所有有关方面的利益。为了更好地协调各方面的利益,就必须进行协商与相互协作,才能有效地进行“有秩序的特定活动”,充分体现了标准化活动的民主性。

## 三、标准化的目的与作用

标准化活动的目的是要在一定范围内获得最佳秩序,来实现效益的最大化。实践证明,标准化在经济发展中起到的重要作用主要表现在以下几个方面。

(1)标准化是不断提高产品质量和安全性的重要保证。标准化可以促进企业内部采取一系列的保证产品质量的技术和管理措施,使企业在生产过程中对所有生产原料、设备、工艺、检测、组织机构等都按照标准化要求进行,从根本上保证产品质量。

(2)标准化是现代化大生产的必要条件和基础。现代化大生产以先进的科学技术和生产的高度社会化为特征,所以根据生产技术的发展规律和客观经济规律对企业进行标准化科学管理,显然是现代化大生产必不可少的。

(3)标准化可以促进企业经济效益的全面提升。标准化应用于科学研究,可以避免重复劳动;应用于产品设计,可以缩短设计周期;应用于生产,可以使生产在科学和有秩序的基础上进行;应用于管理,可以提供目标和依据,促进统一协调和高效率的工作。

(4)标准化使企业内部管理与外部制约条件相协调,从而使企业具有适应市场变化的应变能力,并为企业采纳先进的供应链管理模式创造条件。

(5)标准化是推广应用科技成果和新技术的桥梁。标准是科研、生产和应用三者之间的重要桥梁。科技成果转化为生产力的过程无不经历新产品或新工艺、新材料和新技术的小试—中试—技术鉴定—制定标准—推广应用的阶段。

(6)标准化是国家对企业产品进行有效管理的依据。国家依据食品标准对食品行业进行有目的、系统和定期的质量抽查、跟踪,以监督食品质量,促进食品质量的提高。

(7)标准化可以消除贸易壁垒,促进国际贸易的发展。尤其是世界贸易组织成员方要遵守其规则,其目标就是在关贸总协定(GATT)原则下促进国际贸易。国际贸易中的关税、知识产权,尤其是技术壁垒涉及标准、技术规范、合格评价程序,以及卫生与植物检疫检验依国家不同而不同,很可能成为进出口贸易障碍。世界贸易组织关于贸易的技术壁垒协议(TBT)认为:国家有权采纳他们认为合适的标准,但为了避免不必要的多样性,鼓励各国采用国际标准,以促进国际贸易的发展。

## 四、标准化的基本原则

### (一)超前预防的原则

标准化的对象不仅要在依存主体的实际问题中选取,而且更应从潜在问题中选取,以避免该对象非标准化造成的损失。

### (二)协商一致的原则

标准化的成果应建立在相关各方协商一致的基础上,坚持标准民主性,经过标准使用各方进行充分的协商讨论,最终形成一致的标准,这个标准才能在实际生产和工作中得到顺利的贯彻实施。如许多国际标准对农产品质量的要求尽管很严,但有的国际标准与我国的农业生产实际情况不相符合,因此,许多国际标准并没有被我国采用。

### (三)统一有度的原则

在一定范围、一定时期和一定条件下,对标准化对象的特性和特征应做出统一规定,以实现标准化的目的。如农产品中有毒有害元素的最高限量,农药残留的最高限量,食品营养成分的最低限量的确定等。

### (四)动变有序的原则

标准应依据其所处环境的变化,按规定的程序适时修订,才能保证标准的先进性和适用性。一个标准制定完成之后,绝不是一成不变的,要适时地对标准进行修订。国家标准一般每五年修订一次,企业标准一般每三年修订一次。标准的制定是一个严肃的工作,在制定的过程中必须谨慎从事,充分论证,并经过大量的实践和实验验证,不允许朝令夕改。

### (五)互相兼容的原则

标准应尽可能使不同的产品、过程或服务实现互换和兼容,以扩大标准化经济效益和社会效益。如集装箱的外形尺寸应一致,以方便使用。农产品安全质量要求和产地环境条件以及农药残留最大限量等都应有统一的规定,以达到互相兼容的要求。

### (六)系列优化的原则

在标准制定中尤其是系列标准的制定中,如通用检测方法标准、不同等级的产品质量标准和管理标准、工作标准等一定应坚持系列优化的原则,减少重复,避免人力、物力、财力和资源的浪费,提高经济效益和社会效益。农产品中农药残留量的测定方法就是一个比较通用的方法,不同种类的食品都可以引用该方法,也便于测定结果的相互比较,保证农产品质量。有关食品微生物学检验的 GB 4789 系列和有关食品理化分析的 GB 5009 系列就是不断完善、系列优化的标准,在食品质量检验工作中具有重要的地位和作用。

### (七)阶梯发展的原则

标准化活动过程是一个阶梯状的上升发展过程。随着科学技术的发展和进步以及人们认识水平的提高,对标准化的发展有明显的促进作用,也使得标准的修订不断满足社会生活的要求,标准水平就会像人们攀登阶梯一样不断发展。

### (八)滞阻即废的原则

当标准制约或阻碍依存主体的发展时,应及时进行更正、修订或废止。

## 第二节　我国食品标准体系

### 一、我国食品标准的分类

根据《中华人民共和国标准化法》的规定，我国标准分为国家标准、行业标准、地方标准和企业标准四个级别。

#### （一）国家标准

国家标准是对关系到全国经济、技术发展的标准化对象所制定的标准，它在全国各行业、各地方都适用。国家标准是由国家标准化机构通过并公开发布的标准。国家标准是我国标准体系中的主体。国家标准一经批准发布实施，与国家标准相重复的行业标准、地方标准即行废止。

下列需要制定国家标准：①互换、配合、通用技术语言要求。②保障人体健康和人身、财产安全的技术要求。③基本原料、材料、燃料的技术要求。④通用基础件的技术要求。⑤通用的试验、检验方法。⑥通用的管理技术要求。⑦工程建设的勘探、规则、设计、施工及验收等的重要技术要求。⑧国家需要控制的其他重要产品的技术要求。

#### （二）行业标准

行业标准是指对于需要在某个行业范围内全国统一的标准化对象所制定的标准称为行业标准。行业标准由国务院有关行政主管部门主持制定和审批发布，并报国务院标准化机构备案。

下列事物应制定行业标准：①专业性较强的名词术语、符号、规划、方法等。②指导性技术文件。③专业范围内的产品，通用零部件、配件、特殊原材料。④典型工艺规程、作业规范。⑤在行业范围内需要统一的管理标准。

#### （三）地方标准

地方标准是在国家的某个行政区域通过并公开发布的标准。它由该行政区域的标准化机构主持制定和审批发布，还须报国务院标准化机构和国务院有关行政主管部门备案。

根据《中华人民共和国标准化法》规定，制定地方标准的对象需要具备三个条件：①没有相应的国家标准或行业标准。②需要在省、自治区、直辖市范围内统一的事或物。③工业产品的安全卫生要求等。

#### （四）企业标准

企业标准是指由企业制定的产品标准和对企业内需要协调统一的技术要求和管理、工作要求所制定的标准。它由企业法人代表或法人代表授权的主管领导审批发布，由企业法人代表授权的部门统一管理，在本企业范围内适用。企业产品标准须报企业所属行政管理相应标准化机构备案。

**知识链接**

我国现行食品标准基本情况

据统计,我国现行食品、食品添加剂、食品相关产品的国家标准有1400余项,地方标准有900余项。食品安全标准按照内容分类,可分为食品安全基础标准、生产规范、产品标准、检验检测方法等,与国际食品法典标准分类基本一致。

现行食品标准覆盖了所有食品范围,基本涵盖了从原料到产品中涉及健康危害的各种卫生安全指标,包括食品产品生产加工过程中原料收购与验收、生产环境、设备设施、工艺条件、卫生管理、产品出厂前检验等各个环节的卫生要求。

我国标准与国际标准基本一致。世界卫生组织和联合国粮农组织1962年成立了国际食品法典委员会,协调建立国际食品法典标准。我国加入WTO后,食品安全标准工作逐步与国际接轨。以食品中污染物限量标准为例,我国标准与国际食品法典标准项目和指标值的符合率超过70%。需要说明的是,与不同国家标准的比较,应当全面、客观,不应仅以个别标准或个别指标进行比较,例如在国外允许使用的莱克多巴胺、过氧化苯甲酰等物质,在我国属于禁止使用品种。总体上讲,我国正在按照《食品安全法》要求,逐步清理完善形成统一的食品安全标准体系,基本符合或接近国际食品法典标准。

## 二、我国标准的代号

我国标准代号在《国家标准管理办法》《行业标准管理办法》《地方标准管理办法》和《企业标准管理办法》中都有相应规定。原国家质量监督检验检疫总局于1999年8月24日发布了《关于规范使用国家标准和行业标准代号的通知》,将国家标准和行业标准代号予以重新公布,部分国家标准代号、行业标准代号、地方标准代号和企业标准代号见表8－1。

**表8－1　部分标准代号**

| 分类 | 代号 | 含义 | 管理部门 |
|---|---|---|---|
| 国家标准 | GB | 中华人民共和国强制性国家标准 | 国家标准管理委员会 |
| | GB/T | 中华人民共和国推荐性国家标准 | |
| | GB/Z | 中华人民共和国标准化指导性技术文件 | |
| 行业标准 | HJ | 环境保护 | 原国家环境保护部 |
| | NY | 农业 | 原农业部 |
| | QB | 轻工 | 中国轻工业联合会 |
| | SB | 商业 | 商业部 |
| | SC | 水产 | 原农业部(水产) |

续表

| 分类 | 代号 | 含义 | 管理部门 |
| --- | --- | --- | --- |
| 行业标准 | SN | 商检 | 原国家质量监督检验检疫总局 |
| | WS | 卫生 | 原卫生部 |
| | YC | 烟草 | 国家烟草专卖局 |
| 地方标准 | DB + * | 中华人民共和国强制性地方标准 | 省级质量技术监督局 |
| | DB + */T | 中华人民共和国推荐性地方标准 | |
| 企业标准 | Q + * | 中华人民共和国企业产品标准 | 企业 |

## 三、我国食品标准的制定

### (一)食品标准的基本内容

食品标准广义地讲是泛指涉及食品领域各个方面的所有标准,即包括食品工业基础及相关标准、食品卫生标准(食品安全限量标准)、食品通用检验方法标准(食品检验检测方法标准)、食品产品质量标准、食品包装材料及容器标准、食品添加剂标准等。食品标准狭义地讲即是指食品产品标准。本章介绍的食品标准即指食品产品质量标准。

食品产品质量标准的核心内容为食品安全卫生要求和营养质量要求,但要达到制定食品标准的目的,只有核心内容是不够的。无论国际标准还是国家标准、行业标准、地方标准以及企业标准,就食品产品标准的内容来看,还应包含以下几个方面:第一,对食品生产所用原辅料要有明确的规定。第二,对食品要求的各项指标的检测方法要有明确的规定。第三,对食品标志和标签也应有明确的规定。第四,对食品储藏和运输环境也应有明确的规定。第五,对规范性引用文件也应有明确的规定。

### (二)食品标准制修订原则

#### 1. 必须贯彻国家有关政策和法律法规

食品标准直接关系到国家、企业和广大人民的利益,因此,食品标准中的所有规定均不得与有关法律法规相违背。

目前,我国与食品有关的法律法规和部门规章有:《中华人民共和国标准化法》《中华人民共和国产品质量法》《中华人民共和国计量法》《中华人民共和国消费者权益保护法》《中华人民共和国食品安全法》《中华人民共和国农产品质量安全法》《食品添加剂卫生管理办法》《保健食品管理办法》《食品营养强化剂卫生管理办法》《转基因食品卫生管理办法》《有机食品认证管理办法》《禁止食品加药卫生管理办法》《食品新资源卫生管理办法》《农药管理条例》《兽药管理条例》等。这些法律法规和部门规章有些是直接关系到食品的安全(卫生)与质量,有些是间接关系到食品的安全(卫生)与质量,这些都是制定食品标准需要遵循的重要依据。

#### 2. 积极采用国际标准,注意标准间的协调性

在制定食品标准时,有国际标准和国外先进标准的,要积极采用。采用国际标准实际

上是一种技术引进,有利于消除贸易技术壁垒,促进国际产品的贸易和经济合作。但采用国际标准时要充分考虑我国的国情、自然条件。能等同采用的尽可能等同采用,不能等同采用的可以修改采用。采用国际标准应优先采用与食品标准有关的安全(卫生)、环保、原材料和食品检验方法标准。

协调性是针对标准之间的,由于标准是一种成体系的文件,各个标准之间存在着广泛的内在联系。尤其涉及术语、量、公差、单位、符号、缩略语及检验检测方法等时,更应注意相关标准间的协调一致。标准的本质是统一,因此,制定食品标准时也要遵循统一的原则。制定食品标准应做到与现行食品标准的协调、配套,避免重复,更不能与现行标准相抵触。制定食品企业标准时,应以现行相应的食品国家标准为准则,技术指标应严于现行国家标准、行业标准或地方标准。

### 3. 坚持统一性

统一性是指在每项标准或每个系列标准内,结构、文体和术语应保持一致。如果一项标准中的各个部分或系列标准中的几个标准一同起草,或者所起草的标准是一项标准的某个部分或系列标准中的一个标准,这时,应注意以下几个问题的统一性。

(1)标准结构的统一性标准或部分之间的结构应尽可能相同。

(2)文体的统一性类似的条文应由类似措辞来表达,相同条文应由相同的措辞来表达。

(3)术语的统一性在每项标准或系列标准内,某一给定概念应使用相同的术语。

### 4. 充分考虑使用要求和生产实际

制定食品标准要充分考虑使用要求,要从消费者的实际需要出发来制定食品标准。也就是说,在编制食品标准时,要求指标的设定,应充分考虑食品的安全性、适用性(营养性)、嗜好性和方便性。

比如编写一项方便食用的食品标准,首先要考虑它的安全性,其次考虑食用的方便性,最后考虑它的色、香、味、形以及营养性。满足使用要求应包括各方的使用要求,也就是说不但要满足使用者的要求,还要满足生产者以及检测者的要求。在考虑这些因素的同时,还要考虑实际生产的可能性,也就是标准的可实践性,即要保证生产工艺能够实现,也就是标准制定出来以后,企业能够通过技术手段来实现。

### 5. 遵循技术上先进和经济上合理的原则

制定食品标准应力求反映科学研究、技术革新和生产实践的先进成果,但任何先进技术的采用和推广都受经济条件的制约。因此,要求食品标准技术先进,并不是盲目地追求高指标,还要考虑它的经济性,是否符合我国的实际情况和消费者的需求,既要注重吸纳采用先进的技术成果,也要充分考虑经济上的合理性,提高技术标准水平必须与取得良好的经济效益统一起来。

### 6. 坚持以科学试验和实践经验为基础

标准只有以一定的科学技术理论及科学试验为依据,并经生产实践的验证制定出来,才会具有可操作性,才能用先进的科学技术和生产经验促进生产力的发展。否则所制定的标准就有可能阻碍生产力的发展。

**7. 适时复审**

标准具有时效性,"标龄"过长的食品标准会不适应社会的发展,需要新的标准来替代。因此,一项新的食品标准发布后,标准的制修订工作并没有结束,标准起草和编写部门还要适时对标准进行复审。根据《中华人民共和国标准化法实施条例》和《企业标准化管理办法》规定,国家标准、行业标准和地方标准的复审周期一般不超过五年,企业标准的复审周期一般不超过三年。复审结果分为三种情况,确认有效、修订和废止。标准的批准发布部门应及时向社会公布标准的复审结果。

### (三)企业标准的制定范围

企业生产的产品,没有国家标准、行业标准和地方标准的,国家鼓励制定严于国家标准、行业标准和地方标准的企业标准。企业标准可引用国家标准、行业标准中的条款,或在其基础上进行补充。范围包括产品的设计、采购、工艺、工装、半成品等方面的技术标准,以及生产、经营活动中的管理标准和工作标准。

### (四)制定食品标准的要求

**1. 在标准的范围一章所规定的界限内按需要力求完整**

标准的范围一章划清了标准所适用的界限,而在标准的后续条款中应将范围一章所限定的内容完整地表达出来,不应只规定部分内容。"按需要"说的是需要什么,规定什么,需要多少,规定多少,并不是越完整越好,将不需要的内容加以规定,同样也是错误的。

**2. 标准的条文应用词准确、逻辑严谨**

标准的条文应具有用词准确、逻辑严谨的文风。在满足对标准技术内容完整和准确表达的前提下,标准的语言和表达形式应尽可能简单、明了、通俗易懂,避免使用模棱两可的词汇和方言,还应避免使用口语化的措辞。

**3. 注重适用性**

(1)标准的内容要便于实施。所制定标准中的每个条款都应具有可操作性。

(2)标准的内容易于被其他文件所引用。标准的内容要考虑到易于被其他标准、法律、法规或规章所引用。如果标准中某些内容有可能被引用,则应将它们编为单独的章、条,或编为标准的单独部分。

# 第三节　国际食品标准体系

## 一、国际标准化组织(International Standard Organization,ISO)

国际标准化组织(ISO)是世界上最大、最具权威的标准化机构,成立于1946年10月14日,现有146个成员。我国于1978年申请恢复加入国际标准化组织(ISO),同年8月被ISO接纳为成员。根据该组织章程,每一个国家只能有一个最有代表性的标准化团体作为其成员。

ISO 的宗旨是在全世界范围内促进标准化工作的开展,以便利国际物资交流和相互服务,并在知识、科学技术和经济领域开展合作。它的工作领域很宽,涉及所有学科,其活动主要围绕制定和出版 ISO 国际标准进行。制定国际标准的工作通常由 ISO 的技术委员会完成,各成员团体若对某技术委员会已确定的标准项目感兴趣,均有权参加该委员会的工作。技术委员会正式通过的国际标准草案提交给各成员团体表决,国际标准需取得至少 75% 参加表决的成员团体同意才能正式通过。

国际标准化组织制定国际标准的工作步骤和顺序,一般可分为七个阶段:①提出项目。②形成建议草案。③转国际标准草案处登记。④ISO 成员团体投票通过。⑤提交 ISO 理事会批准。⑥形成国际标准。⑦公布出版。

## 二、食品法典委员会(Codex Alimentarius Commission,CAC)

### (一)食品法典的含义

"Codex Alimentarius"一词来源于拉丁语,意即食品法典(或译为"食品法规")。它是一套食品安全和质量的国际标准、食品加工规范和准则,旨在保护消费者的健康并消除国际贸易中不平等的行为。

1962 年,联合国粮农组织(FAO)和世界卫生组织(WHO)召开全球性会议,讨论建立一套国际食品标准,指导日趋发展的世界食品工业,保护公众健康,促进公平的国际食品贸易发展。为实施 FAO/WHO 联合食品标准规划,两组织决定成立国际食品法典委员会(Codex Alimentarius Commission,以下简称 CAC),通过制定推荐的食品标准及食品加工规范,协调各国的食品标准立法并指导其建立食品安全体系。

### (二)食品法典的范围

食品法典以统一的形式提出并汇集了国际已采用的全部食品标准,包括所有向消费者销售的加工、半加工食品或食品原料的标准。有关食品卫生、食品添加剂、农药残留、污染物、标签及说明、采样与分析方法等方面的通用条款及准则也列在其中。另外,食品法典还包括了食品加工的卫生规范(Codes of Practice)和其他推荐性措施等指导性条款。

### (三)法典标准的性质

法典标准对食品的各种要求是为了保证消费者获得完好、卫生、不掺假和正确标示的食品。所有食品法典标准都是根据标准格式制定并在适当条款中列出各项指标。一个国家可根据其领土管辖范围内销售食品的现行法令和管理程序,以"全部采纳""部分采纳"和"自由销售"等几种方式采纳法典标准。

食品法典汇集了各项法典标准,各成员国或国际组织的采纳意见以及其他各项通知等。但食品法典绝不能代替国家法规,各国应采用互相比较的方式总结法典标准与国内有关法规之间的实质性差异,积极地采纳法典标准。

### (四)食品法典的内容及作用

截至2015年,食品法典共包括215个通用标准和食品品种标准,49种食品加工卫生规范。食品法典委员会还评价了700多种食品添加剂和污染物的安全性并制定了4000多项农药残留限量标准。

毫无疑问,目前食品法典对世界食品供给的质量和安全产生了巨大的影响。世界贸易组织在其两项协定(SPS协定,即卫生与植物检疫协定;TBT协定,即贸易技术壁垒协定)中都明确了食品法典标准的准绳作用。在工业化国家看来,食品法典是最终的参考依据。"法典中如何规定的?"是食品专家、制造商、政府官员和消费者在考虑食品有关事宜时经常提出的问题。对于发展中国家,食品法典被认为是现成的一套要求。无论法典标准是被全国采纳或只是作为参考,它都为消费者提供了保障,各国生产厂家和进口商都清楚,如果不能达到法典的要求,他们就会面临麻烦。

### (五)运行机制

截至2015年3月,CAC已有185个成员方和欧共体以及52个国际政府组织、162个非政府组织、16个联合国机构组成的230个法典观察员,其成员国覆盖了世界人口的99%。CAC大会每两年召开一次,轮流在意大利罗马和瑞士日内瓦举行。秘书处设在罗马FAO食品政策与营养部食品质量标准处。CAC秘书处负责简洁陈述FAO/WHO标准的进展、为委员会提供行政支持以及与会员食品法典联络处联系。

委员会从其成员方中选举出一名主席和三名副主席,每两年换届一次。在主席缺席的情况下,由副主席主持委员会的会议,并视委员会工作的需要情况行使其他职能。这些被选出的官员,为委员会的一个普通会期(两年)提供服务,并可连任两届。

CAC下设执行委员会,在CAC全体成员方大会休会期间,执行委员会代表委员会开展工作、行使职权。

CAC的技术附属机构是CAC国际标准制定的实体机构,这些附属机构分成综合主题委员会、商品委员会、区域协调委员会和政府特设工作组四类。每类委员会下设具体专业委员会。目前共有29个附属机构(委员会),其中4个委员会暂停工作,CAC标准通过这29个附属机构制定完成。目前10个综合主题委员会包括通用准则(主持国法国)、污染物(主持国荷兰)、食品卫生(主持国美国)、食品标识(主持国加拿大)、分析和抽样方法(主持国匈牙利)、农药残留(主持国中国)、食品中兽药残留(主持国美国)、食品进口和出口验证体系(主持国澳大利亚)、专用饮食营养和食品(主持国德国)和食品添加剂(主持国中国)。2006年7月5日在瑞士日内瓦举行的国际食品法典委员会第29届会议上,我国成功当选国际食品添加剂法典委员会主持国。

## 三、国际乳品联合会(IDF)

国际乳品联合会(International Dairy Federation,简称IDF)成立于1903年,是一个独立的、非政治性的、非营利性的民间国际组织,也是乳品行业唯一的世界性组织。它代表世界乳品工业参与国际活动。IDF 由比利时组织发起，总部设在比利时首都布鲁塞尔。其宗旨是通过国际合作和磋商，促进国际乳品领域中科学、技术和经济的进步。

目前，IDF 有 50 多个成员，其中多数为欧洲国家，另外，美国、加拿大、澳大利亚、新西兰、日本、印度等国也是其重要成员。1984～1995 年，中国一直以观察员的身份参加 IDF 活动。1995 年 9 月 14 日，中国正式加入 IDF，同年在中国组建了 IDF 中国国家委员会并设立秘书处。IDF 中国国家委员会秘书处设国家乳业工程技术研究中心。IDF 的最高权力机构是理事会。其下设机构为管理委员会、学术委员会和秘书处。学术委员会又设有 6 个专业委员会，每个专业委员会负责一个特定领域的工作，它们是：

(1)乳品生产、卫生和质量委员会。

(2)乳品工艺和工程委员会。

(3)乳品行业经济、销售和管理委员会。

(4)乳品行业法规、成分标准、分类和术语委员会。

(5)乳与乳制品的实验室技术和分析标准委员会。

(6)乳品行业科学、营养和教育委员会。

IDF 每 4 年召开一次国际乳品代表大会，每年召开一次年会。大会期间，通过举办各种专题研讨会、报告会和书面报告的形式，为世界乳品行业提供技术交流、信息沟通的场所和机会。年会期间 6 个专业技术委员会分别开会，由专家组报告工作情况，并做出相应的决议。除大会和年会外，各专业技术委员会经常举办一些研讨会、技术报告会和专题报告会，就乳品行业普遍关心的技术、经济、政策等方面的问题，进行交流和探讨。

IDF 每年都要发行其出版物，主要包括：公报、专题报告集、研讨会论文集、简报、书籍和标准。到目前为止，IDF 共发行标准 180 个，其中分析方法标准 166 个，产品标准 8 个，乳品设备及综合性标准 6 个。有 125 个标准是与 ISO 共同发布的。IDF 的经费来源主要是成员缴纳的会费、大会及年会的报名费、销售出版物收入及有关方面的捐赠。

## 四、国际葡萄与葡萄酒组织（IWO/OIV）

国际葡萄与葡萄酒组织（法文 Office Internationale de la Vigne et du Vin，OIV；英文 International Vine and Wine Office，IWO）是根据 1924 年 11 月 29 日的国际协议成立的一个各政府之间的组织，是由各成员自己选出的代表所组成的政府机构，现在已有 46 个成员，总部设在法国巴黎。

该组织的主要职责是收集、研究有关葡萄种植，以及葡萄酒、葡萄汁、食用葡萄和葡萄干的生产、保存、销售及消费的全部科学、技术和经济问题，并出版相关书刊。它向成员提供一些恰当的方法来保护葡萄种植者的利益，并着手改善国际葡萄酒市场的条件，以获取所有必需的已有成果的信息。它确保现行葡萄酒分析方法的统一性，并从事对不同地区所用分析方法的比较性研究。

目前，国际葡萄与葡萄酒组织已公布并出版的出版物有：《国际葡萄酿酒法规》《国际葡萄酒和葡萄汁分析方法汇编》《国际葡萄酿酒药典》等，它们构成了整套丛书，具有很强的科学、法律和实用价值。

## 第四节　国内外食品法规

### 一、我国食品法规

当前，我国食品法律规范体系主要由法律、行政法规、部门规章、地方性法规、其他规范性文件等具有不同法律效力层级的规范性文件构成。

#### （一）食品法律

食品法律是指有全国人大及其常委会经过特定的立法程序制定的规范性法律文件，可分为全国人大制定的食品法律（称为基本法）和除基本法以外的食品法律，包括《中华人民共和国食品安全法》《中华人民共和国农产品质量安全法》《中华人民共和国产品质量法》《中华人民共和国计量法》《中华人民共和国消费者权益保护法》和《中华人民共和国动物防疫法》等。

**1.《中华人民共和国食品安全法》**

2009 年 2 月 28 日，第十一届全国人大常委会第七次会议通过《中华人民共和国食品安全法》（以下简称《食品安全法》），自 2009 年 6 月 1 日起施行。2015 年 4 月 24 日，第十二届全国人民代表大会常务委员会第十四次会议对其进行修订，并经第十二届全国人大常委会第十四次会议审议通过，自 2015 年 10 月 1 日起施行。现行的《食品安全法》于 2021 年 4 月 29 日第二次修正。《食品安全法》是我国食品安全卫生法律体系中法律效力层级最高的规范性文件，是制定从属性法规、规章等的依据，其主要内容包括：

（1）明确食品安全监督管理体制：《食品安全法》规定，以国务院设立的食品安全委员会和国务院食品药品监督管理部门为主，卫生行政部门、农业行政部门、出入境检验检疫部门、质量监督部门等多部门参与、协调、信息共享，县级以上地方人民政府负责本辖区食品安全监督管理工作。新修订的《食品安全法》对于食用农产品的监管有了更加明确的规定，改善监管部门分段管理的现象。

（2）建立食品安全风险监测和评估制度：食品安全风险监测和评估是国际上流行的预防和控制食品风险的有效措施。《食品安全法》对此加以规定，与国际通行做法接轨，与时俱进，体现了立法的科学性和先进性。《食品安全法》确立了食品安全风险监测制度，规定由国务院卫生行政部门会同国务院食品药品监督管理、质量监督等部门，制定、实施国家食品安全风险监测计划。同时，《食品安全法》从食品安全风险评估的启动、具体操作、评估结果的用途等方面规定了完整的食品安全风险评估制度。

（3）制定统一的食品安全标准：针对我国食品安全标准不统一，存在交叉、重复以及相互矛盾等问题，《食品安全法》规定，由国务院卫生行政部门会同国务院食品药品监督管理部门将现行的食用农产品质量安全标准、食品卫生标准、食品质量标准和有关食品行业标准中强制执行的标准予以整合,统一公布为食品安全国家标准。同时,除食品安全标准外,不得制定其他的食品强制性标准。

(4)强化食品添加剂管理:《食品安全法》规范了食品添加剂的生产和应用,国家对食品添加剂的生产实行许可制度;食品添加剂应当在技术上确有必要且经过风险评估证明安全可靠,方可列入允许使用的范围;食品生产经营者应当按照食品安全国家标准使用食品添加剂。

(5)明确建立全过程监管制度:新修订的《食品安全法》设立了食品安全全程追溯制度,要求食品生产经营者建立保证食品可追溯的体系,鼓励食品生产经营者运用信息化手段采集、留存生产经营信息、鼓励食品规模化生产和连锁经营、配送,鼓励参加食品安全责任保险,实现田间到餐桌全方位、全链条的监管。

(6)强化对特殊食品的监管:新修订的《食品安全法》对于保健食品、婴幼儿配方食品、转基因食品等特殊食品的监管做出特别规定。

(7)建立食品召回制度:《食品安全法》规定,国家建立食品召回制度。食品生产者发现其生产的食品不符合食品安全标准或者有证据证明可能危害人体健康的,应当立即停止生产,召回已经上市销售的食品,通知相关生产经营者和消费者,并记录召回和通知情况。

(8)对食品违法行为加大了处理力度:《食品安全法》明确规定了食品生产经营单位、食品检验机构和检验人员、食品安全监督管理部门及责任人员应承担的法律责任。还规定生产、销售不符合食品安全标准的食品,消费者除要求赔偿损失外,还可以向生产者或者销售者要求支付价款十倍的赔偿金。

**2.《中华人民共和国农产品质量安全法》**

人们每天消费的食物,有相当大的部分是直接来源于农业的初级产品,而农产品的质量安全状况如何,直接关系着人民群众的身体健康乃至生命安全。2006 年 4 月 29 日,第十届全国人大常委会第二十一次会议通过了《中华人民共和国农产品质量安全法》,自 2006 年 11 月 1 日起施行。与此同时,原农业部出台了一系列的相关配套规章制度,主要包括《农产品产地安全管理办法》《农产品包装与标识管理办法》《农产品质量安全检测机构资格认定管理办法》和《农产品质量安全监测管理办法》等。2021 年 9 月 1 日,国务院常务会议通过了《中华人民共和国农产品质量安全法(修订草案)》。

### (二)食品行政法规

食品行政法规是由国务院根据宪法和法律,在其职权范围内指定的有关国家食品的行政管理活动的规范性法律文件,其地位和效力仅次于宪法和法律,如《中华人民共和国食品安全法实施条例》《国务院关于进一步加强食品等产品安全监督管理的特别规定》《农业转基因生物安全管理条例》《中华人民共和国兽药管理条例》《中华人民共和国认证认可条例》《饲料和饲料添加剂管理条例》等。

**1.《中华人民共和国食品安全法实施条例》**

2019 年 3 月 26 日，国务院第 42 次常务会议修订通过了《中华人民共和国食品安全法实施条例》，自 2019 年 12 月 1 日起施行。该条例共包括 10 章 86 条，旨在进一步落实企业作为食品安全第一责任人的责任、强化各部门在食品安全监管方面的职责、将食品安全法一些较为原则的规定具体化。

**2.《国务院关于进一步加强食品等产品安全监督管理的特别规定》**

为了加强食品等产品安全监督管理，进一步明确生产经营者、监督管理部门和地方人民政府的责任，加强各监督管理部门的协调、配合，保障人体健康和生命安全，2007 年 7 月 25 日国务院第 186 次常务会议通过了《国务院关于加强食品等产品安全监督管理的特别规定》（国务院第 503 号令）并于 2007 年 7 月 26 日公布施行，该规定共分 20 条，主要是规范了生产经营者等行政相对人对产品安全的义务和法律责任，明确了县级以上人民政府及有关监督管理部门对产品安全的监督管理义务、职权与责任。

### （三）部门规章

国务院行政部门依法在其职权范围内制定的食品行政管理规章，在全国范围内具有法律效力，如原卫生部制定的《食品添加剂新品种管理办法》和《餐饮服务许可管理办法》、原国家食品药品监督管理总局制定的《食品召回管理办法》、原国家质量监督检验检疫总局制定的《食品生产加工企业质量安全监督管理实施细则（试行）》、商务部制定的《流通领域食品安全管理办法》、原农业部制定的《农产品产地安全管理办法》等。

**1.《食品添加剂新品种管理办法》**

为加强食品添加剂新品种管理，根据《食品安全法》和《食品安全法实施条例》有关规定，原卫生部于 2010 年 3 月 30 日发布了《食品添加剂新品种管理办法》（卫生部令第 73 号），2002 年 3 月 28 日发布的《食品添加剂卫生管理办法》同时废止。2017 年 12 月 26 日，国家卫生和计划生育委员会令第 18 号《国家卫生计生委关于修改〈新食品原料安全性审查管理办法〉等 7 件部门规章的决定》修正了此管理办法。《食品添加剂新品种管理办法》明确了食品添加剂新品种的概念和范畴和作为食品添加剂新品种的基本要求，重申了使用食品添加剂的基本要求，明确了申请食品添加剂新品种的程序和资料要求，规定了食品添加剂需重新评估机制。同时，原卫生部制定了《食品添加剂申报与受理规定》等配套文件，使食品添加剂新品种行政许可工作做到有法可依、要求明确、程序清晰。

**2.《食品召回管理办法》**

为落实食品生产经营者食品安全第一责任，强化食品安全监管，保障公众身体健康和生命安全，2015 年 2 月 9 日，原国家食品药品监督管理总局通过《食品召回管理办法》，并于 2015 年 9 月 1 日起施行。2020 年 11 月 3 日，国家市场监督管理总局根据 2020 年 10 月 23 日国家市场监督管理总局令第 31 号修订《食品召回管理办法》。《食品召回管理办法》共分 7 章 46 条，明确了在生产经营过程中发现不安全食品的召回时限，对不立即停止生产经营、不主动召回、不按规定时限启动召回、不按照召回计划召回不安全食品或者不按照规定处置不安全食品等行为均设定了法律责任。

## 二、美国、日本等国家有关食品的法规

### （一）美国食品法律法规体系

美国食品安全法规被公认为是较完备的法规体系，法规的制定是以危险性分析和科学性为基础，并拥有预防性措施，主要包括《联邦食品、药物和化妆品法》《食品质量保护法》和《公共卫生服务法》等。

**1.《联邦食品、药品和化妆品法》**

《联邦食品、药品和化妆品法》(Federal Food, Drug and Cosmetic Act)是美国所有食品安全法律中最重要的一部法律，由美国国会在 1938 年通过，其前身是 1906 年通过的《纯净食品和药品法》并在随后经过多次修订。该法对食品及其添加剂等做出了严格规定，对产品实行准入制度，对不同产品建立质量标准；通过检查工厂和其他方式进行监督和监控市场，明确行政和司法机制以纠正发生的任何问题。该法明确禁止任何掺假和错误标识的行为，还赋予相关机构对违法产品进行扣押、提出刑事诉讼及禁止贸易的权利。进口产品也适用该法，FDA 和美国海关总署(USCS)会对进口产品进行检查，有问题的产品将不能进入美国。该法的监管范围不包括肉类、禽类和酒精制品。

**2.《联邦肉类检查法》**

1906 年，美国国会通过了《联邦肉类检查法》(Federal Meat Inspection Act, FMIA)。FMIA 同 1957 年颁布的《禽类制品检查法》(Poultry Products Inspection)和 1970 年颁布的《蛋制品检查法》(Egg Products Inspection, EPIC)一起成为美国农业部(USDA)、食品安全检验局(FSIS)所执行的主要法律，对肉类、禽类和蛋类制品进行安全性监管。其内容和监管方式与《食品、药品和化妆品法》类似。

**3.《公共健康服务法》**

《公共健康服务法》(Public Health Service Act)于 1944 年颁布，涉及了十分广泛的健康问题，包括生物制品的监管和传染病的控制。该法保证牛奶和水产品的安全，保证食品服务业的卫生及洲际交通工具上的水、食品和卫生设备的卫生安全。该法对疫苗、血清和血液制品做出了安全规定，还对日用品的辐射水平制定明确的规范。

**4.《营养标签与教育法》**

《营养标签与教育法》(Nutrition Labeling and Education Act)于 1990 年出台，对食品标签方面的有关规定进行了彻底的修改，对标签中营养作用的表示作了更为严格的要求。

**5.《食品质量保护法》**

《食品质量保护法》(Food Quality Protection Act)于 1996 年 8 月生效，要求美国国家环境保护署(USEPA)采用新的、更加科学的方法检验食品中的化学物质残留。

**6.《公众健康安全与生物恐怖主义预防应对法》**

《公众健康安全与生物恐怖主义预防应对法》(Public Health Security and Bioterrorism

Preparedness and Response Act)于2003年12月12日实施,其中有4个条款涉及食品和饲料企业。该法要求FDA对进口的和国内日用品加强监督管理,大大加强了进口食品的监管力度。

**7.《FDA食品安全现代化法案》**

2011年1月4日,美国总统奥巴马签署了《FDA食品安全现代化法案》(FDA Food Safety Modernization Act),该法案对已实施70多年的《联邦食品、药品和化妆品法》进行了一次"现代化"的全面修订,增加了FDA对国内食品和进口食品安全监督的管理权限,对食品生产企业提出了更严格的食品安全要求。

**(二)日本食品法律法规体系**

日本保障食品安全的法律法规体系由基本法律和一系列专业、专门法律法规组成。日本卫生与食品安全和卫生相关的主要法律法规包括《食品安全基本法》《食品卫生法》《日本农业标准法》等。

**1.《食品安全基本法》**

《食品安全基本法》(Food Safety Basic Law)颁布于2003年5月,是一部旨在保护公众健康、确保食品安全的基础性和综合性法律。该法的要点包括:①以国民健康保护至上为原则,以科学的风险评估为基础,预防为主,对食品供应链的各环节进行监管,确保食品安全。②规定了国家、地方、与食品相关联的机构、消费者等在确保食品安全方面的作用。③规定在出台食品安全管理政策之前要进行风险评估,重点进行必要的危害管理和预防,风险评估方与风险管理者要协同行动,促进风险信息的广泛交流,理顺应对重大食品事故等紧急事态的体制。④在内阁府设置食品安全委员会,独立开展风险评估工作,并向风险管理部门提供科学建议。

该法强化了发生食品安全事故之后的风险管理与风险对策,同时强化了食品安全对健康影响的预测能力。在具体实施时,风险管理机构与风险评估机构依部门而设,为更好地进行食品安全保护工作打下坚实的基础。

**2.《食品卫生法》**

该法首次颁布于1947年,后根据需要经过几次修订,是日本食品卫生风险管理方面等主要的法律,其解释权和执法管理归属厚生劳动省。该法既适用于国内产品,也适用于进口产品,其最新修订版本颁布于2003年5月30日。《食品卫生法》大致可分为两部分:一是有关食品、食品添加剂、食品加工设备、容器/包装物、食品业的经营与管理、食品标签等方面的规格、标准的制定;二是有关食品卫生监管方面的规定。

从2003年起,根据修订后的《食品卫生法》第11条,日本从2006年5月29日起实施"食品中残留农药、兽药及添加剂肯定列表制度"(Positive List System)。根据此项制度,不仅对于化学品残留超过规定限量的食品,而且对于那些未制定最大残留限量标准的农业化学品残留且超过一定水平(0.01 mg/kg)的食品,一律将被禁止生产、进口、加工、使用、制备、销售或为销售而储存。

**3.《日本农业标准法》**

《日本农业标准法》也称《农林物质标准化及质量标志管理法》(简称 JAS 法),该法是1950 年制定,1970 年修订,2000 年全面推广实施的。JAS 法中确立了 JAS 标识制度(日本农产品标识制度)和食品品质标识标准两种规范。依据 JAS 法,市售的农渔产品皆须标示 JAS 标识及原产地等信息。JAS 法在内容上不仅确保了农林产品与食品的安全性,还为消费者能够简单明了地掌握食品的有关质量等信息提供了方便。日本在 JAS 法的基础上推行了食品追踪系统,该系统给农林产品与食品标明生产产地、使用农药、加工厂家、原材料、经过流通环节与其所有阶段的日期等信息。借助该系统可以迅速查到食品在生产、加工、流通等各个阶段使用原料的来源、制造厂家以及销售商店等记录,同时也能够追踪掌握到食品的所在阶段,这不仅使食品的安全性和质量等能够得到保障,在发生食品安全事故时也能够及时查出事故的原因、追踪问题的根源并及时进行食品召回。

**4. 其他相关法规**

日本与食品安全和卫生相关的主要法规还有:《农药管理法》(Agricultural Chemicals Regulation Law)《植物防疫法》(Plant Quarantine Law)《家畜传染病预防法》(The Law for the Prevention of Infections Disease in Domestic Animals)《家畜屠宰商业控制和家禽检查法》(Livestock Slaughtering Business Control and Poultry Inspection Law)《转基因食品标识法》《屠宰场法》(Abattoir Law)等。此外,日本还制定了大量的相关配套规章,为制定和实施标准、检验检测等活动奠定法律依据。

### (三)欧盟食品法律法规体系

欧盟具有比较完善的法律法规体系,其食品法律法规体系涵盖了生态环境质量、种植、采收、加工以及流通和销售整个供应链。

**1.《食品安全白皮书》**

2000 年 1 月 12 日,欧盟委员会正式发表了《食品安全白皮书》(White Paper on Food Safety),其目的是要实现欧盟享有高水平的食品安全保护标准。白皮书提出了一项根本性的改革计划,即通过立法改革来完善欧盟"从农场到餐桌"一系列食品安全保证措施,同时建立新的欧盟食品管理机制。白皮书包括前言、食品安全原则、食品安全政策体系、筹建欧盟食品专项管理机构、食品法规框架、食品管理体系、消费者及食品安全的国际合作等,并附有欧洲食品安全行动计划纲要。白皮书提出了一项根本改革,就是食品法以控制"从农田到餐桌"全过程为基础,包括普通动物饲养、动物健康与保健、污染物和农药残留、新型食品、添加剂、香精、包装、辐射、饲料生产、农场主和食品生产者的责任,以及各种农田控制措施等。白皮书中各项建议所提的标准较高,在各个层次上具有较高透明度,便于所有执行者实施,并向消费者提供对欧盟食品安全政策的最基本保证,是欧盟食品安全法律的核心。

**2. 178/2002 号法令**

178/2002 号法令是 2002 年 1 月 28 日颁布的,主要拟订了食品法律的一般原则和要求、建立 EFSA 和拟订食品安全事务的程序,是欧盟的又一个重要法规。178/2002 号法令是欧盟食品安全的“基本法”，包括适用范围与定义、食品法总则、欧洲食品安全管理机构、快速警报系统和风险管理以及有关程序和其他条款的规定和描述。

**3. 其他相关法规**

欧盟现有主要的农产品（食品）质量安全方面的法律法规有《通用食品法》《食品卫生法》《添加剂、调料、包装和放射性食物的法规》等，另外还有一些由欧洲议会、欧盟理事会、欧委会单独或共同批准，在《官方公报》公告的一系列 EC、EEC 指令，有关于动物饲料安全法律的、关于食品添加剂与调味品法律的、关于转基因食品与饲料法律的、关于辐照食物法律的等。

## 课外拓展资源

中华人民共和国食品安全法

中华人民共和国标准化法

食品安全管理人员必备知识考试题库

食品生产许可文书及生产许可证格式标准

食品添加剂的范围及标示

食品质量安全市场准入制度问答

## 复习思考题

1. 简述标准化的概念、基本特征、作用和基本原则。
2. 我国食品标准分为哪几类，各类的标准代码是什么？
3. 简述我国食品标准的修订原则。
4. 简述权威国际食品标准体系的名称及其主要职责。
5. 简述我国的食品法规种类有哪些？

6. 简述美国、日本和欧盟的权威食品法律法规的基本内容。

# 参考文献

[1]张建新,陈宗道. 食品标准与法规[M]. 北京:中国轻工业出版社,2006.

[2]张水华,余以刚. 食品标准与法规[M]. 北京:中国轻工业出版社,2010.

[3]王世平. 食品标准与法规[M]. 北京:科学出版社,2010.

[4]中华人民共和国国家质量监督检验检疫总局,中国国家标准化管理委员会. GB/T 20000.1—2014　标准化工作指南　第1部分:标准化和相关活动的通用术语[S]. 北京:中国标准出版社,2014.

[5]李响. 美国食品安全的监管变革及其对我国的启示[J]. 大连:理工大学学报(社会科学版),2012,33(23):105-109.

[6]边红彪. 日本食品法律法规体系框架研究[J]. 食品安全质量检测学报,2011,2(3):170-173.

# 第九章 食品工厂设计与环境保护

**本章学习目标**

1. 能简要描述食品工厂设计的设计内容、原则、基本建设程序及可行性研究报告。
2. 能结合食品工厂设计的要求,综合运用专业知识,独立完成工厂选址、车间平面设计、工艺流程设计和设备选型等复杂工程问题。
3. 能正确理解食品工厂"三废"的内涵,并能在工厂设计过程中融入环境、社会、健康和发展的理念,合理设计"三废"的排放,减少环境污染,保护生态平衡。

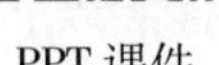

PPT 课件

讲解视频

## 第一节 食品工厂设计

工厂设计是技术、工程、经济的结合体,从其实践上意义来看,是指将一个待建项目(如工厂、车间或设备)全部用图纸、表格和必要的文字来说明、表达出来,然后由施工人员建设完成。其主要任务是通过图纸来表达可行性研究报告提出的设想。

### 一、设计内容和原则

#### (一)工厂设计的内容

工厂设计的内容包括工艺设计和非工艺设计两大组成部分。工艺设计,就是按工艺要求进行工厂设计,其中又以车间工艺设计为主,并对其他设计部门提出各种数据和要求,作为非工艺设计的设计依据。

**1. 工艺设计**

食品工厂工艺设计的内容大致包括:全厂总体工艺布局,产品方案及班产量的确定,主要产品和综合利用产品生产工艺流程的确定,工艺计算,设备生产能力的计算与选型,生产车间平面布置,劳动力计算及平衡,水、电、汽、冷、风、暖等用量的估算,管道布置、安装及材料清单和施工说明等。除了上述内容外,还必须提出工艺对总平面布置中相对位置的要求;对车间建筑、采光、通风、卫生设施的要求;对生产车间的水、电、汽、冷、能耗量的要求;

对各类仓库面积的计算及仓库温度、湿度的特殊要求等。

**2. 非工艺设计**

食品工厂非工艺设计包括：总平面、土建、采暖通风、给排水、供电及自控、制冷、动力、环保等的设计，有时还包括非定型设备的设计。非工艺设计都是根据工艺设计的要求和所提出的相关数据进行设计的。

**3. 工艺设计与非工艺设计之间的相互关系**

食品工厂工艺设计与非工艺设计之间的相互关系体现为工艺向土建提出工艺要求，而土建给工艺提供符合工艺要求的建筑；工艺向给排水、电、汽、冷、暖、风等提出工艺要求和有关数据，而水、电、汽等又反过来为工艺提供有关车间安装图；土建对给排水、电、汽、冷、暖、风等提供有关建筑，而给排水、电、汽等又给建筑提供有关涉及建筑布置的资料；用电各工程工种如工艺、冷、风、汽、暖等向供电提供出用电资料，用水各工程工种如工艺、冷、风、汽、消防等给排水提出用水资料。因为整个设计涉及工种较多，而且纵横交叉，所以，各工种间的相互配合是搞好食品工厂设计的关键。

### （二）工厂设计原则

设计工作要符合经济建设的总原则，工厂生产规模、产品品种的确定，要适应国民经济的要求。要考虑资金来源、建厂地址，时间、三废综合利用等条件，并适当留有发展余地。做到精心设计，投资省，技术新，质量好，收效快，回收期短。设计人员应积极采用新技术，力求在设计时，在技术上具有现实性和先进性，在经济上具有合理性。并根据设备和控制系统，在资金和供货可能的情况下，尽可能提高劳动生产率，逐步实现机械化、自动化。食品工厂设计还应考虑针对特定食品加工的独特要求，注意周围环境（包括空气、水源）的清洁卫生以及工厂内车间与车间之间对卫生、无菌、防火等条件的相互影响。

## 二、基本建设及程序

基本建设是指固定资产的建筑、添置和安装。这个顺序取决于基本建设进程的客观规律，主要包含以下五个方面。

### （一）项目建议书

项目建议书主要分析项目建设的必要性和可行性，以初步调查研究为基础，紧随国民经济和社会发展的长远规划和工业布局的要求，也是投资决策前对建设项目的轮廓性设想。主要有产品方案、生产规模、投资额度、厂址选择、资源状况、建设条件、建设期限、资金筹措及经济效益和社会效益分析等内容。项目建议书经国家有关部门批准后即可开展可行性研究。

### （二）可行性研究

可行性研究是对拟建项目在工程技术、经济及社会等方面的可行性和合理性进行的研究。其基本内容有以下几个方面。

**1. 可行性研究报告的主要内容**

(1)总论:包括项目名称、项目单位、研究工作概况和结论及建议。

(2)项目背景与发展概况:项目提出的背景、投资环境、项目建设的必要性和项目发展概况。

(3)市场需求预测与建设规模:主要有市场调查、市场预测和项目产品方案与建设规模。

(4)建设条件与厂址选择:资源与原材料、建设地点的选择、厂址选择。

(5)工程技术方案:项目组成、生产技术方案、总平面布置及运输、土建工程、公用辅助设施、生活福利设施、地震设防。

(6)环境保护与劳动安全:厂址与环境保护、主要污染物与污染源、综合利用与治理方案、环境影响评价、劳动保护与安全卫生、消防。

(7)企业组织与人员配备:企业组织、人员配备与培训。

(8)项目建设实施进度安排:项目实施时期的各项工作、项目建设实施进度。

(9)投资估算与资金筹措:固定资产投资估算、流动资金估算、资金筹措。

(10)经济效益与社会效益评价:项目的生产成本与销售收入、财务效益评价、国民经济评价、不确定性分析、评价结论、社会效益评价。

在编制可行性研究报告的同时,还须编制一些研究附件和报表。附件如项目可行性研究依据文件和厂址选择报告书;附图如厂址地形或位置图总平面布置方案图、工艺流程图、主要车间布置方案简图等;报表如现金流量表、损益表、资产负债表、资金来源与运用表、外汇平衡表、国民经济效益费用流量表、固定资产投资估算表、流动资金估算表、投资总额及资金筹措表、借款还本付息表、产品销售收入和销售税金估算表、总成本费用估算表、固定资产折旧估算表、无形及递延资产摊销估算表等。

**2. 可行性研究的步骤**

可行性研究涉及的内容广,既有工程技术问题,又有经济财务问题,主要步骤有:

(1)筹划阶段:对项目提出的背景进行可行性研究的主要依据和委托者的目标和意图进行了解,研究讨论项目的范围、界限,确定参加可行性研究工作的人选,明确可行性研究内容,制订可行性研究工作计划。

(2)充分调研、收集资料:主要进行实地调查和技术经济研究,包括市场调查与资源调查。

(3)项目方案设计及选择:这个阶段是在前两个阶段工作的基础上将项目各个不同方面的内容进行组合,设计出几种可供选择的方案,并结合客观实际进行多方案对比分析,选出项目设计的最佳方案。

(4)细化可行性研究:复核各项分析材料,明确建设项目的边界、投资的额度、经营的范围及收入等数据,并对建设项目的财务状况和经济状况做出相应评价。

(5)撰写项目可行性研究报告:根据前面的工作,在对建设项目在技术上的先进性、工艺上的科学性及经济上的合理性进行认真分析评价之后,即可编写详细的建设项目可行性研究报告,推荐一个以上的项目建设可行性方案,并提出可行性研究结论,为项目决策提供科学依据。

(6)资金筹措:这项工作在可行性研究之前就应对筹措资金的可能性有一个初步的估计,这也是财务分析和经济分析的基本条件。如果资金来源没有落实,建设项目进行可行性研究也就没有任何实际意义。在项目可行性研究的这一步骤中,应对建设项目资金来源的不同方案进行分析比较,得出科学可行的拟建项目融资方案。

### (三)设计计划任务书

调查研究完成后就可以进行设计计划任务书编写工作,其主要内容有:

(1)建厂理由:原材料供应、产品生产及市场销售三方面的市场状况;同时说明建厂后对国民经济的影响作用。

(2)建厂规模:工厂建设是否分期进行,项目产品的年产量、生产范围及发展远景;如果分期建设,则须说明每期投产能力及最终生产能力。

(3)产品:产品品种、规格标准及各种产品的产量。

(4)生产方式:提出主要产品的生产方式,并且说明这种产品生产方式在技术上的先进性、成熟性,并对主要设备提出订货计划。

(5)工厂组成:新建厂包括哪些部门、生产车间及辅助车间,有多少仓库,用哪些交通运输工具等;还有哪些半成品、辅助材料或包装材料是需要与其他单位协同解决的,以及工厂中经营管理人员和生产工人的配备和来源状况等。

(6)工厂的总占地面积和地形图。

(7)工厂总的建筑面积和要求。

(8)公用设施:如给排水、电、汽、通风、采暖及“三废”治理等要求。

(9)交通运输:指明交通运输条件(是否有公路、码头、专用铁路),全年吞吐量,需要多少厂内外运输设备。

(10)投资估算:包括固定资金和流动资金各方面的总投资。

(11)建厂进度:设计、施工由何单位负责,何时完工、试产,何时正式投产。

(12)估算建成后的经济效益:设计计划任务书中的经济效益应着重说明工厂建成后拟达到的各项技术经济指标和投资利润率。

### (四)设计工作

#### 1.设计的准备工作

设计单位接受设计任务后,首先对与项目设计有关的资料进行分析研究,然后对其不足的部分资料,再进行进一步收集。

(1)到项目建厂现场收集资料:设计者到现场对有关的资料进行核实,对不清楚的问题加以了解直至弄清为止。如拟建食品工厂厂址的地形、地貌、地物情况,四周有否特殊的污染源,以及水源水质问题等。要从当地水、电、热、交通运输部门了解对新建食品工厂设计的约束。要了解当地的气候、水文、地质资料,同时向有关单位了解工厂和地区的发展方向,新厂与有关单位协作分工的情况及建筑加工的预算价格等。

(2)到同类工厂或同类工程项目所在地考察:掌握一些技术性、关键性资料。以备参考。

**2. 设计工作**

首先拟订设计方案,而后根据项目的大小和重要性,一般分为二阶段设计和三阶段设计两种。对于一般性的大、中型基建项目,采用二阶段设计,即扩大初步设计(简称扩初设计)和施工图设计;对于重大的复杂项目或援外项目,采用三阶段设计,即初步设计、技术设计和施工图设计;小型项目有的也可指定只做施工图设计。目前,国内食品工厂设计项目,一般只做二阶段设计。现将有关二阶段设计中的扩初设计和施工图设计的深度、内容及审批权限叙述如下。

(1)扩初设计:是在设计范围内做详细全面的计算和安排,使之足以说明本食品厂的全貌,但图纸深度不深,还不能作为施工指导,但可供有关部门审批,这种深度的设计叫扩初设计。共分为总论、技术经济、总平面布置及运输、工艺、自动控制、测量仪表、建筑结构、给排水、供电、供汽、供热、采暖、通风、空压站、氮氧站、冷冻站、环境保护及综合利用、维修、中心化验室(站)、仓库(堆场)、劳动保护、生活福利设施和总概算等部分,分别进行扩初设计。

(2)施工图设计:是对已批准的初步设计在深度上进一步深化,使设计更具体、更详细地达到施工指导的要求。施工图完成后,交付施工单位施工。设计人员需要向施工单位进行技术交底,对相互不了解的问题加以说明磋商。如施工图在施工有困难时,设计人员应与施工单位共同研究解决办法,必要时在施工图上做合理的修改。

### (五)施工、安装、试产、验收、交付生产

所有建设项目,必须列入国家年度计划,做好建设准备,具备施工条件后,才能施工。施工单位应根据设计单位提供的施工图,编制施工预算和施工组织计划。施工前要认真做好施工图的会审工作,明确质量要求。施工中要严格按照设计要求和施工验收规范进行,确保工程质量。

项目单位在建设项目完成后,应及时组织专门班子或机构,抓好生产调试和生产准备工作,保证项目或工程建成后能及时投产。要经过负荷运转和生产调试,以期在正常情况下能够生产出合格产品,还要及时组织验收。

## 三、厂址选择和总平面设计

### (一)厂址选择

厂址选择作为项目建设条件分析的核心内容,直接或间接地影响着项目投产后的生产经营。

**1. 厂址选择的原则**

厂址选择应符合国家的方针政策；应视生产条件而定；应从投资和经济效果方面考虑。

**2. 厂址选择工作程序**

厂址选择一般先对建厂地区条件进行分析并选择，然后再对建厂地质条件进行分析，最后确定建厂地址。

**知识链接**

年产3000吨速溶复合百合粉工厂的厂址选择

工厂布局需要综合考虑该地区的经济、气候、交通、水电等条件。因此，速溶复合百合粉工厂建设与当地的诸多条件都有密不可分的关系。速溶复合百合粉加工工厂项目的厂址选择在湖南省隆回县北山镇，此地靠近省道317，交通便利，物流运输方便，附近有两个有机龙牙百合种植基地，故原材料采购相对方便，同时此处地势十分平坦，靠近隆回县东南工业区，工程基础好，供电稳定，水源充足且水质符合GB 5749—2006，隆回地区气候温暖湿润，环境质量优异，此处的污水处理排放也较为方便。速溶复合百合粉厂址与百合种植基地之间交通方便，隆回县境内百合种植基地多达6个，而北山镇就拥有2个百合种植基地，良好的区位优势可大幅降低采购原料的运输经济成本和时间，避免了长距离运输出现的原料营养成分损失和腐败等情况。厂址距离沪昆高速和国道320很近，方便产品外销。

**3. 厂址选择报告**

厂址选择报告的内容包括：厂址的坐落地点，四周环境情况；地质及有关自然条件资料；厂区范围、征地面积、发展计划、施工时有关的土方工程及拆迁民房情况，并绘制1/1000的地形图；原料供应情况；水、电、燃料、交通运输及职工福利设施的供应和处理方式；废水排放情况；经济分析：对厂区一次性投资估算及生产中经济成本等综合分析；选择意见：通过选择比较，经济分析，确认哪一个厂址符合条件。

### （二）总平面设计

**1. 总平面设计的内容**

（1）平面布置设计：应根据厂址面积、地形、生产要求等方面，先进行厂区划分，然后合理确定全厂建筑物、构筑物、道路、管路管线及绿化美化设施等在厂区平面上的相对位置，使其适应生产工艺流程的要求，以便于生产管理和操作的需求。

（2）竖向布置：根据地形、工艺要求确定厂区建、构筑物、道路、沟渠、管网的设计标高，使之相互协调，并充分利用厂区自然地势地形，减少土石方挖填量，使运输方便，排水顺利。

（3）运输设计：选择厂内外运送方式，分析厂内外输送量及厂内人流、物流组织管理问题。

(4)管线综合设计:工艺、水、电、汽等各种工程管线的设计通常是由各部门专业设计人员负责设计的。设计时要尽量减少在平面布置或垂直布置上产生拥挤和交叉的现象。

(5)绿化设计。

(6)其他:结合工厂实际情况及发展远景的规划,合理布置综合利用设施和扩建预留地等。

**2. 总平面设计的原则**

(1)总平面设计应按批准的设计任务书和城市规划要求,做到紧凑、合理。

(2)建筑物、构筑物的布置必须符合生产工艺要求,保证生产过程的连续性。

(3)建筑物、构筑物的布置必须符合城市规划要求和结合地形、地质、水文、气象等自然条件,在满足生产作业的要求下,根据生产性质、动力供应、货运周转、卫生、防火等分区布置。有大量烟尘及有害气体排出的车间,应布置在厂边缘及厂区常年下风方向。

(4)动力供应设施应靠近负荷中心。

(5)建筑物、构筑物之间的距离,应满足生产、防火、卫生、防震、防尘、噪音、日照、通风等条件的要求,并使建筑物、构筑物之间距最小。

(6)食品工厂卫生要求较高,生产车间要注意朝向,保证通风良好;生产厂房要离公路有一定距离,通常考虑30~50 m,中间设有绿化地带。

(7)厂区道路一般采用混凝土路面。

(8)合理地确定建筑物、构筑物的标高,尽可能减少土石方工程量,并应保证厂区场地排水畅通。

(9)总平面布置应考虑工厂扩建的可能性,留有适当的发展余地。

## 四、食品工厂工艺设计

食品工厂的工艺设计是以生产产品的生产车间为核心的设计,主要依据计划任务书;项目工程师下达的设计工作提纲;采用新工艺、新技术、新设备、新材料时的技术鉴定报告;选用设备的有关产品样本和技术资料等来进行设计。工艺设计应力求技术先进,经济合理。

工艺设计的基本内容包括产品方案、规格及班产量确定;主产品生产工艺流程的选择和论证;工艺计算,包括物料衡算、生产车间设备生产能力的计算和选型,劳动力要求计算及分配;生产车间水、电、汽、冷用量计算;生产车间平面布置和生产工艺设备流程图、管路布置图等。工艺设计还需向其他设计提供要求和信息,包括对土建面积、车间高度、结构、洁净度、卫生设施等的要求;供水排水,电、汽、冷量及要求;原料、中间产品、终产品数量及储藏要求;辅助车间的工艺要求等。

## 五、生产性辅助设施

食品工厂的辅助设施是指生产车间以外与生产有密切关系的一些技术和生活设施。

辅助设施可分为三大类：

### （一）生产性辅助设施

生产性辅助设施主要包括原材料的接收和暂存；原料、半成品和成品检验；产品、工艺条件的研究和新产品的试制；机械设备和电气仪器的维修；车间内外和厂内外的运输；原辅材料及包装材料的储存；成品的包装和储存等。

### （二）动力性辅助设施

动力性辅助设施主要包括给水排水、锅炉房或供热房、供电和仪表自控、采暖、空调及通风、制冷站、废水处理站等。

### （三）生活性辅助设施

生活性辅助设施主要包括办公楼、食堂、更衣室、厕所、浴室、医务室、托儿所（哺乳室）、绿化园地、职工活动室及单身宿舍等。

## 六、卫生及生活设施

工厂的环境卫生可以分为生产环境和生活环境两个方面。

### （一）生产环境

#### 1. 厂区公共卫生

厂里排水要有完整的、不渗水的、并与生产规模相适应的下水系统。下水系统要保持畅通，不得采用明沟排水。厂区地面不能有污水积存。车间内厕所一般采用蹲式，便于水冲，不宜堵塞，女厕所可考虑少量坐式。厕所内要求有不用手开关的洗手消毒设备，厕所应设于走廊的较隐蔽处，厕所门不得对着生产工作场所。厂内应设有密闭的粪便发酵池和污水无害处理设施。

#### 2. 车间卫生

车间的前处理、整理装罐及杀菌三个工段应明确加以分隔，并确保整理装罐工段的严格卫生。与物料相接触的机器、输送带、工作台面、工器具等，均采用不锈钢材料制作。车间内应设有对这些设备及工器具进行消毒的措施。人员和物料进口处均应采取防虫、防蝇措施，结合具体情况可分别采用灭虫灯、暗道、风幕、水幕或缓冲间等。车间应配备热水及温水系统供设备和人员卫生清洗用。实罐车间的窗户应是双层窗（常温车间一玻一纱，空调房间为双层玻璃），窗柜材料宜采用透明坚韧的塑钢门或不锈钢门。车间天花板的粉刷层应耐潮，不应因吸潮而脱落。

#### 3. 个人卫生设施和卫生间

食品工厂应当配有个人卫生设施，以保证个人卫生保持适当的水平并避免沾染食品。这些设施包括洗手池、消毒池和热水、冷水（或者适当温度的水）供应；卫生间的设计应满足适当的卫生要求；完善的更衣设施。这些设施选址要适当，设计要合理；保持适当水平的个人清洁。

食品操作者应保持良好的个人清洁卫生，在适当的场所，要穿戴防护性工作服、帽和鞋。患有创伤、碰伤的工作人员,若允许他们继续工作,则应将伤口处用防水敷料包扎。当个人的清洁可能影响食品安全性时,工作人员一定要洗手,例如在下述情况下:食品处理工作开始时、去卫生间后、在操作处理食品原料或其他任何被污染的材料后,此时若不及时洗手,就可能会污染其他食品。

**(二)生活环境**

工厂内的生活设施包括办公室、食堂、更衣室、浴室、厕所、托儿所、医务室等设施。

**1. 办公楼**

办公楼应布置在靠近人流出入口处,其面积与管理人员数及机构的设置情况有关。办公楼建筑面积的估算可采用式(9-1):

$$F = \frac{GK_1A}{K_2B} \tag{9-1}$$

式中:$F$——办公楼建筑面积,$m^2$;

$G$——全厂职工总人数,人;

$K_1$——全场办公人数比,一般8%~12%;

$K_2$——建筑系数,65%~69%;

$A$——每个办公人员使用面积,5~7 $m^2$/人;

$B$——辅助用房面积,根据需要决定。

**2. 食堂**

食堂应靠近工人出口处或人流集中处。它的服务距离以不超过600 m为宜。

(1)食堂座位数的确定[式(9-2)]

$$N = \frac{M \times 0.85}{CK} \tag{9-2}$$

式中:$N$——座位数;

$M$——全场最大班人数;

$C$——进餐批数;

$K$——座位轮换系数,一、二班制为1.2。

(2)食堂建筑面积的计算[式(9-3)]

$$F = \frac{N(D_1 + D_2)}{K} \tag{9-3}$$

式中:$F$——食堂建筑面积;

$N$——座位数;

$D_1$——每座餐厅使用面积,0.85~1.0 $m^2$;

$D_2$——每座厨房及其他面积,0.55~0.7 $m^2$;

$K$——建筑系数,82%~89%。

**3. 更衣室**

食品工厂的更衣室宜分散,设在各生产车间或部门内靠近人员进出口。

更衣室内应设个人单独使用的三层更衣柜，衣柜尺寸500 mm × 400 mm × 1800 mm，以分别存放衣物鞋帽等，更衣室使用面积按固定工总人数1 ~ 1.5 $m^2$/人计。对需要二次更衣的车间，更衣间面积应加倍设计计算。

**4. 浴室**

从食品卫生角度来说，从事直接生产食品的工人上班前应先淋浴。特别是生产肉类产品、乳制品、冷饮制品、蛋制品等车间的浴室，应与车间的人员进口处相邻接，厂区也需设置浴室。浴室淋浴器的数量按各浴室使用最大班人数的6% ~9%计，浴室建筑面积按每个淋浴器5 ~6 $m^2$估算。

**5. 厕所**

食品工厂内较大型的车间，特别是生产车间的楼房，应考虑在车间内设厕所，以利于生产工人的方便卫生。厕所便池蹲位数量应按最大班人数计，男每40 ~50 人设一个，女每30 ~35 人设一个，厕所建筑面积按2.5 ~3 $m^2$/蹲位估算。

## 第二节 食品工业的环境保护

环境保护是采取法律的、行政的、经济的、科学技术的措施，合理地利用自然资源，防止环境污染和破坏，以求保护和发展生态平衡，扩大有用自然资源的再生产，保障人类社会的发展。而环境污染就是指大气、水、土壤等环境要素的物理、化学或生物特征的一种不良变化，这种变化可能不利于人的生命或其他良好物种的生命、工业的生产过程、生活条件和文化遗产，或将浪费、恶化我们的自然资源。

### 一、食品工业“三废”介绍

#### （一）工业废气

工业废气是指生产过程中向大气排放的有毒、有害气体和粉尘。如锅炉、焙焦炉燃料燃烧所产生的烟尘、一氧化碳；原料粉碎、筛分过程中产生的粉尘；生产过程中产生的甲醇、挥发酸、醛、二氧化碳、二氧化硫、硫化氢、二氧化氮等。这些废气排向大气可能将影响大气环境的质量或造成大气污染。为了保护环境质量，避免大气污染，工业废气的排放应遵守《工业企业设计卫生标准》（GBZ 1—2010）、《环境空气质量标准》（GB 3095—2012）中的有关规定。

#### （二）工业废水

工业废水是指生产过程中所排出的冷却水、洗涤水、酸、碱等生产废液、各种残渣水及原辅料、化工材料、产品等的流失。这些废水的排放可能将污染水体。

#### （三）工业废渣及噪声

工业废渣是指生产过程中产生的固体废物，可分为有机废物，如麦糟、酒糟、菌丝残渣等，无机废物如锅炉产生的煤粉、烟尘、灰渣等。这些废渣若不及时处理，到处堆积，不仅侵占大量土地，而且会污染土壤、水体、大气及环境卫生，造成大量的财力和人力浪费，影响人类生产和生活的正常进行。因此，国家颁布的有关标准对废渣的处理做了规定：工业企业的生产废渣，应积极采取综合利用措施，凡已有综合利用经验的，必须纳入工艺设计，利用有害工业废渣，防止产生新的污染；废渣堆放或填坑时，要尽量少占农田，不占良田，应防止扬散、流失、淤塞河流等，以免污染大气、水源和土壤；对毒性大的可溶性工业废渣，必须专设具有防水、防渗措施的存放场所，并禁止埋入地下或排入地面水体；在地方城建、卫生部门划定的防护区内，不得设置废渣堆放所。

噪声是指对人体有害的和不需要的声音，当噪声超过了人们的生活和生产活动所能允许的程度，就变成了噪声污染。其会影响听力，造成职业性耳聋；会使人心情烦躁、反应迟钝，造成工作效率降低；会分散注意力，造成安全事故；会影响健康，引起神经衰弱，消化不良、高血压、心脏病等疾病。因此，国家颁布了 GB 12348—2008《工业企业厂界环境噪声排放标准》，对工业企业生产车间或作业场所的噪声标准作了规定。

## 二、食品工业废水的处理

食品工厂用水量较大，所以废水量也大。食品工厂的废水含有大量的有机物，其处理工艺流程一般是先用物理法除去废水中悬浮状态的固形物，然后用好氧性的生物处理法即活性污泥法、生物膜法去除废水中呈胶体和分解状态的有机污染物质。

### (一)废水厂内治理方法

节约用水，提高循环利用率；杜绝跑、冒、滴、漏；提高原料利用率和化工材料的回收率；对工艺过程产生的危害人体健康的有毒物质从严处理；控制和减少事故排放；降低排水的悬浮物及其他污染负荷。

### (二)厂外处理

厂外处理包括一级处理、二级处理、三级处理，所用的方法有物理方法、化学方法和生物方法、物理化学方法等。一级处理：以物理方法为主，目的是除去废水中悬浮状态的固形物质，并调节 pH 值。常见的方法有筛滤、沉淀、过滤等。二级处理：是生化处理，目的是大幅度去除废水中呈胶体和分解状态的有机性污染物质。其典型的处理方法是活性污泥法和生物膜法。经二级处理后废水即可符合排放标准。三级处理：需要采取物理化学法，目的是进一步去除二级处理所未能除去的污染物质，以达到生活饮用水标准。常见方法有活性炭吸附法、电渗析法、离子交换法等。生产中的污染物是多种多样的，一种废水往往需要通过几种方法组成的处理系统，才能达到要求的处理效果。

**知识链接**

废水生物处理法在食品工业中的运用

食品工厂排出的工业废水当中，常含有大量的可降解有机物质，这些废水如果不做任何处理就直接排进附近的河道，会对周围的水域甚至自然环境造成严重污染，不仅影响鱼类等生物的生存，还会危及附近百姓的生命。废水生物处理法主要有：微生物吸附技术、微生物絮凝技术、固定化微生物技术、膜生物反应器技术等。

以肉联厂排放的工业废水引进池塘养鱼为例。假设投配负荷为每升22.5 kg生化需氧量，每天投配一次，大约每升的进水生化需氧量是7.8 kg，每升出水生化需氧量是15 kg，去除率是98%，通过实践可以证明，只要肉联厂的废水进行了有效处理，再引进池塘养鱼，能使鱼的产量增长5%～10%。再如养猪场的废水，虽然其含氮量偏高，且其中氮、碳、磷的比例也不利于细菌生长而很难对其进行净化，但是却有助于螺旋藻的生长。如果利用养猪场的废水来进行螺旋藻培养，那么不仅可以解决废水的处理问题，而且也可获得大量的蛋白质资源，为养猪场的养猪饲料提供了蛋白质来源。

除此之外，还有两类食品工业生产废水也当引起重视，尤其是高浓度有机废水，如黄豆加工副食品厂排出的废水、味精厂排出的废水等，这些废水中含有的有机物浓度较高，因而其对环境的污染比其他的食品工业废水要大得多。这些企业每年约有160万吨的废水排到江河湖等自然水域中，对我国的自然水域造成了严重的污染。因而，高浓度有机废水的治理和利用已经引起国家和各相关部门的广泛重视。

## 三、食品工业废渣的利用

废渣是在生产过程中产生的，因此治理废渣首先是要改革工艺过程，选用不产生或少产生废渣的原料、燃料，改进工艺设备，尽量减少废渣的产生；其次对废渣尽量回收利用，从废渣中提取有用的物质，利用废渣制造副产品，变废为宝；最后对回收利用后剩余的残渣进行最终处理（如作为肥料、填埋等），谋求通过自然净化作用使它们迅速自然回归。

以发酵食品工业为例，废渣综合利用的主要途径如下：锅炉煤渣，可用来制煤渣砖或配制水泥；酒糟、麦糟、薯渣、菌丝渣等废渣，可直接作为饲料出售或经进一步加工成家畜的精饲料，如糖蜜酒糟生产白地霉，淀粉质原料酒糟生产饲料酵母，可利用酒糟、废菌丝等进行沼气发酵，也可从这些废渣中提取有用的物质，如从糖蜜酒糟中提取甘油等。

## 四、环境保护

在食品生产和加工过程中，废弃物始终是无法逃避的难题，任何一个地理区域或海域吸收废物的能力都是有限的，若不能采取明智的控制措施，都会打破这种限制，给人类带来相应的环境问题，如全球变暖，水源污染等。然而对于大多数与食品有关的废物而言，均有相当多的控制办法，就是需要的成本贵一些。不过，为了环境和经济的可持续协调发展，国家应制定相关的法律并且严格的执行，同时，这也是我们每个公民应承担的长期的责任，因为我们的生活与环境问题息息相关。

建议从以下方面完善我国的环境保护规划的措施:完善法律机制;设区的市编制环境保护总体规划;加强规划衔接;建立实施监管机制;加强公众参与等。通过完善环境保护规划制度,使其最终起到协调社会经济环境和谐发展的作用。

## 课外拓展资源

食品厂区选址要求

食品工厂车间设计和布局原则

## 复习思考题

1. 食品工厂设计的内容有哪些?
2. 食品工厂的基本建设包含哪些内容?
3. 食品工厂的辅助性设施分为哪三类?
4. 食品工业的“三废”是什么?
5. 食品工业废水处理方法有哪些?

## 参考文献

[1]王颉. 食品工厂设计与环境保护[M]. 北京:化学工业出版社, 2006.

[2]王如福. 食品工厂设计[M]. 北京:中国轻工业出版社, 2008.

[3]纵伟. 食品工厂设计[M]. 郑州:郑州大学出版社, 2011.

[4]蔡功禄. 发酵工厂设计概论[M]. 北京:中国轻工业出版社, 2000.

[5]曾庆孝. GMP与现代食品工厂设计[M]. 北京:化学工业出版社, 2005.

[6]夏学曾. 工厂环境卫生概述[J]. 中级医刊,1952(12):1036-1041.

[7]中国疾病预防控制中心职业卫生与中毒控制所,中国疾病预防控制中心环境与健康相关产品安全所,复旦大学公共卫生学院,等. GB Z1—2010 工业企业设计卫生标准[S]. 北京:人民卫生出版社,2010.

[8]中国环境科学研究院,中国环境监测总站. GB 3095—2012 环境空气质量标准[S]. 北京:中国环境科学出版社,2012.

[9]中国环境检测总站,天津市环境检测中心,福建省环境监测中心站. GB 12348—2008 工业企业厂界环境噪声排放标准[S]. 北京:中国环境科学出版社,2008.

[10]董伟, 张勇. 我国环境保护规划的分析与展望[J]. 环境科学研究, 2010, 23(6): 782 - 788.

# 第十章 食品加工新技术

**本章学习目标**

1. 能简要描述超高压加工技术、超临界流体萃取技术、高压脉冲电场技术、微波加热技术、微胶囊技术、膜分离技术、挤压技术、超微粉碎技术、等离子体技术和冷冻技术的加工原理。
2. 能根据加工食品的特点,合理选择食品加工新技术,减少加工成本和提升产品附加值。

PPT 课件

超高压杀菌技术 讲解视频

超微粉碎 讲解视频

微胶囊 讲解视频

伴随食品工业的快速发展,高新技术的开发应用,已成为促进食品工业发展的一个重要方向。随着越来越多的高新技术如超高压技术、超临界流体技术、高压脉冲电场技术、微波加热技术、微胶囊技术、膜分离技术和挤压技术等应用于食品加工领域,食品加工业也呈现出前所未有的繁荣景象。

## 第一节 超高压加工技术

超高压技术(ultra high pressure processing, UHPP),可简称高压技术(high pressure processing, HPP)或静水压技术(high hydrostatic pressure, HPP),食品超高压技术就是将食品原料包装后密封于超高压容器中(常以水或其他流体介质作为传递压力的媒介物),在静高压(100 ~ 1000 MPa)和一定温度下加工适当的时间,引起食品成分非共价键(氢键、离子键和疏水键等)的破坏或形成,使食品中的酶、蛋白质、淀粉等生物高分子物质分别失活、变性和糊化,并杀死食品中的细菌等微生物,从而达到食品灭菌、保藏或加工的目的。

## 一、超高压技术的发展简史

1899 年,美国化学家 Bert、Hite 就证明了牛奶、果蔬和其他食品、饮料中的微生物对压力敏感,并证明高压处理能延长食品的货架期;物理学家 Bridgmen 从 1906 年开始对物质的宏观物理行为的高压效应进行了系统的研究;20 世纪 50 年代,Johnson 发现麻醉后的蝌蚪经大约 10 MPa 的压力处理后可以复苏。

超高压技术作为能确保高质量食品生产的非热保藏技术已被关注、研究了很多年。但由于超高压技术上的难题,这一研究成果并没有被实际应用。直到 1986 年,日本京都大学林立九教授提出超高压技术在食品工业上应用,并使其成为一种可行的商业加工手段,于 1990 年开发了世界第一高压食品——果酱;美国、巴西、韩国和欧洲的许多国家也先后对高压食品加工原理、方法和技术细节及应用前景进行了广泛深入的研究,并已开始向市场提供高压食品;在欧洲,法国是第一个将高压食品商业化的国家,开发了水果和熟食等高压产品。我国许多学者也开展了食品高压技术的研究,已取得不少的成果。

## 二、超高压加工基本原理

超高压加工食品是一个物理过程,在食品超高压加工过程中遵循两个基本原理,即帕斯卡原理和沙特列原理。根据帕斯卡原理,在食品超高压加工过程中,液体压力可以瞬间均匀地传递到整个食品。由此可知,超高压加工的效果与食品的几何尺寸、形状、体积等无关,在超高压加工过程中,整个食品将受到均一处理,压力传递速度快,不存在压力梯度,这不仅使得食品超高压加工的过程较为简单,而且能量消耗也明显地降低。

沙特列原理是指反应平衡将朝着减小施加于系统的外部作用力(如加热、产品或反应物的添加等)影响的方向移动。依据沙特列原理,外加高压会使受压系统的体积减小,反之亦然。因此,食品的加压处理会使食品成分中发生的理化反应向着最大压缩状态方向进行,这意味着超高压加工食品将促使反应体系向着体积减小的方向移动,压力不仅影响食品中反应的平衡,而且也影响反应的速率,还包括化学反应以及分子构象的可能变化。

## 三、超高压技术的应用前景

在食品领域,可以利用超高压技术加工的食品种类繁多,既有液体食品,也有固体食品,此外,超高压加工技术还可用于中药、血浆的防止微生物污染等。由于人们对食品多元化的广泛需求,这就要求开发新的食品加工技术,而超高压食品的研究为该社会需求提供了重要的技术支持,又因蛋白质、淀粉、油脂、水等许多物质及其混合物在超高压下,不仅保持原有食品风味、营养状况,更受到消费者的欢迎,而且它们的物理性质发生一系列明显的变化,对这些变化的研究将可能会在医药、保健品、化妆品等方面取得突破性进展,因而超高压食品加工技术有着潜在的社会效益和经济效益,以及十分广阔的应用前景。

## 第二节　超临界流体萃取技术

超临界流体萃取(supercritical fluid extraction,SCFE,简称 SFE)是利用超临界流体在超临界状态下溶解待分离的液体或固体混合物,使萃取物从混合物中分离出来,是目前国际上最先进的物理萃取技术。

### 一、超临界流体萃取技术的发展简史

早在 1879 年 Hannay 和 Hogarth 在做超临界乙醇溶解碘化钾的试验时,发现超临界流体的独特溶解现象。但直到 1955 年,Todd 和 Elgin 首次提出将超临界流体对类似于固体的不挥发性物质的溶解特性。我国在超临界流体萃取技术方面的研究起步比较晚,在 20 世纪 80 年代初才被引进我国,在医药、食品、石油化工等领域有较快的发展,尤其在生物资源活性有效成分的提取研究方面比较广泛,但在设备的研究等方面却相对落后。我国于 1993 年自行研制出第一台超临界流体萃取机,与国外的设备相比,自动化程度不高,而且控制精度不够。

### 二、超临界流体的性质

当流体的温度和压力处于它的临界温度和临界压力以上时,即使继续加压,也不会液化,只是密度增加而已,它既具有类似液体的某些性质,又保留了气体的某些性能,这种状态的流体称为超临界流体。超临界流体具有若干特殊的性质,超临界流体的密度比气体大数百倍,与液体的密度接近。其黏度则比液体小得多,仍接近气体的黏度。超临界流体既具有液体对物质的高溶解度的特性,又具有气体易于扩散和流动的特性。对于萃取和分离更有用的是,在临界点附近温度和压力的微小变化会引起超临界流体密度的显著变化,从而使超临界流体溶解物质的能力发生显著的变化。因此,通过调节温度和压力,人们就可以有选择地将样品中的物质萃取出来。$CO_2$ 不仅临界密度(0.448 $g/cm^3$)大、临界温度(31.06℃)低、临界压力(7.39 MPa)适中,且便宜易得、无毒、化学惰性、易与产物分离,因此,是目前最常用、最有效的超临界流体。

### 三、超临界流体萃取技术的特点及装置

与一般液体萃取技术相比,SFE 具有提取纯度较高的有效成分或脱出有害成分;选择适宜的溶剂(如 $CO_2$)可在较低温度或无氧环境下操作,分离、精制热敏性物质和易氧化物质;SFE 具有良好的渗透性和溶解性,能从固体或黏稠的原料中快速提取出有效成分;降低超临界流体的密度,容易使溶剂从产品中分离,无溶剂污染,且回收溶剂无相变过程,能耗低;兼有萃取和蒸馏的双重功效,可用于有机物的分离、精制。但是,SFE 也存在缺陷:萃取率低、选择性不够高。

超临界流体萃取装置的主要设备是萃取釜和分离釜两部分,再配以适当的加压和加热

配件。钢瓶中的 $CO_2$ 气体通过压缩机，调节温度、压力使萃取剂处于超临界状态，超临界萃取剂进入装有药品的萃取釜，被萃取出的物质随超临界流体到达分离釜，通过减压、降温等措施使超临界流体回到常温、常压状态，与萃取物相分开，达到萃取分离的目的。

## 四、超临界流体萃取技术新进展

随着超临界流体萃取技术研究的不断深入和应用范围的不断扩大，超临界流体萃取技术的应用也进入一个新的阶段，超临界流体萃取技术已不再只局限于单一的成分萃取及生产工艺研究，而是与其他先进的分离分析技术联用或应用于其他行业形成了新的技术。近年来，超临界流体的新应用主要体现在以下两方面：

### （一）超临界流体萃取与色谱联用技术

随着科学技术的发展，人们将液相色谱或气相色谱与超临界流体萃取联用，这样在分析萃取成分、效率、含量等方面的研究中可以提供更加准确的分析结果，且由色谱图直接反应出来，具有直观性。

### （二）纳滤与超临界流体萃取联用

纳滤与超临界流体一样，都可用于萃取分离物质，而这两种方法有着各自的优点和不足，因此 S. Sarrade 等人将两种操作的优点结合起来发展成一个新的混合操作，成为一种新的联用萃取技术，从而增强了两种功能作用，使萃取效果明显，可以达到最优的分离效果。

作为一种新型的分离手段，超临界流体萃取技术有传统分离方法无可比拟的优点，在天然植物油脂、色素、中草药等具有高附加值产品的提取方面具有广阔的应用前景。结合我国丰富的天然产物资源，开发具有自主知识产权的分离新工艺、新技术和新设备，超临界流体萃取技术必将在我国食品工业中发挥更大的作用。

**知识链接**

脱咖啡因茶叶

茶对人体具有抗辐射、抗衰老、抗氧化、辅助降血脂、辅助降血压等功效。但茶叶中也含有占茶叶干重2% ~5%的咖啡因，过多摄入咖啡因会造成大脑异常兴奋、心脏跳动加快，使人精神疲倦、身体发颤、难以入睡。因此，糖尿病患者、高血压患者、老年人、孕妇、儿童等均不宜常饮咖啡因含量高的茶叶。

研究发现，采用超临界 $CO_2$ 萃取可脱掉茶叶中大部分的咖啡因，绿茶、普洱茶、铁观音茶、红茶的咖啡因脱除率分别达到 77.9%、79.8%、79.2%、77.0%，其中普洱茶的脱咖啡因效果最好。同时，通过对绿茶、普洱茶、铁观音茶、红茶中的茶多酚、游离氨基酸总量、水浸出物含量的定量分析以及茶叶感官品质评审实验，结果显示，超临界 $CO_2$ 萃取在有效脱除咖啡因的同时，不会造成茶叶中有效功能成分的损失和感官品质的破坏。

# 第三节 高压脉冲电场技术

高压脉冲电场(pulsed electric field, PEF)处理是对两电极间的流态物料反复施加高电压的短脉冲(典型为20～80 kV/cm)进行处理的过程。它的主要用途是作为一种非热处理的食品保藏方法,是处于研究阶段的一种新型非热力杀菌技术。

## 一、高压脉冲电场技术的原理

高压脉冲电场系统主要由高压脉冲供应装置和食品处理室两部分构成,用所期望的频率、电压峰值,产生连续不断的高压脉冲,选择适合的电参数,以使每单位食品体积受到足够数目的高压脉冲电场的作用,从而使食品中的微生物、酶和营养成分也同样受到高压脉冲电场作用,发生杀菌、钝酶、组织结构等变化。高压脉冲电场处理的作用机理还不明确,现有多种假说,如细胞膜穿孔效应、电磁机制模型、黏弹极性形成模型、电解产物效应、臭氧效应等,其中研究最多的是细胞膜穿孔效应。

## 二、高压脉冲电场技术在食品加工中的应用

### (一)食品杀菌

高压脉冲电场技术已被公认为国际上研究最热门、最先进的灭菌技术之一。与传统热杀菌、化学药剂杀菌以及辐射杀菌方法相比,高压脉冲电场杀菌技术有处理时间短、能耗低、食品物理化学性质改变小、营养风味变化不大等优点,非常适合热敏性高的食品杀菌。

### (二)食品预处理

#### 1. 对食品干燥的影响

果蔬的传统干燥方法影响其物理和化学状态,导致缩水、颜色改变,还影响果蔬的质地和口感。王维琴等研究了经高压脉冲电场技术预处理的甘薯样品在渗透脱水后的质量都有一定增加,渗透脱水固形物增加率与PEF处理参数中的场强和脉冲数目不成正比关系。

#### 2. 对食品解冻的影响

冷冻食品在使用之前大都需要经过解冻过程。利用PEF解冻食品,解冻速度快,解冻后食品温度分布均匀,汁液流失少,能有效地防止食品的油脂酸化,而且一定强度的高压静电场对微生物具有抑制和灭杀的作用,有利于食品品质的保护。

#### 3. 对酒的快速陈化的影响

殷涌光等利用高电压脉冲电场对白酒进行催陈研究。结果表明,PEF可以使白酒快速催陈化,操作简便,速度快。处理后的酒样总酸、总酯和总醛等有所增加,总醇含量有所下降,酒体透明,陈香明显,辛辣味减少,柔和绵软,有余香。

**4. 天然产物提取**

天然产物成分大都不稳定，提取这类具有生理活性的物质常选择温和的条件，并尽可能在较低温度和洁净环境下进行。PEF 可在瞬间使被处理细胞的细胞壁和细胞膜电位混乱，改变其通透性，甚至可击穿细胞壁和细胞膜，使其发生不可逆破坏，造成细胞新陈代谢紊乱、细胞中生长的必须组分流出，成为一门新兴的提取技术。

**5. 食品增鲜**

鲜肉在经过高压电场作用后，其鲜嫩度增加。实验表明新鲜猪肉经高压电场处理后，其浸出汁中总氨基酸含量明显增加。酱油等高蛋白含量液态食品久存后会发生沉淀现象，这些沉淀主要是蛋白质。若将这些蛋白质沉淀前体物在沉淀前置于与本实验类似的高压电场装置中处理，可以使其沉淀前体物降解，从而避免沉淀产生，提高产品质量。

## 第四节　微波加热技术

微波是一种电磁波，它的波长很短，频率很高，一般在 300～300000 MHz。当微波以 2450 MHz 的频率工作时，能带动被加热物体中的极性分子以相同的频率来回摆动和摩擦，分子在彼此摩擦的过程中产生热量，从而把热量传递给被加热物体，达到加热物体的目的。它具有加热速度快、所需的时间短；加热效率高；加热过程具有自动平衡性能；物料加热均匀、产品质量高；设备操作简单，适应性强，且占地面积小。但是，微波最大的缺点是电能消耗大，而且微波加热的选择性和穿透性也会造成加热的不均匀。

### 一、微波加热技术在食品工业中的应用

#### （一）用于冷冻食品的解冻

在传统的加工方法中，冷冻食品的解冻是一个费时费力的过程。例如，对整块冻猪肉的解冻，传统方法是在室温下自然解冻，或是用热水解冻，这两种解冻方法所需时间长、占地面积大，并且会出现外表层已经融化，但内部却尚未解冻的现象，如要内部解冻，外层则会出现流水变色，影响猪肉的质量，解冻效果不佳。微波解冻则具有解冻时间短、表里解冻均匀、工作环境清洁，并可连续化批量生产的优点。现在国外已有使用微波解冻设备进行食品的解冻。

#### （二）用于食品的烹调及预加工

微波可用于某些肉制品的烹调或预加工。例如采用 915 MHz 微波装置预烘熏肉，可快速处理大量的熏肉，并可改善及提高熏肉的风味和质量。目前的发展方向是生产出亚硝酸盐含量低的熏肉制品。对一些无销路的残次肉食品在切块装罐前利用微波处理提高质量，因微波处理可使碎肉凝聚成块。又如可采用 450 MHz 微波烤制夹肉馅饼，由于避免了油炸过程，因此可改善工作环境。

### (三)用于食品物料的干燥

微波加热可用于诸如通心粉、谷物、水果、海藻类等食品干燥。国内也已试验用微波炉干燥黄桃、生产固体蜂蜜。微波可与常用的干燥手段相结合,用于处理一些热敏性物质,如果汁等。微波真空干燥已被成功地应用在固体颗粒果汁饮料的生产上,法国一厂家曾利用一台 48 kW、2450 MHz 的微波真空干燥机浓缩干燥柑橘汁,干燥速度 49 kg/h,干燥时间为 40 min,成本较单独采用真空干燥或冷冻干燥大为降低,且维生素 C 保存率高。微波冷冻干燥现在主要用于生产脱水食品。

### (四)用于食品的杀菌消毒

以往食品所采用的杀菌消毒手段主要有高温杀菌、巴氏杀菌、辐照杀菌、高压杀菌等。设备庞大,处理时间长,不易实现自动化生产,同时还可能影响食品的原有风味及营养成分,而微波杀菌消毒则处理时间短,容易实现连续化生产,不影响食品的原有风味和营养成分。并且由于微波的穿透特性,食品可在包装后进行杀菌消毒。

### (五)用于焙烤与烘烤

微波用于焙烤食品,如面包、甜面包圈的烤制时,使产品质量无论是从风味还是营养成分的保留上都大为改善,并可缩短生产时间,延长产品的货架期。国外已有使用 80 kW、2450 MHz 的微波烘烤设备。此外,在咖啡和可可的烘烤上国外也已有了微波处理设备。例如雀巢公司已利用 5 kW、2450 MHz 的微波烘烤设备烘烤可可豆。生产能力根据豆的含水量可达 70 ~ 120 kg/h。时间在 5 ~ 10 min,烘烤时可可豆温度为 105℃。采用微波处理方式,节省了场地,没有烟气产生,几乎不需要冷却设备。

### (六)用于食品物料的去壳去皮

微波技术用于谷物豆类、板栗、花生等的去壳去皮效果良好。美国曾有一家公司利用一台 150 kW、915 MHz 的微波干燥设备干燥大豆并去壳,该设备生产能力可达 6 m/h,把大豆水分干燥至 2% 以下。瑞典已有 30 kW、2450 MHz 的微波设备用于马铃薯去皮,每次把 4 kg马铃薯的温度从孔 50℃加热到 85℃并去皮,生产速率为 600 kg/h,产品在 8℃下可保存6 周。

### (七)用于动物油脂的熬制

微波用于熬制动物油脂,可避免使动物油脂处于长时间高温,不会产生油烟,改善了工作环境,产品质量也得到了提高。国外已有 30 kW、2450 MHz 的微波处理设备用于熬制动物油脂。

### (八)用于酒类的陈化

微波陈化酒可根据不同的酒质,针对其突出的缺陷,控制酒升温的梯度和界限,以及在微波场中的作用时间,使酒的某些化学反应得到抑制或加强,从而达到催陈酒质的目的。目前不仅有大功率(5 kW)的,也有中等功率(800 W)的老熟设备。这对酿酒行业来说,在节省存坛厂房或仓库面积和设备方面有着巨大的经济效益,而且能减少存坛期的挥发损失。

# 第五节 微胶囊技术

微胶囊技术(microencapsulation technology)是指将分散的固体颗粒、液滴甚至气体用天然或合成的高分子材料包裹成微小的、具有半透性或密封囊膜的微型胶囊的技术。所得到的微小粒子叫作微胶囊(microcapsule),其内部所包裹的物料称为芯材或囊芯,芯材可以是固体、液体或者气体,也可以是他们的混合体;外部的囊膜称为壁材或囊壁,通常是单层结构,也可由多层结构包埋。微胶囊粒径一般为1~1000 μm,小于1 μm的微胶囊称为纳米微囊。如今,微胶囊技术已成功应用于食品、化工、医学、农药、生物技术等诸多领域。

## 一、微胶囊技术的发展简史

微胶囊技术的研究始于20世纪30年代,美国大西洋海岸渔业公司(Atlantic Coast Fishers)于1936年提出在液状石蜡中,以明胶为壁材制备鱼肝油—明胶微胶囊的方法,这是最早的微胶囊专利。20世纪40年代末,微胶囊技术开始取得重大成果,美国的Wurster采用空气悬浮法制备微胶囊,并成功用于药物包衣,是利用机械方法制备微胶囊的先驱者,空气悬浮法也因此被称为Wurster法。20世纪50年代,美国NCR公司的Green从当时制药业的胶囊制剂中受到启发,首次利用物理化学原理制备微胶囊,发明了第一代无碳复写纸,开创了以相分离为基础的物理化学制备微胶囊的新时代。20世纪50年代末到60年代,界面聚合法制备微胶囊的成功推动了微胶囊技术的发展。20世纪70年代后,微胶囊制备工艺日臻成熟,应用范围逐步扩大,开发出了粒径在纳米范围的微胶囊。20世纪80年代,微胶囊技术引入我国并得到了迅猛发展。

## 二、微胶囊制备方法及原理

现有的微胶囊的制备技术已超过200种,根据微胶囊性质、成囊条件和囊壁形成原理可分为物理法、化学法、物理化学法3大类20余种方法。目前在食品工业中应用较成熟的方法有喷雾干燥法、空气悬浮法、喷雾冻凝法、分子包埋法、物理吸附法、凝聚法、挤压法等。

### (一)化学法

#### 1. 界面聚合法

该法制备微胶囊的过程包括:通过适宜的乳化剂形成油/水乳液或水/油乳液,使被包囊物乳化;加入反应物以引发聚合,在液滴表面形成聚合物膜;微胶囊从油相或水相中分离。该法的优点是:制得的微胶囊致密性较好;反应速率较快;反应条件温和;聚合物相对分子质量高;对单体纯度和配比要求不严格;无抽提、脱挥工序,缩聚反应可达到不可逆。其缺点是,经常会有一部分单体未参加膜反应而遗留在微胶囊中。

**2. 原位聚合法**

实现原位聚合法的必要条件是单体可溶,聚合物不可溶。与界面聚合法相比,可用于该法的单体很多,如气溶胶、液体、水溶性或油溶性单体或单体的混合物,低相对分子质量的聚合物或预聚物等。原位聚合法建立在单体或预聚体聚合反应形成不溶性聚合物壁材的基础上,如何将形成的聚合物沉淀包覆在囊芯表面上是该法的关键。

**3. 锐孔法**

该法可采用能溶于水或有机溶剂的聚合物作壁材,通常加入固化剂或采用热凝聚,也可利用带有不同电荷的聚合物络合实现固化。

**(二)物理法**

**1. 喷雾干燥法**

首先将囊心物质分散在预先经过液化的包囊材料的溶液中,然后将此混合液在热气流中进行雾化,以使溶解包囊材料的溶剂迅速蒸发,从而使囊膜固化并最终使得被包覆的囊芯物质微胶囊化。

**2. 空气悬浮法**

该法是一种适合多种包囊材料的微胶囊化技术。先将固体粒状的囊心物质分散悬浮在承载气流中,然后在包囊室内将包囊材料喷洒在循环流动的囊心物质上,囊心物质悬浮在上升的空气流中,并依靠承载气流本身的湿度调节对产品实行干燥。一般多用于香精、香料及脂溶性维生素等微胶囊化。

**3. 沸腾床涂布法**

该法主要是对固体微粒或吸附了液体的多孔微粒进行胶囊化。通常沸腾床涂布器是通过悬吊一个沸腾床,或将固体微粒悬在一个流动的气流柱中(一般是空气流),然后将胶囊壁材液体喷射到微粒上,立即将被涂布了的微粒进行干燥、溶剂蒸发或冷凝,重复此涂布、干燥过程,直至获得一个符合要求的涂布厚度。

**(三)物理化学法**

**1. 复凝聚法**

此法适用于对非水溶性的固体粉末或液体进行包囊。实现复凝聚的必要条件是有关的2种聚合物离子的电荷相反,且离子所带电荷数恰好相等。此外,还必须调节体系的温度和盐的含量。该法多与其他方法融合来制备微胶囊。它是经典的微胶囊化方法,操作简单,适用于难溶性药物的微胶囊化。复凝聚法还具有这样一个优点,即非水溶性的液体材料不仅能够被微胶囊化,而且具有高效率和高产率。

**2. 油相分离法**

该法适用于水溶性或亲水性物质的微胶囊化,其胶囊化的关键是在体系中形成可自由流动的凝聚相,并使其能稳定地环绕在芯材微粒的周围。还有一点是芯材在聚合物、溶剂和非溶剂中不溶解,且溶剂与非溶剂应相互混溶。由于采用油性溶剂作分散介质,因此油相分离法存在污染、易燃易爆、毒性等问题。另外,溶剂价格高,产品成本高。

**3. 干燥浴法(复相乳液法)**

根据所用介质的不同,可分为 W/O/W 型和 O/W/O 型复相乳液。以 W/O/W 型复相乳液为例,其操作过程包括:将成膜聚合物溶解在与水不混溶的溶剂(此溶剂的沸点比水高)中,芯材的水溶液分散在上述溶液中形成 W/O 乳液。加入作保护胶稳定剂的溶液并分散开,形成 W/O/W 型复相乳液。除去囊壁中的溶剂,形成微胶囊。最后将溶剂用蒸发、萃取、沉淀、冷冻干燥等手段除去。起始溶液的黏度、搅拌速度、温度及稳定剂的用量对微胶囊的粒度和产率有很大影响。

## 三、微胶囊的应用

作为一种食品加工的新技术,微胶囊化产品在现代国际食品工业也占有重要地位。在美国,60% 的固体饮料采用微胶囊技术生产;日本每年申请有关微胶囊技术的专利达上百项。同国外的发展相比,我国的微胶囊技术起步较晚,技术推广存在一定的障碍,目前影响微胶囊技术在食品工业中推广的障碍主要是生产成本较高,所用壁材中很大一部分不属于食品添加剂范围,因此在开发安全、经济高效的壁材,改善微胶囊产品的应用性能等方面有待于进一步突破。随着人们对微胶囊技术的不断学习,加深认识,开发新材料新设备,微胶囊技术将会在食品工业中更加活跃。

**知识链接**

益生菌微胶囊

益生菌具有调节肠道菌群平衡,促进营养物质消化吸收等益生功能,被广泛应用于食品领域。然而,在加工、运输、贮藏以及消化过程中,益生菌往往会受到加工条件、贮藏温度、食品中其他成分及宿主消化系统(胃酸、胆盐、酶)等不良因素的影响,进而导致益生菌的数量和活性下降,或使最终定植于人体肠道中的活菌数低于理论上能够发挥益生功效的最小阈值。因此,在食品加工中保持益生菌的活性和数量尤为重要。微胶囊技术就是一种能有效保护益生菌抵抗不良环境从而被广泛应用的技术手段。

微胶囊可以显著提高益生菌在酸奶中的存活率,这种保护通常是由于微胶囊阻碍了益生菌与不良条件的接触,如发酵剂的代谢产物、$H_2O_2$、乳酸、细菌素等,此外,氧气的存在及低 pH 等条件都是导致酸奶中益生菌存活率降低的原因。相关研究表明,将双歧杆菌 F35 包埋于乳清蛋白,然后用海藻酸钠进行双层包埋,添加至酸奶中贮藏 7 d,微胶囊对双歧杆菌表现出良好的保护作用。但感官评价结果显示,双层微胶囊在酸奶中引起轻微的苦味和奶油质地。

# 第六节 膜分离技术

膜分离技术是一种使用半透膜的分离方法，在常温下以膜两侧压力差或电位差为动力，对溶质和溶剂进行分离、浓缩、纯化。膜分离技术主要是采用天然或人工合成高分子薄膜，以外界能量或化学位差为推动力，对双组分或多组分流质和溶剂进行分离、分级、提纯和富集操作。现已应用的有反渗透、纳滤、超过滤、微孔过滤、透析电渗析、气体分离等，正在开发研究中新的膜过程有：膜蒸馏、支撑液膜、膜萃取、膜生物反应器、控制释放膜、仿生膜以及生物膜等过程。

## 一、膜分离技术的发展简史

膜分离技术的工程应用是从20世纪60年代海水淡化开始的，1960年洛布和索里拉金教授制成了第一张高通量和高脱盐率的醋酸纤纸素膜，这种膜具有非对称结构，从此使反渗透从实验室走向工业应用。其后各种新型膜陆续问世，1967年美国杜邦公司首先研制出以尼龙-66为膜材料的中空纤维膜组件；1970年又研制出以芳香聚酰胺为膜材料的“PemiasepB-9”中空纤维膜组件，并获得1971年美国柯克帕特里克化学工程最高奖。从此反渗透技术在美国得到迅猛的发展，随后在世界各地相继应用。其间微滤和超滤技术也得到相应的发展。

我国膜科学技术的发展是从1958年研究离子交换膜开始的，20世纪60年代进入开创阶段，1965年着手反渗透的探索，1967年开始的全国海水淡化会战大大促进了我国膜科技的发展。70年代进入开发阶段。这时期，微滤、电渗析、反渗透和超滤等各种膜和组器件都相继研究开发出来。80年代跨入了推广应用阶段。80年代又是气体分离和其他新膜开发阶段。在这一时期，膜技术在食品加工、海水淡化、纯水、超纯水制备、医药、生物、环保等领域得到了较大规模的开发和应用。

## 二、膜分离技术的特点

膜分离过程不发生相变化，因此膜分离技术是一种节能技术；膜分离过程是在压力驱动下，在常温下进行分离，特别适合于对热敏感物质，如酶、果汁、某些药品的分离、浓缩、精制等。

膜分离技术适用分离的范围极广，从微粒级到微生物菌体，甚至离子级都有其用武之地，关键在于选择不同的膜类型。

膜分离技术以压力差作为驱动力，因此采用装置简单，操作方便。当然，膜分离过程也有自身的缺点，如易浓差极化和膜污染、膜寿命有限等，而这些也正是需要我们克服或者需要解决的问题所在。

## 三、膜分离技术在食品工业中的应用

### （一）乳制品加工

在食品工业中，膜技术最先应用在乳制品加工中，而且是规模最大的领域。主要用于浓缩鲜乳、分离乳清蛋白、浓缩乳糖、乳清脱盐、分离提取乳中的活性因子和牛奶杀菌等方面。与其他方法相比，利用膜分离技术加工乳制品，可以降低能耗，提高产品质量。

### （二）果蔬汁加工

膜技术在果蔬汁加工中的应用也较早，而且规模较大。它主要是用微滤和超滤进行果汁的澄清和用反渗透进行果汁浓缩。膜分离技术与常规技术相比具有简化工业、较好地保持果蔬汁风味及营养成分等优点。传统的果汁澄清工艺主要有离心分离、酶解、硅藻土过滤及纸板过滤等工序，用这种方法处理时，加温时间长而且用硅藻土很难进行彻底的过滤。在制品储藏期间，由果胶分解物、蛋白质、酚等物质引起的二次沉淀容易造成质量问题；对硅藻土的处理也很麻烦。采用超滤技术可以基本取代酶法脱胶澄清和过滤工序，有效地简化工业，使澄清时间缩短到 2 ~4 h，提高果蔬汁产量，果蔬汁回收率提高 5% ~7%，所得果汁比酶法制造的透明度高、香味好、不会产生二次沉淀，而且降低了成本。

### （三）粮油加工

膜分离技术在粮油加工中主要用于谷物蛋白质的分离、大豆乳清中功能性成分的分离以及谷物油脂的提炼。在生产谷物蛋白的同时，还能有效地脱除其中含有的一些抗营养因子。在豆制品工业中，采用超过滤技术从大豆乳清中回收蛋白质，有效地去除造成豆乳豆腥味的醛酮化合物以及影响豆乳稳定性的钙离子，还可获得 $\beta$ - 淀粉酶制品。例如，生产大豆浓缩蛋白和分离蛋白时，使用截留相对分子质量为 10000 ~ 30000 的膜组件，可除去大豆中 98% 的水苏三糖和棉籽糖。这种大豆制品可制成高质量的大豆粉，用于制作豆汤料、饮料以及增稠剂。

在动、植物蛋白的加工中最典型的是鸡蛋清和全蛋白的浓缩。用反渗透进行蛋清的浓缩，固含量可从 12% 提高发到 20%，而用超滤浓缩全蛋固含量可从 24% 提高到 42%。这在生产蛋清粉和全蛋粉的工艺中是唯一可降低能耗、提高喷雾塔产量的浓缩方法。

### （四）酿造工业

日本较早将膜分离技术成功地用于酱油和食醋的生产过程中。由于传统的过滤方法和过滤工艺不能解决微生物超标问题，而采用中空纤维超滤膜分离技术，可在保留原有盐分、氨基酸、总酸度、还原糖等有效成分的同时，去除细菌、大分子有机物、悬浮颗粒杂质及部分有毒、有害物质。此外，超滤技术在进行果酒的澄清，解决低度白酒、保健酒的沉淀与浑浊以及生啤酒的除酵母等方面都有很好的应用前景。

### （五）制糖工业

在制糖工业中，由于膜分离技术具有节能、高效、工艺简单、易于操作等优点，并且随着分离技术的不断改进，膜分离性能不断提高，使得膜分离技术在制糖行业的应用成为现实并逐步代替传统的分离工艺。如在甜菜糖厂使用膜分离可直接分离渗出汁或清汁。

**(六)酶制剂工业**

20世纪60年代中期开始采用膜分离技术对酶液进行浓缩和提纯。目前,已在美国、日本、丹麦等国进行了生产规模的应用。20世纪80年代初开始,我国也在此领域进行大量的工作,利用各种膜研究了分离浓缩糖化酶、植酸酶、溶菌酶、蛋白酶、淀粉酶等酶制剂的效果,并应用于生产,产生了明显的经济效益。几乎所有的微生物酶、动物酶、植物酶都用超滤来进行浓缩和精制。采用超滤法浓缩酶制剂,不仅节能,而且由于操作温度低,可降低酶的失活程度,提高酶的回收率。

**(七)软饮料加工**

软饮料加工用水在食品加工用水中占较大比例。采用新的电渗析、纳滤和反渗透技术来代替传统的水处理技术,对降低生产成本、保证水质、简化操作、减少环境污染等都是十分有利的。膜分离技术,尤其是超滤和反渗透技术在茶饮料以及其他软饮料的加工中也已实现工业化应用,如茶汁的浓缩和澄清。

**(八)食品加工废弃物处理**

食品加工中通常都会产生大量的废弃物,采用膜分离技术对这些废弃物进行处理,不仅能为企业解决由此造成的环境问题,而且能够获得其中的有效成分,提高资源的利用率,提高了经济效益。例如,膜分离技术处理大豆乳清废水回收乳清蛋白、异黄酮、低聚糖等有效成分,从血清中回收无菌化的血清蛋白,从牛皮、猪皮、兽骨中提取浓缩动物胶,处理水产品(鱼、蟹、贝等)加工后含有机物的废水,回收有用物质。

### 四、膜分离技术的发展趋势

由于膜分离技术本身具有的优越性能,在能源紧张、资源短缺、生态环境恶化的今天,为提高产品质量,降低成本,缩短处理时间,今后的研究趋势将是分离技术的高效集成化。同时也可以预见,膜技术将在同其他各学科交叉结合的基础上,形成一门比较完整、系统的学科。它将在人类社会的发展史上起到不可替代的重要作用。

## 第七节　挤压技术

食品挤压技术是指物料经预处理(粉碎、调湿、混合等)后,经机械作用强使其通过一个专门的模具孔,以形成一定形状和组织状态的产品。该技术的应用,彻底改变了传统的谷物食品加工方法,不仅简化了谷物食品的加工工艺、缩短了生产周期、降低了产品的生产成本和劳动强度,还丰富了谷物食品的花色品种、改善了产品的组织状态和口感,提高了产品的质量。

## 一、挤压技术的发展简史

人类使用挤压技术已有很长的历史,最初使用的是纯木质柱塞式的原始结构,1879 年英国 Gray 利用挤压原理制造出了世界上第 1 台螺旋挤压机,当时主要应用于橡胶工业。20 世纪 30 年代,第 1 台谷物加工单螺旋挤压机问世,开始用于生产膨化玉米。20 世纪 60 年代双螺旋挤压机用于食品加工领域,70 年代欧美市场方便食品有 35% 是挤压技术产品,80 年代此技术已在食品行业中占据重要地位,研制开发了不同结构与功能的设备,出现了丰富多彩的挤压膨化食品。我国从 20 世纪 80 年代末开始对该技术进行研究,较早的研究机构有北京市食品研究所和黑龙江商学院。虽然从 1980 年 3 月北京市食品研究所试制的自热式 PJ1 型谷物膨化机就开始大批量生产,但总体上研究水平与国外先进技术有较大差距。直到 20 世纪 90 年代后,随着国家经济形势的好转,大众消费饮食结构的变化刺激了食品工业的迅速发展,也迎来了挤压技术研究应用的机遇和挑战。

## 二、挤压技术的原理

挤压技术是通过水分、热量、机械剪切、压力等综合作用,使物料在高温高压状态突然释放到常温常压状态,也是物料内部结构和性质发生变化的过程。当含有一定水分的物料在挤压机螺旋的推动力下被压缩,受到混合、搅拌、摩擦及高剪切力作用,使淀粉粒解体,同时温度和压力升高(温度达 200℃以上,压力达 3 ~ 8 MPa),然后从一定形状的模孔瞬间挤出。由于高温高压突然降至常温常压,其中游离水分在此压下急骤汽化,水的体积可膨胀大约 2000 倍,膨化瞬间,谷物结构发生了变化,生淀粉转化成熟淀粉($\alpha$ - 淀粉转化为 $\beta$ - 淀粉),同时变成片层状疏松的海绵体,谷物体积膨大几倍到十几倍。

## 三、我国挤压技术存在的问题

从整个挤压技术看,新兴挤压食品的开发是当前研究的方向。在我国对于挤压技术的研究与应用与国外相比处于相对落后状态,专门从事此项技术的人员少,理论研究滞后,产品开发跟不上,设备性能不完善,生产厂家技术参差不齐,这些问题都有待于迅速解决。虽然技术人员对挤压理论的研究已取得了相当大的成果,但因物料在挤出过程中的随机性和复杂性使它们的前提假设条件和边界条件既多又难于精确确定,简化条件后又存在较大误差,只能依靠实证试验不断地修正,使挤压工艺难以达到智能化。同时在物理模型建立和数学模型求证方面存在的困难。这一问题的解决,将会大幅提高挤压技术的研究水平。

## 四、挤压技术的展望

挤压技术在很多领域取代了传统的加工方法,作为一种新型食品加工技术,挤压技术在食品加工中的优越性是其他传统加工方法所无法比拟的。它是一个瞬间的蒸煮过程,能较高地利用被加工食品的营养价值,且经挤压加工的食品能被人体充分吸收利用。这就为我国尚未能广泛利用的品种繁多的食品原料和丰富的中药资源的开发利用开辟了新途径。就此而言,挤压技术在我国功能性食品中的应用前景是十分喜人的。近年来,发达国家已把蒸煮挤压食品单列为一大类食品,如美国、日本、西欧一些国家到处可见挤压食品或挤压半成品。美国的 Wenger 公司、意大利的 Pavan – mapimpiantis 公司、瑞士的布勒公司等,都是世界上比较有名的挤压设备公司。我国山东省农科院农副产品加工研究所利用本院培育的优质高蛋白大豆(如鲁豆 10 号)、黑豆、谷子、高赖氨酸玉米等,在挤压食品开发研究中,做了许多探索性的工作。随着人们对挤压理论和挤压过程的不断认识和深入研究,相信在不久的将来,挤压技术将给我们带来更多更好的产品,展现它独有的无穷魅力。

## 第八节　食品超微粉碎技术

超微粉碎技术是借助机械设备,将物料颗粒快速粉碎至微米级的过程,是食品加工过程中物料前处理的关键技术。

### 一、食品超微粉碎技术的发展简史

超微粉碎技术是 20 世纪 60 年代末 70 年代初发展起来的一项高新技术,是利用机械力、流体动力等方法,将各种固体物质粉碎成微米级甚至纳米级颗粒的过程。目前,国外已广泛应用于冶金、陶瓷、食品、医药、纺织、化妆品及航空航天等国民经济和军事的各个领域,国内则主要应用于新型材料的研究和生产。

### 二、食品超微粉碎技术的特点

超微粉碎技术具有以下特点:①控制粉粒度范围 10 μm 以下,粉粒粒径小,分布均匀,外形整齐,质量好,便于应用。②设备回流装置能将风选后的颗粒自动返回涡流腔中再粉碎,粉碎速度快,时间短,缩短生产周期,提高工作效率。③有蒸发除水和冷热风干燥功能,无过热现象,有利于保留粉粒生物活性成分。④对热敏性、芳香性的物料有保鲜的作用,可明显提高制剂的有效活性。⑤多纤维性、弹性、黏性物料也可以处理到理想程度,提高有效成分的溶出速率,有利于吸收。⑥具有一定的灭菌作用,污染小,提高产品卫生水平,符合 GMP 要求。

### 三、食品超微粉碎技术在食品工业中的应用

超微粉具有较大的比表面积及孔隙率,有助于保持食品中的活性物质,增大营养成分的溶出率,有利于被人体吸收。因此,超微粉碎技术在提高功能成分溶出率、开发新型营养食品和增大资源利用率等方面得到广泛的应用。

（1）提高功能成分溶出率。超微粉碎技术有助于提高功能成分溶出率，在提取茶多酚、黄酮及多糖等低相对分子质量活性物质方面应用最为突出；在提取中、高相对分子质量活性物质中应用十分广泛，尤其是在膳食纤维提取中的应用。

（2）开发新型营养食品。超微粉碎技术在部分功能性食品基料（膳食纤维、脂肪替代品等）的制备上起重要作用。试验证明，采用超微粉碎技术加工苹果渣，能够提高苹果渣中膳食纤维的利用率。而且，经过超微粉碎处理加工成膳食纤维以后，作为蜜糖的载体，特效食品的原料等，广泛地应用于各类食品中，特别是作为低热量食品的重要配料。

（3）资源最大化利用。①果蔬资源：果蔬加工过程中会产生大量的果皮、果核等废弃物，丢弃后既污染环境，又浪费资源。超微粉碎技术可将上述废弃物转变为可利用物质，有助于推进食品的深加工及提高食品的附加值。②水产品资源：目前，集约化大规模生产水平逐渐提高，生产过程中丢弃的水产品废弃壳及下脚料越来越多，造成环境污染与资源浪费。运用超微粉碎技术可有效解决上述问题，将水产品加工过程中产生的副产品转化成可利用物质，实现天然生物资源的最大化利用，改善水产品的特性，拓宽其应用范围，添加产品种类。③畜禽资源：我国每年肉类总产量超千万吨，但畜禽类骨骼及动物内脏制品均未得到充分利用。实际上鲜骨富含高质量蛋白质、钙、铁、维生素等营养物质，有促进大脑发育、增强机体免疫力、加强细胞代谢和美容养颜等功效。传统的蒸煮方式不能使这些营养物质充分溶出，但利用超微粉碎技术，可将其制成骨粉，既保留了有效成分，又提高了机体的吸收率。④辛香类调味品的加工：辛香调料类食品经过超微粉碎后，滋味和香味都更加浓郁、突出。⑤粮食品加工：经超微粉碎加工的面粉、豆粉、米粉等的口感以及人体吸收利用率得到显著提高。

### 四、食品超微粉碎技术的发展趋势

在农副产品加工生产中，超微粉碎技术使食品的口感得到改善，功能性成分及可溶性膳食纤维的溶出率显著提高，极大提高了食品的保健功效，实现了天然生物资源最大化利用。该技术是对传统粉碎方法的一个创新和改革，具有节约原料，减少污染以及对原料粉碎均匀且速度快，保证原料成分完整性等优点，是原料加工的新技术、新手段，近年来应用领域不断拓宽。随着粉碎理论的不断发展与完善以及加工工艺的不断进步，必然会推动相关行业现代化发展，进而为一些优质原料的开发和利用找到新的出路和发展空间，带来更大的社会效益和经济利益。

## 第九节　等离子体杀菌技术

等离子体是指一种电离气体（电离度超过0.1%的气体），是由离子、电子和中性粒子（原子或分子）组成的集合体，离子和电子所带电荷数相等，整体呈电中性，它是一种由带电粒子组成的电离状态，因此称为继“固、液、气”三态以外的新的物质聚集态，即物质的第四态。因其中的正电荷总数和负电荷总数在数值上总是相等,故称其为等离子体。等离子体杀菌作为一种新兴的广谱灭菌技术,可杀死多种类型的抗性细菌细胞、真菌类病原菌、芽孢、病毒和酵母菌等,还可杀灭一些抗辐射细菌。

## 一、等离子体杀菌技术的发展简史

自从 1968 年首次报告用氩等离子体杀菌以来,等离子体的杀菌作用逐渐被人们所认识。20 世纪 90 年代初,国外的研究者就采用了等离子体辅助消毒,即将化学气体消毒剂与其他气体混合作为工作气体。近年来,国内外研究者们采用电晕放电、介质阻挡放电、电弧放电等离子体等进行微生物失活等方面的研究,但对于低温等离子灭活微生物的机制还未彻底被证实。

## 二、等离子体杀菌技术的特点

等离子体杀菌具有以下特点:①灭菌所需时间短,一般只需几秒至几分钟,对最顽固的芽孢也仅需要几分钟至十几分钟,且可不必进行通风循环。②不产生有毒物质,产生等离子体的气体可以采用无毒气体,对环境和操作人员安全,实现灭菌技术的“绿色化”。③灭菌温度低,如低温等离子体灭菌可以控制放电室的温度,使其在常温下进行。④灭菌全面、效率高,如高频空间等离子体可以对器皿的各个角度进行有效灭菌。研究表明,等离子体能高效产生杀死或失活微生物的自由基及活性成分,有效地消灭细菌和病毒。⑤操作简单,全部灭菌过程可实现自动化。

## 三、等离子体杀菌技术在食品工业中的应用

(1)液体食品中的应用:液体食品是一种混合物,其复杂的物质条件为不同种类微生物提供了生长和繁殖的液态环境。采用等离子体对液体物料杀菌的主要方式有:①以外生气体等离子体接触液体物料表面来进行杀菌。②通过在液体物料内部放电,产生低温等离子体来杀菌。马虹兵等人将低温等离子体技术用于液体食品的杀菌。研究发现,该技术可以在常温下和极短的时间内杀死液体食品(如橙汁和牛奶)中的病原菌(包括大肠杆菌和沙门氏菌等),同时发现,该技术可使接种在橙汁和牛奶上的细菌总数降低 5 个对数值,而对橙汁中的维生素 C 和牛奶的氧化值影响很小,能量消耗也比采用其他低温杀菌技术要低得多。

(2)肉制品中的应用:等离子体能够有效杀灭牛肉干、火腿等即食肉制品中的致病菌,抑制鲜肉中有害微生物的繁殖,延长肉制品货架期。

(3)果蔬类农产品保鲜:这项技术可以有效调节湿度从而有利于保藏,而等离子体的成分作用于食品内部和表面,消除和分解了不利于果蔬保藏的乙烯气体,也使得病原菌死亡,对农药残留也有调节降低作用。

### 四、等离子体杀菌技术的发展趋势

由于等离子体杀菌具有低温、高效、破坏性小、不产生有毒物质、无残留等特点，被广泛应用在食品工业中的原材料、设备、环境及空气的杀菌与菌种诱变等方面。随着科技的不断发展，技术的不断推陈出新，等离子体灭菌技术一定可以凸显更大的实践价值。

## 第十节　食品冷冻加工技术

食品冷冻技术是一门运用人工制冷技术来降低温度以加工和保藏食品的科学。

### 一、食品冷冻加工技术的发展简史

早在西周时期，我国就有利用天然冰雪来贮藏食品的记载。1872 年美国人 David、Boyle 和德国人 Carl Von Linde 分别发明了以氨为制冷剂的压缩式冷冻机，从此人工冷源开始逐渐代替了天然冷源，使食品的冷冻、冷藏的技术手段发生了根本性的变革。1877 年，Charles Tellier 将氨—水吸收式冷冻机用于冷冻阿根廷牛肉和新西兰羊肉并将它们运输到法国，这是食品冷冻的首次商业应用，也是冷冻食品的首度问世。20 世纪初，美国建立了冻结食品厂。20 世纪 30 年代，出现带包装的冷冻食品。“二战”时，由于军需，极大地促进了美国冻结食品业的发展。战后，冻结技术和配套设备不断改进，冷冻食品业成为方便食品和快餐业的支柱行业。20 世纪 60 年代，发达国家构成完整的冷藏链，冷冻食品进入超市。我国冷冻食品的生产起步较晚，20 世纪 70 年代基本上只是在一些沿海大中城市试制加工少量的产品出口外销。改革开放后，随着引进速冻设备的不断增加和国产速冻设备的研制成功，我国冷冻食品的品种开始增加，产量也开始较大幅度地增加。90 年代后，我国的冷冻食品工业开始呈突飞猛进之势，迅猛发展。

### 二、食品冷冻加工技术的特点

为改善冷冻条件和产品质量，研究人员已研发了许多新型冷冻技术。一些创新的冷冻技术（冲击式和流态化）本质上是对现有技术（空气鼓风法和浸入法）的改进，使表面传热速率提高，以期通过速冻来提高产品质量。有些冷冻技术（高压、磁共振、静电、微波、射频和超声波）是对现有冷冻技术的辅助，旨在通过控制冷冻过程食物中冰的形成来提高产品质量。另外，冷冻技术也可通过改变食物本身的性质，以控制冰在冷冻过程中的形成（例如采用脱水冷冻或使用冷冻保护剂、冰核蛋白质等）。各食品冷冻加工技术研究目的相似，但特点却不尽相同，如表 10－1 所示。

**表10-1 新型食品冷冻加工技术**

| 冷冻工艺 | 技术名称 | 原理 | 特点 | 应用 |
|---|---|---|---|---|
| 创新冷冻工艺 | 冲击式冷冻技术 | 采用数以千计的高速空气喷嘴向产品的顶部和底部射出气流,吹开或冲击产品四周的热力,加快散热速率 | 冻结时间短、重量损失小、操作成本低 | 具有高比表面积的产品,即具有小尺寸的产品,如汉堡、鱼片等 |
| | 流态化速冻技术 | 类似于一种液体的冲击式冷冻。使用循环系统,通过孔或喷嘴将冷冻液体向上泵送至冷冻容器中,从而产生搅拌射流。这就形成了高速流动的液体和流动产品的流化床,从而提供了能够快速冻结的极高的表面传热系数 | 冻结速度快,生产效率高;实现单体快速冻结;食品干耗少;实现了机械化与自动化连续生产 | 可以冻结任何食品,主要应用于果蔬类产品的冷冻中,尤其是蔬菜类 |
| 辅助冷冻技术 | 超声辅助冷冻 | 将功率超声技术和食品冷冻相互耦合,利用超声波作用改善食品冷冻过程。其潜在的优势在于超声可以强化冷冻过程传热、促进食品冷冻过程的冰结晶、改善冷冻食品品质等方面 | 仅仅在食品冷冻过程中施加超声波外场能量而不需添加任何添加剂改善品质,符合现代食品工业发展绿色食品的方向。但复杂溶液的影响机理有待进一步研究 | 冰冻糖果、葡萄糖溶液、马铃薯片、冰激凌等 |
| | 高压食品冷冻技术 | 利用压力的改变控制食品中水的相变行为,在高压条件下,将食品冷却到一定温度,迅速解除压力,在食品内部形成粒度小而均匀的冰晶体,能够减少对食品组织内部的损伤,获得能保持原有食品品质的冷冻食品 | 获得稳定细小冰晶;减少损伤;杀菌。但设备投资大,冰晶稳定性方面存在问题 | 比目鱼、马铃薯、混合汁、猪肉、明胶等 |
| 食物本身性质的改变 | 抗冻蛋白技术 | 抗冻蛋白是一种制约冰晶结构的蛋白质,在很多有机物中都存在,包括细菌、真菌、无脊椎动物和鱼等 | 价格昂贵,来源少 | 食品冷冻生物工程(土豆、鱼、冰激凌、肉类等) |
| | 脱水冷冻 | 将含水物料冷冻到冰点以下,使水转变为冰,然后在较高真空下将冰转变为蒸汽而除去的干燥方式 | 由于冷冻水较少,冻结时间也较短;可以通过减少热负荷来减少冷冻所需的能量,保持并改善颜色、质地和营养保留,减少某些产品中的酶促褐变 | 新鲜果蔬 |

## 三、食品冷冻加工技术在食品工业中的应用

食品冷冻技术的发展带动了我国传统食品的发展。目前,我国速冻食品种类繁多,且具有简便、省时、易携带、冷藏期长与食用价值高等优势,广受消费者的认可和喜爱。我国速冻食品主要有4大类:①水产速冻食品,如海虾、鱼等。②农产果蔬速冻食品,如玉米、青菜、黄桃等。③畜禽速冻食品,如鸡鸭、猪肉等。④以配菜为主的调理食品类,它主要分为米面糕点类:如饺子、馄饨、粽子、馒头、汤圆、蛋糕及芝麻球等;火锅调料类:如鱼丸、虾饺等;裹面油炸类,如鸡块、鸡柳等。经加工包装后于－18℃的低温中贮存,此状态下食品的物理和化学作用降低,微生物不易繁殖,水分、汁液、营养物质不易流失,可保持食品原本的新鲜度。

## 四、食品冷冻加工技术的发展趋势

发展与健全我国食品冷冻加工技术,任重道远,需食品加工业、制冷设备制造业、包装材料业、物流仓储业、运输业和连锁超市业等相关产业通力合作,形成完善的食品工业技术体系。同时,需快速提高我国食品生产设备的生产与技术水平,以市场为导向,积极开发、研制、生产各类具有国际先进水平的食品冷冻冷藏设备,才能使食品冷藏链装备进一步现代化,实现与国际接轨。

# 课外拓展资源

挤压膨化概述

# 复习思考题

1. 简述超高压加工技术、超临界流体萃取技术、高压脉冲电场技术、微波加热技术、微胶囊技术、膜分离技术、挤压技术的概念及基本原理。

2. 简述高压脉冲电场技术、微波加热技术和膜分离技术在食品工业中的应用。

3. 理解食品加工新技术对食品工业的影响。

# 参考文献

[1]宋彦显,闵玉涛.食品加工的高新技术及其发展趋势[J].中国食物与营养,2010(4):32-35.

[2]谢岩黎.现代食品工程技术[M].郑州:郑州大学出版社,2011.

[3]潘巨忠,薛旭初,杨公明,等.超高压食品加工技术的研究进展[J].农产品加工学刊,2005(3):16-17.

[4]陈耀彬,卿宁,罗儒显.超临界流体萃取技术及应用[J].中国皮革,2010,39(9):43-47.

[5]霍鹏,张青,张滨,等.超临界流体萃取技术的应用与发展[J].河北工业,2010,33(3):25-27.

[6]张荔,吴也,肖兵,等.超临界流体萃取技术研究新进展[J].福建分析测试,2009,18(2):45-48.

[7]陈中,彭志英.微波加热技术与食品工业[J].食品与发酵工业,1997,23(6),53-56.

[8]吴晓,王珺,霍乃蕊.微胶囊技术及其在食品工业中的应用[J].食品工程,2011,1:3-6.

[9]高荣海,曲玲.微胶囊技术及其在食品工业中的应用研究[J].农业科技与装备,2011,5:17-20.

[10]余若冰,彭少贤,郦华兴.微胶囊与微胶囊技术[J].现代塑料加工应用,2000,12(6):55-59.

[11]孙福强,崔英德,刘永,等.膜分离技术及其应用研究进展[J].化工科技,2002,10(4):58-63.

[12]李林英,薛彩霞.膜分离技术的应用及研究进展[J].内蒙古石油化工,2013,2:102-103.

[13]丁继峰,沈善奎.挤压技术在食品加工中的应用[J].现代化农业,2006,3:37-39.

[14]吴小鸣,宋明淦.挤压技术在功能性食品中的应用探讨[J].粮油与食品加工,2000,4:30-33.

[15]宋彦显,闵玉涛.食品加工的高新技术及其发展趋势[J].中国食物与营养,2010,4:33-34.

[16]吴新颖,李钰金.高压脉冲电场技术在食品加工中的应用[J].中国调味品,2010,5:26-28.